成岩矿物中的流体包裹体

［美］Robert H. Goldstein　T. James Reynolds　著

潘立银　韦东晓　王小芳　译

沈安江　审校

石油工业出版社

内 容 提 要

本书介绍了成岩矿物中流体包裹体的成因、研究方法、研究流程和研究实例，阐述了流体包裹体在复原盆地古地温和生油热史、盆地构造演化、判别油气运移通道和运移时间等方面的应用，对石油地质和固体矿床研究有重要意义。

本书可供油气地质研究人员、固体矿床研究人员及相关院校师生参考。

图书在版编目（CIP）数据

成岩矿物中的流体包裹体/（美）戈尔茨坦（Goldstein, R. H.）等著；潘立银等译．—北京：石油工业出版社，2015.9
ISBN 978-7-5183-0859-0

Ⅰ.成…
Ⅱ.①戈…②潘…
Ⅲ.矿物包体-流体包裹体
Ⅳ.P572

中国版本图书馆 CIP 数据核字（2015）第 198311 号

Systematics of Fluid Inclusions in Diagenetic Minerals by
Robert H. Goldstein and T. James Reynolds
ISBN：1-56576-008-5
ⒸCopyright 1994 by SEPM（Society for Sedimentary Geology）
本书经 SEPM（Society for Sedimentary Geology）授权石油工业出版社有限公司翻译出版。版权所有，侵权必究。
北京市版权局著作权合同登记号：01-2015-6738

出版发行：石油工业出版社
（北京安定门外安华里 2 区 1 号　100011）
网　　址：www.petropub.com
编辑部：（010）64523544
图书营销中心：（010）64523633
经　销：全国新华书店
印　刷：北京中石油彩色印刷有限责任公司

2015 年 9 月第 1 版　2015 年 9 月第 1 次印刷
787×1092 毫米　开本：1/16　印张：13
字数：330 千字

定价：70.00 元
（如出现印装质量问题，我社图书营销中心负责调换）
版权所有，翻印必究

前　　言

　　编写本书的动机是流体包裹体技术的应用潜力让人振奋，但在成岩作用研究中，该项技术目前往往被误用，这使笔者感到沮丧。过去十年间，流体包裹体作为沉积盆地中流体物理—化学性质研究的一种手段已展现出巨大的优势，但同样暴露了明显的不足，需要采用新的方法来合理、有效地使用该项技术。在与同事和学生交流的过程中，笔者发现很多人把从文献中学到的流体包裹体方法应用于成岩体系时遇到很多困难，甚至存在完全错误的应用，或花费了几个月的时间而得到一堆毫无意义的数据。这样的结果一方面使人沮丧，另一方面不能有效地使用这种有潜力的技术。

　　本书重点介绍在成岩矿物研究中正确应用流体包裹体技术必须要知道的内容。除了在沉积岩中的应用，对其他领域也有参考价值。无论研究重点是什么，本书所表达的原理、哲理和方法流程适用于任何流体包裹体研究。本书是按照成岩矿物中流体包裹体应用的实用教程来编写的，而不是用于所有沉积岩中的流体包裹体研究的百科全书。本书首先介绍流体包裹体的定义及地质意义。其次是流体包裹体研究中必须知道的基本的相平衡，以了解自然界中孔隙流体和流体包裹体的性质。一旦了解了这些，利用流体包裹体作为古老成岩体系记录的有效性的疑问就能用这样一种方式处理，即关于流体包裹体技术的局限性的疑问可以得到解决。这些想法为展示如何引导流体包裹体研究打下了基础。笔者陈述了一种基于岩石学的新方法来引导流体包裹体研究，此方法逻辑上遵循存在于沉积岩中的孔隙流体成分的解释及地史温度和地史压力的计算。然后笔者介绍了一些案例，这些案例都是精心选取和设计的，目的是让读者练习从成岩范围中评价流体包裹体数据。最后，笔者简要地总结了可能用于流体包裹体分析的技术库，以提出流体包裹体成分的附加约束。

R. H. Goldstein

T. J. Reynolds

1994 年 3 月

致 谢

许多人对此书完成作出了巨大贡献。感谢 Christina Baroth 和 Cindy Keeffe 在工作上和精神上给予的长期支持；感谢 Linda Harris 给予的文书帮助；感谢 J. R. Allan、D. L. Hall、J. J. Irwin 和 E. Roedder，他们的仔细审查极大地提升了手稿的质量；感谢 R. C. Burruss 的建设性意见以及在计算中提供的帮助；感谢 S. M. Sterner 提供了人工合成流体包裹体样品。同时，本书中总结的一些研究实例受 Exxon 开发研究中心、Texaco 研究中心、BP 研究中心以及堪萨斯大学通用研究基金、美国全国卫生基金会授权的 EAR-87-21229 和 EAR-92-18463 等资助。

目 录

第一章 流体包裹体及其应用简介 ·· (1)
  第一节 概述 ·· (1)
    一、矿物沉淀的温度 ··· (1)
    二、矿物沉淀的压力 ··· (1)
    三、流体的成分和来源 ··· (1)
    四、温度、压力和流体成分的后期演化 ··· (2)
    五、提高对成岩体系的认识 ··· (2)
    六、提高对地下流体演化的认识 ··· (2)
    七、提高对孔隙演化的认识 ··· (2)
    八、完善对石油运移史的解释 ··· (2)
    九、完善对热史的恢复 ··· (2)
    十、完善对构造史或地层埋藏史的恢复 ··· (2)
  第二节 研究历史 ·· (3)

第二章 流体包裹体及其成因 ·· (4)
  第一节 流体包裹体的外观 ·· (4)
  第二节 晶体生长阶段捕获的流体包裹体 ·· (5)
  第三节 晶体形成之后捕获的流体包裹体 ·· (6)
  第四节 晶体生长阶段微裂缝中捕获的流体包裹体 ···································· (7)
  第五节 流体包裹体成因的判别标准 ·· (8)
    一、原生流体包裹体 ··· (8)
    二、次生和假次生流体包裹体 ··· (16)
  第六节 小结 ·· (17)

第三章 流体包裹体的相变基础 ·· (18)
  第一节 一元体系——水 ·· (18)
    一、基本前提 ··· (18)
    二、成岩作用的压力—温度条件 ··· (18)
    三、自然界中流体包裹体的压力—体积—温度变化 ················· (20)
    四、实验室中流体包裹体的压力—体积—温度变化 ················· (20)
  第二节 一元体系——甲烷 ·· (21)
  第三节 二元体系——水—氯化钠 ·· (22)
  第四节 二元体系——水—甲烷 ·· (25)
  第五节 多元体系——水—石油 ·· (29)

第六节　多元体系——天然气—石油 ………………………………………… (29)
　　第七节　小结 …………………………………………………………………… (30)
第四章　成岩流体的代表性样品——流体包裹体 ………………………………… (31)
　　第一节　成岩流体与流体包裹体 ……………………………………………… (31)
　　　一、均一流体 ………………………………………………………………… (31)
　　　二、非均一流体 ……………………………………………………………… (32)
　　第二节　包裹体捕获之后的变化 ……………………………………………… (32)
　　　一、与主矿物的反应 ………………………………………………………… (32)
　　　二、透过主矿物的扩散 ……………………………………………………… (33)
　　　三、包裹体体腔大小的变化 ………………………………………………… (34)
　　　四、颈缩 ……………………………………………………………………… (34)
　　　五、主矿物的重结晶 ………………………………………………………… (41)
　　　六、包裹体在主矿物中的位置 ……………………………………………… (42)
　　　七、主矿物的变形 …………………………………………………………… (42)
　　　八、包裹体捕获后发生的不可逆相变或化学变化 ………………………… (42)
　　　九、成核亚稳态 ……………………………………………………………… (43)
　　　十、热改造再平衡 …………………………………………………………… (44)
　　第三节　流体包裹体再平衡的消退 …………………………………………… (52)
　　第四节　小结 …………………………………………………………………… (53)
第五章　流体包裹体研究的哲学 …………………………………………………… (54)
　　第一节　概述 …………………………………………………………………… (54)
　　第二节　流程 …………………………………………………………………… (54)
第六章　流体包裹体岩相学 ………………………………………………………… (57)
　　第一节　概述 …………………………………………………………………… (57)
　　第二节　取样技巧 ……………………………………………………………… (57)
　　第三节　样品选择 ……………………………………………………………… (58)
　　第四节　用于流体包裹体分析的厚切片的制作方法 ………………………… (58)
　　　一、解理片 …………………………………………………………………… (58)
　　　二、快捷片 …………………………………………………………………… (58)
　　　三、双面抛光片 ……………………………………………………………… (59)
　　第五节　显微镜装置 …………………………………………………………… (60)
　　　一、标准偏光显微镜 ………………………………………………………… (61)
　　　二、流体包裹体显微镜 ……………………………………………………… (61)
　　　三、重要配件 ………………………………………………………………… (62)
　　第六节　流体包裹体岩相学分析 ……………………………………………… (63)
　　　一、开始 ……………………………………………………………………… (63)
　　　二、包裹体成因的确定 ……………………………………………………… (64)
　　　三、包裹体成分的确定 ……………………………………………………… (64)

四、包裹体气液比的确定 ………………………………………………………… (64)
　　五、压力的确定 …………………………………………………………………… (67)
　　六、岩相学关系的记录 …………………………………………………………… (67)
　第七节　成岩环境的确定 …………………………………………………………… (67)
　　一、渗流带 ………………………………………………………………………… (68)
　　二、低温潜流带 …………………………………………………………………… (69)
　　三、高温环境 ……………………………………………………………………… (70)
　第八节　小结 ………………………………………………………………………… (71)

第七章　流体包裹体显微测温 …………………………………………………… (73)
　第一节　思想准备 …………………………………………………………………… (73)
　第二节　流体包裹体的选择 ………………………………………………………… (74)
　　一、用于显微测温的流体包裹体组合的选择 …………………………………… (74)
　　二、用于显微测温的包裹体的选择 ……………………………………………… (75)
　第三节　需要测定的流体包裹体组合的数量 ……………………………………… (76)
　第四节　分辨率要求 ………………………………………………………………… (76)
　第五节　材料和仪器准备 …………………………………………………………… (77)
　　一、用于显微测温的双面抛光薄片 ……………………………………………… (77)
　　二、对显微镜的要求 ……………………………………………………………… (77)
　　三、冷热台 ………………………………………………………………………… (78)
　第六节　显微测温准备 ……………………………………………………………… (79)
　　一、显微测温所需样品的尺寸 …………………………………………………… (79)
　　二、首要步骤 ……………………………………………………………………… (80)
　第七节　均一温度测试 ……………………………………………………………… (80)
　第八节　低温相变测试 ……………………………………………………………… (82)
　　一、确定合适的化学体系 ………………………………………………………… (83)
　　二、$H_2O—NaCl$ 体系的低温相特征 …………………………………………… (91)
　　三、$H_2O—NaCl—CaCl_2$ 体系的低温相特征 ………………………………… (100)
　　四、$H_2O—NaCl—CH_4$ 体系的低温相特征 …………………………………… (109)
　第九节　小结 ………………………………………………………………………… (113)

第八章　数据的表达 ……………………………………………………………… (114)
　第一节　频率直方图 ………………………………………………………………… (114)
　第二节　双变量散点图 ……………………………………………………………… (116)
　第三节　小结 ………………………………………………………………………… (117)

第九章　流体包裹体地质温度计 ………………………………………………… (118)
　第一节　数据一致的流体包裹体组合 ……………………………………………… (118)
　　一、最小捕获温度 ………………………………………………………………… (119)
　　二、捕获温度 ……………………………………………………………………… (119)
　第二节　数据不一致的流体包裹体组合 …………………………………………… (127)

一、气液比高度不一致的流体包裹体组合 ……………………………………… (127)
　　二、中等不一致的均一温度数据 ……………………………………………… (128)
　第三节　接近最高温度的均一温度数据 ………………………………………… (131)
　第四节　均一温度与捕获温度的关系 …………………………………………… (133)
　第五节　小结 ……………………………………………………………………… (133)
第十章　流体包裹体地质压力计 …………………………………………………… (134)
　第一节　最小捕获压力 …………………………………………………………… (134)
　　一、压碎法 ……………………………………………………………………… (134)
　　二、泡点曲线法 ………………………………………………………………… (134)
　第二节　捕获压力 ………………………………………………………………… (134)
　　一、数据一致的流体包裹体组合 ……………………………………………… (134)
　　二、存在不混溶的情况 ………………………………………………………… (137)
　第三节　小结 ……………………………………………………………………… (139)
第十一章　研究实例 ………………………………………………………………… (140)
　第一节　流体包裹体研究的评估 ………………………………………………… (140)
　第二节　研究实例 ………………………………………………………………… (141)
　　一、内华达州晚期裂缝充填环带状流石的成因 ……………………………… (143)
　　二、西班牙东南部中新统方解石胶结物的成因 ……………………………… (145)
　　三、新墨西哥州 Lake Valley 组簇状亮晶方解石的成因 …………………… (147)
　　四、上新统—更新统低温方解石胶结物的成因 ……………………………… (152)
　　五、堪萨斯州东南部前宾夕法尼亚系方解石的成因 ………………………… (153)
　　六、牙买加上新统—更新统 Hope Gate 组碳酸盐胶结物的成因 …………… (154)
　　七、堪萨斯州宾夕法尼亚系早期方解石胶结物的成因 ……………………… (156)
　　八、伯利兹海底文石胶结物中的流体包裹体 ………………………………… (157)
　　九、Llano 隆起寒武系—奥陶系方解石胶结物的成因 ……………………… (158)
　　十、Enewetak 环礁始新统白云石的成因 …………………………………… (159)
　　十一、宾夕法尼亚系 Lansing-Kansas City 群压实后早期方解石胶结物的成因 … (161)
　　十二、墨西哥台地中白垩统白云岩的成因 …………………………………… (163)
　　十三、与钾盐共生的石盐的最小形成温度 …………………………………… (165)
　　十四、新墨西哥州二叠系 Laborcita 组埋藏过程中的方解石胶结作用 ……… (166)
　　十五、新墨西哥州宾夕法尼亚系 Holder 组热史与流体历史和方解石的成因 … (168)
　　十六、宾夕法尼亚系 Lansing-Kansas City 群压实后晚期方解石胶结物的成因 … (170)
　　十七、北海地区上侏罗统自生石英胶结物的成因 …………………………… (171)
　　十八、阿尔卑斯中部石英矿物中流体包裹体地质温度计和地质压力计 …… (172)
　第三节　小结 ……………………………………………………………………… (173)
第十二章　其他分析方法 …………………………………………………………… (174)
　第一节　非破坏性技术 …………………………………………………………… (174)
　　一、紫外线荧光发射光谱 ……………………………………………………… (174)

二、显微红外吸收光谱 ………………………………………………………（175）
　三、同步加速 X 射线荧光微探针 ……………………………………………（175）
　四、激光拉曼探针 ……………………………………………………………（176）
　五、质子探针 …………………………………………………………………（176）
　六、核磁共振 …………………………………………………………………（177）
　第二节　破坏性技术 ……………………………………………………………（177）
　一、子矿物的分析 ……………………………………………………………（177）
　二、利用能谱仪对流体包裹体中的盐类进行分析 …………………………（177）
　三、群体或单个包裹体抽提物的阴、阳离子分析 …………………………（177）
　四、将溶质直接送入仪器进行分析 …………………………………………（178）
　五、包裹体中流体的同位素分析 ……………………………………………（179）
　六、气体组分的分析 …………………………………………………………（179）
参考文献 ……………………………………………………………………………（181）

第一章 流体包裹体及其应用简介

第一节 概 述

近几十年来，地质学家一直将野外、岩石学和地球化学方法用于研究石灰岩、白云岩、蒸发岩和砂岩的成岩作用。最成功的研究是将野外、岩石学和各类地球化学方法相结合。在应用方面，每项技术都不是万能的，然而当把它们综合运用时，确实是非常有效的。细致的岩石学研究已成为成岩作用研究中最重要且可靠的部分。成岩矿物的微量元素和痕量元素分析受如下因素的制约：对分配系数知之甚少、对分配系数的适用范围不清以及孔隙流体的化学性质未知。稳定同位素（$\delta^{13}C$ 和 $\delta^{18}O$）数据的解释可能会因未知的温度、孔隙流体成分和水—岩比而存在困扰，对于有些体系，可能还存在分馏系数的困扰。上述所有方法均是解释成岩历史的间接方法，因为它们代表了成岩作用的结果，而不是成岩作用过程中的样品。这类间接方法时常会得出错误的解释。

流体包裹体是封存于矿物中的、由流体充填的空腔。成岩矿物中的流体包裹体提供了用来研究古成岩环境中流体性质的唯一而直接的方法。流体包裹体通常被看作"时空胶囊"，蕴藏着古温度、古压力和古流体成分的信息。它们同简单的岩石学观察结合时，可提供如下有价值的信息：显微测温分析和流体成分的地球化学分析。

一、矿物沉淀的温度

流体包裹体可用于确定矿物形成的温度。其精度分几个级别，这取决于流体包裹体本身的特点。温度数据通常提供矿物形成最小温度的信息；其他数据仅仅在温度单调地、幅度未知地上升或下降时明确沉淀条件；或者也许只能确定大概的低温或高温；有时流体包裹体甚至可以得出矿物形成的真实温度。

二、矿物沉淀的压力

利用流体包裹体可以确定矿物沉淀的压力，但能否作出这样的解释完全取决于样品中是否包含我们需要的包裹体。流体包裹体也许可以用于确定最小捕获压力，或者可以用于确定真实捕获压力。

三、流体的成分和来源

假如存在合适的流体包裹体，可以据此确定流体的性质。最常见的应用是确定矿物沉淀时流体的盐度。其他测试方法还可以识别流体中主要的离子类型及浓度、有机物的存在、主要离子和次要离子的比例、溶解化合物（例如硫酸盐）的浓度、溶解气的类型和浓度，甚至流体的同位素组成。还有很多已存在的但有待开发的潜在应用。

四、温度、压力和流体成分的后期演化

假设存在合适的流体包裹体，那么就可以从矿物生长之后捕获的流体包裹体中确定上述三种参数中的任意一种。因此，分析一套样品组合的整个历史比单纯分析沉淀的矿物更有效。

当然，如果将这些变量加以约束，它们将具有重要的地质意义，但只有一小部分得到流体包裹体研究的支持。

五、提高对成岩体系的认识

古老和现今成岩体系的物理、化学和地质过程已证实很难理解，主要原因是成岩作用研究都是间接的。流体包裹体是成岩流体的样品和成岩体系的直接记录，它们能够提供有关古成岩流体的温度、压力和化学性质方面的信息，这是其他方法做不到的。

六、提高对地下流体演化的认识

流体包裹体为地层埋藏和抬升期间的孔隙流体提供了独一无二的记录。将流体包裹体数据与其他地质和成岩作用信息相结合，可以解释地下卤水的演化。

七、提高对孔隙演化的认识

孔隙充填事件相对时间的确定对油气勘探开发具有重要的意义。通过流体包裹体分析可以对成岩矿物的沉淀条件进行约束，从而更好地了解孔隙充填事件的控制因素和相对时间。

八、完善对石油运移史的解释

流体包裹体为油气运移历史提供了最好的记录。油气包裹体的存在就是微观的油显示，并具有重要的意义。将油气包裹体置于成岩共生格架中，可以确定油气运移的相对时间。来自油气包裹体的温度信息可以用于确定地质格架中油气运移的相对时间。另外，油气包裹体的成分可用于示踪盆地中油气的运移历史。

九、完善对热史的恢复

流体包裹体为评估沉积岩所经历的温度提供了重要的信息。由于流体包裹体数据通常是在成岩共生格架中收集的，通常能够提供沉积岩经历的热史的详细信息。

十、完善对构造史或地层埋藏史的恢复

流体包裹体分析可以为构造变形过程中温度和压力提供有效的约束。另外，来自流体包裹体的温度和压力数据可用于盆地埋藏史和抬升—剥蚀史的恢复。

当然，任何一种应用的前提是样品中存在合适的、能用来解答地质问题的流体包裹体。大多数成岩矿物含有流体包裹体，但不是每块样品中都含有能够解答某特定地质问题的流体包裹体。因此，尽管流体包裹体分析是一项非常有价值的技术，然而不能将其看作灵丹妙药或者想当然地认为它适用于任何样品。正确应用该项技术首先应明确要解决什么地质问题，然后在地质和成岩共生格架中对样品进行详细研究以明确流体包裹体是否能用于解答特定地

质问题。流体包裹体作为封存于矿物中的成岩流体的样品，存在于时空或成岩共生格架中，因此大多数流体包裹体研究应基于精细的岩石学观察。将流体包裹体看作是一种岩石学方法而不是地球化学方法也许更为适合；但在实践中，它既能提供岩石学方面的信息，又能提供地球化学方面的信息。

本书为流体包裹体在成岩体系研究中的应用提供了一个框架。已建立的概念主要基于物理和化学原理，但也包括了一些文献中难以搜集到的新方法。本书同时论述了流体包裹体应用过程中经常被问到的许多问题，并通过一些实例来阐述了流体包裹体的研究方法。

第二节 研 究 历 史

18世纪地质学萌芽时期，矿物中流体包裹体的存在被用来支持岩石的水成论（Neptunist Theories）。Dolomieu（1792）首次报道了石英矿物中发育的油气包裹体。Sorby（1858）论证了流体包裹体中的气泡是由热收缩的差异引起的，将包裹体加热气泡将会消失，气泡消失的温度即为矿物形成的大致温度。从那以后，流体包裹体开始用于地质学研究，期间增加了很多应用，并证明了Sorby的观点大部分是正确的。

在20世纪，Edwin Roedder是流体包裹体研究的领航者，并促使来自不同领域的流体包裹体研究人员进行集中研究。他的流体包裹体研究专著（Roedder，1984）是流体包裹体信息的百科全书，也是当代所有流体包裹体研究的萌芽。在1980年以前，沉积岩中的流体包裹体研究仅限于蒸发岩和密西西比河谷型铅—锌矿床。该专著是宝贵的知识财富，也为本书的编写打下了基础。然而，现在人们已逐渐认识到早期研究中使用的那些"标准"方法和流程可能会导致流体包裹体数据的错误解释或者不当的应用。20世纪80年代早期，人们已经体会到，对于沉积体系中的流体包裹体需要更严格的方法以对数据进行正确的收集和解释；20世纪70年代和80年代早期的工作（Nelson，1973；Klosterman，1981；Moore和Druckman，1981；Wagner和Matthews，1982）引起成岩作用研究者之间的争论，这种争论现今仍在持续（Guscott和Burley，1993；Osborne和Haszeldine，1993）。1984年秋季在Robert Burruss、Charles Barker和Robert Halley的组织下，在科罗拉多召开的SEPM研讨会讨论了沉积体系中的流体包裹体研究。Terry O'Hearn、Dennis Prezbindowski和Robert Goldstein的报告给参会人员留下了深刻的印象，他们指出，要将流体包裹体技术成功用于成岩作用研究，首先需要解决几个问题。

在过去10年中，很多研究者继续使用不当的方法用于沉积体系中的流体包裹体研究。20世纪90年代发表的许多论文引起了人们的强烈质疑。其他研究者决心坚持明确流体包裹体技术的局限性，并建立一种更严谨的方法使这些局限性加以体现。所以，在早期地质学家根据矿物晶体中水的存在得到所有地壳物质来源于海洋悬浮物或溶液的结论200多年之后，我们将此书献给未来的包裹体研究人员，目的是为沉积体系中流体包裹体的正确研究打下基础，并使他们明确根据观察到的现象进行推理存在局限性。

第二章　流体包裹体及其成因

第一节　流体包裹体的外观

室温下用透射光显微镜观察时，大多数流体包裹体具有尖锐的外边界，代表了包裹体体腔的边缘（图2-1）。这种现象是由于包裹体中流体的折射率与主矿物明显不同导致的：大多数流体的折射率为1.33～1.45，而流体包裹体主矿物的折射率则为1.43～3.22。然而，液态烃的折射率可能与主矿物相似（Burruss，1981），因此，液态烃包裹体不容易观察。包裹体通常含有大量明亮而清澈的流体（图2-1A、D、E），有些含有黑色的小气泡，黑色是由于气泡内部反射的结果（图2-1D）。但是，正如图2-1E所示，扁平状包裹体中的气泡可能不是黑色。尽管大多数流体呈无色，有些液态烃可能显示红褐色—黄色。

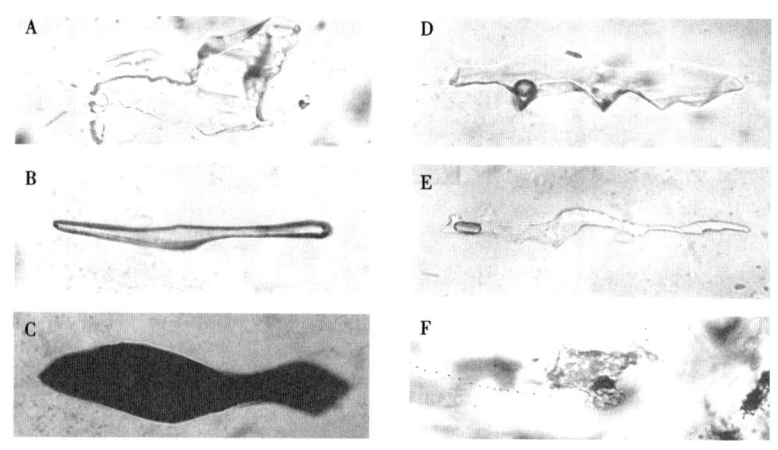

图2-1　室温下自生石英中流体包裹体的显微照片

A、B、C展示单相包裹体，D、E、F展示两相包裹体；A—形状不规则的、液相充填的盐水包裹体；B—清晰的、表面光滑的单相甲烷包裹体；C—暗色的、表面光滑的单相甲烷包裹体；D—形状不规则的两相盐水包裹体，含有球形气泡；E—形状不规则的两相流体包裹体，含有拉长的气泡；F—形状非常不规则的两相盐水包裹体，一起被捕获的还有固体包裹体（黏土？），位置处于石英颗粒碎屑与石英次生加大边之间的边界上，该边界在这张显微照片上不是很清楚，故用小圆点标记。

大多数对包裹体知之甚少的人通常会忽略那些看起来像A、B、C中那样的包裹体，但实际上，正如本书要强调的，应当仔细观察这种包裹体；A和B中的单相包裹体与大多数包裹体是相同的，但要注意，B中包裹体的边界与主矿物石英的差异要比A中的大得多，这是一个很重要的线索，通常暗示其流体成分不仅仅是水；C中的暗色单相包裹体在大多数初学者看来似乎是空的，然而，某些看起来像这样的包裹体可能含有空气，对于图中展示的这个包裹体，冷却至液氮的温度时会证明它含有甲烷。

同样，很多没有经验的研究人员可能会忽略D和E中的包裹体，因为它们似乎发生过颈缩，但是正如本书要展示的，这是一个不合逻辑的推断：对于包裹体研究者来说，最重要的是要注意单个流体包裹体组合中包裹体的气液比（形状不是判断颈缩的依据）。

为了便于拍照，图中所选的包裹体都很大，假设包裹体长轴小于5μm，实际上这种尺寸的包裹体是能够找到的受显微镜光学效果的限制,目前小于1μm的包裹体不能用于研究。成岩矿物中能用于研究的包裹体大多数长2~7μm。一般情况下,粗晶成岩矿物比细晶成岩矿物中含有更多可用于研究的包裹体,另外,小的包裹体在数量上一般比大的包裹体多得多。由于流体包裹体尺寸小,因此,在进行岩石学研究时须校正显微镜,并对样品进行很好的抛光。

第二节 晶体生长阶段捕获的流体包裹体

晶体从流体中析出过程中,其生长表面不可避免地存在缺陷。通常情况下,晶体表面的缺陷将被周围的晶体包围,从而在晶体中形成穴窝,在晶体继续生长过程中穴窝中将充满流体并被愈合。由于穴窝中的流体是在晶体生长过程中捕获的,因此为原生,它们提供了成岩矿物沉淀过程中流体的样本。对于许多矿物来说,晶体生长过程中流体包裹体捕获的确切原因可能未知。然而,通过在成岩温度和压力条件下合成流体包裹体的实验研究增强了我们对包裹体捕获机制的认识(Sabouraud Rosset,1969;McLimans,1987;Davis等,1990;Pironon和Barres,1990;Kihle和Johansen,1994)。现将几个可能的机制总结如下。

晶体生长过程中流体包裹体的捕获是正常且可以预料的。晶体的生长是一系列阶梯状生长层的侧向增生过程(图2-2)。在其边缘处存在扭结,扩展的生长层中可能会形成凹角,这些凹角最终将被包围形成穴窝。随着生长层的继续发育,这些穴窝最终将被封闭起来,晶体中的这类缺陷为流体包裹体的捕获场所。

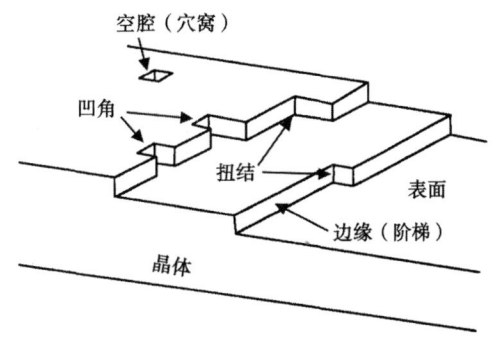

图2-2 原子尺度的晶体缺陷中包裹体的形成过程示意图(据McLimans,1987,修改)

Roedder(1984)描述了几种原生流体包裹体的捕获机制。有时晶面的中心相对于晶体边缘变得营养不良,导致空腔的形成,它们被后期生长的晶体密封,从而形成原生流体包裹体(图2-3A);随着流体过饱和程度的加大,晶体生长速率加快,也会导致空腔的形成;当后期次生加大时,空腔将充满流体并被密封起来(图2-3B)。这一机制已得到实验验证(Janssen Van Rosmalen和Bennema,1977;McLimans,1987)。蚀刻事件已在成岩体系中众所周知,在多种矿物中都有发现。这种蚀刻在晶体表面形成的凹角和槽沟,可能被后期的晶体生长密封而形成流体包裹体(图2-3C)。此外,流体包裹体可能优先在双晶的接触点捕获,例如石膏中常见的那些流体包裹体。

晶体生长面上的任何毒害或阻碍都极可能在之后的生长过程中形成凹角,凹角最终将被密封形成流体包裹体。例如,如果晶体内出现裂纹,在间断处晶体的生长将被扰乱(图2-3D)。同样,如果另一种矿物晶体落在生长面上或在生长面上成核,那么在生长着的晶体尾迹中会形成小空腔(图2-3E);甚至单独的、但矿物性质相同的晶体在生长面上成核也能形成流体包裹体空腔。黏附在晶体生长面上的其他物质也能形成生长间断,这些生长间断在随后的生长过程中也可能形成流体包裹体。它们包括细菌体、其他类型的有机质、油滴和气泡,它们仅仅是流体包裹体捕获机制中潜在的一小部分。上述机制阐述了晶体生长过程中流体包裹体捕获是一种常见的过程,但并不是每一期晶体生长都能保存完整的记录。

晶体生长也可以通过已有矿物的重结晶来实现,该过程同样可能形成包裹体。人们已在

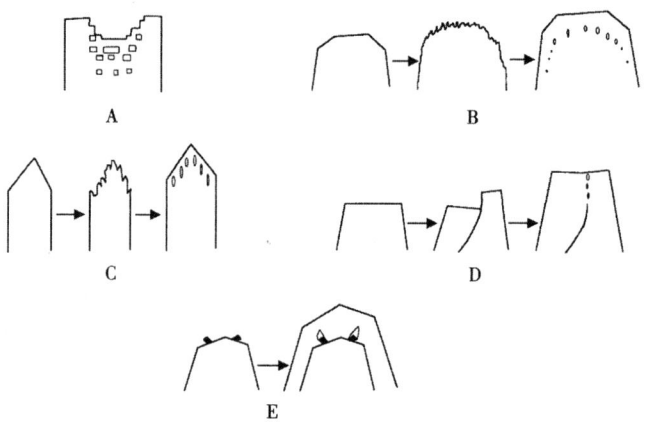

图 2-3 原生流体包裹体几种可能的捕获机制示意图（据 Roedder，1984，修改）

A—晶面中心营养不良产生缺陷，缺陷变大形成空腔，然后被后来生长的晶体密封；B—快速生长形成不规则边缘，然后被晶体生长所密封；C—蚀刻形成的不规则边缘被后期继续生长的晶体所密封；D—断裂形成晶体缺陷，再增长形成不规则边缘，最终被密封；E—孔洞形成于晶体外来物质的尾部，外来物质阻碍晶体生长

某些发生过重结晶的矿物中观察到流体包裹体，但其确切机制尚未搞清。重结晶的石盐矿物中可能含有大量流体包裹体，这些包裹体形成于重结晶过程中（Lazar 和 Holland，1988；Horita 等，1991；Bien 等，1991）。文石转化为低镁方解石过程中不易形成大的包裹体，红外光谱分析似乎支持了这一点（Gaffey，1988，1990）；然而，在发生过重结晶的文石中偶尔也存在大的流体包裹体。重结晶的白云石和铁白云石中通常含有流体包裹体，这些包裹体似乎是在重结晶过程中捕获的（Abegg，1990；Gregg 和 Shelton，1990；Shelton 等，1992；Wojcik 等，1992，1994）。高镁方解石重结晶形成低镁方解石过程中也可能形成流体包裹体（K. C. Lohmann，1988；James 和 Bone，1992）。重结晶过程中捕获的流体包裹体为深入研究重结晶作用提供了有效手段。

第三节　晶体形成之后捕获的流体包裹体

矿物形成后，通常情况下晶体都会发生脆性变形或塑性变形。变形可能形成微米级的微裂缝、双晶面以及剪切面。变形特征发育时，它们极有可能被变形过程中或者变形之后的流体所充填。此后，通过矿物的沉淀作用（电子显微镜尺度）或者溶解—再沉淀作用，流体很可能捕获在变形晶面之间。变形发生后，晶面不会简单地立即关闭：它们一定会受前面提及的两种作用中的任一种影响而愈合。前者（沉淀作用）要求离子搬运至裂纹中，并且溶液相对于沉淀的矿物过饱和；后者（溶解—再沉淀作用）总是以降低变形晶面的表面自由能的方式出现（只要宿主矿物在流体中是可溶的）（Roedder，1984）。如图 2-4 所示，通过矿物的溶解和沉淀作用（矿物在裂纹表面重新分布，趋向于较低的表面自由能状态），微裂缝的形状随时间发生变化，这些再分布的封盖层将流体包裹体与其原来裂纹中的位置分隔开来，这个过程称之为颈缩。它不需要裂纹外的新离子搬运至溶液中。这些封闭在微裂缝中的流体包裹体可能提供在裂纹封闭过程中的矿物生长之后存在的流体的有用记录，为岩石的成岩历史提供了有用信息。这类包裹体不是矿物沉淀期间形成的，而是在矿物沉淀之后形成的，称为次生包裹体。

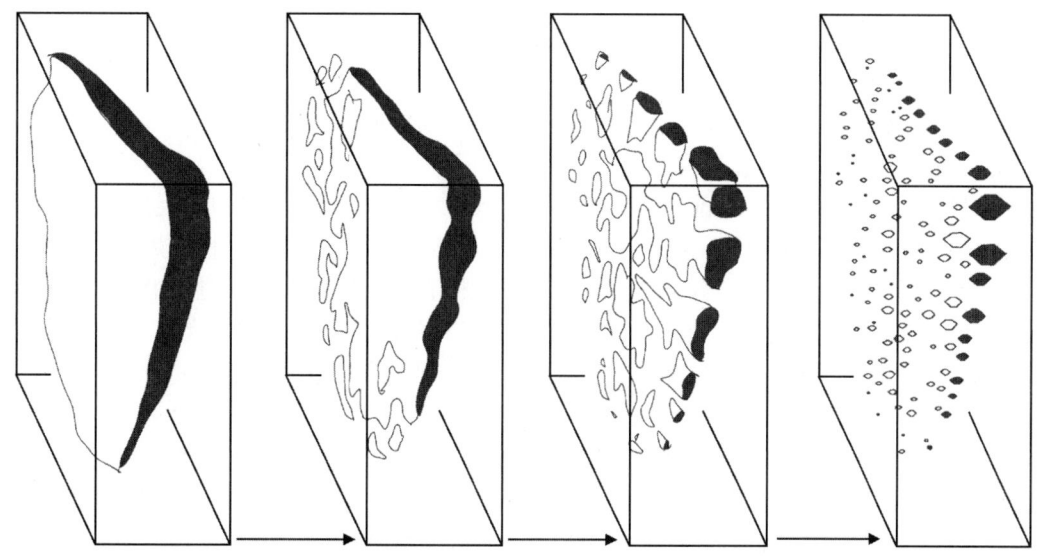

图 2-4　石英中微裂缝的闭合阶段示意图（据 Roedder，1962，修改）

注意包裹体最后的形状，具有像石英晶体一样的形状，这样的形状称之为负晶形；一般来说，包裹体都会朝这样的形状演化，因为这样的形状具有最低的表面自由能；然而，能否实现负晶形取决于多种因素——宿主矿物在流体中的溶解度和时间很重要

在某些成岩矿物中，颈缩作用形成次生包裹体的速度相对较快（即使在低温条件下），甚至不需要液态水的存在。可溶矿物中裂隙愈合实验显示，颈缩作用能够在几天至几年的时间内快速发生（Lemmlein 和 Kliya，1952）。实验采用的岩石在新近纪末期被抬升至渗流带，这种环境中的方解石胶结物可能含有包裹着渗流带流体的次生包裹体。另外，次生流体包裹体面上通常含有特定密度和盐度的流体包裹体，表明这些包裹体是在相同的条件下捕获的。一个常见的错误观念是次生包裹体只能形成于含有液相流体的微裂缝中，但是含有油包裹体和气包裹体的愈合微裂缝也很常见（Burruss 和 Goldstein，1980；Burruss，1981；Horsfield 和 McLimans，1984；Burruss 等，1985；McLimans，1987；Tilley 等，1989；Lacazette，1991）。然而，在这种情况下，这些体系中可能存在观察不到的流体膜促进了颈缩作用。总之，通过微裂缝的愈合形成次生包裹体是一种相对较快的地质现象，即使在高倍显微镜下，也观察不到颈缩作用发生所需的流体相。

第四节　晶体生长阶段微裂缝中捕获的流体包裹体

在晶体生长阶段，能够形成微裂缝和其他变形特征。在微裂缝的愈合过程中，可能会形成流体包裹体，这类包裹体与前面介绍的微裂缝中的次生包裹体类似。如果在变形之后晶体继续生长，那么微裂缝中捕获的流体包裹体保存的是变形事件之后、矿物重新生长之前的流体记录，或者矿物重新生长时微裂缝愈合期间的流体信息。上述两种情况，微裂缝中封存的流体包裹体代表了矿物生长阶段的成岩流体。这类包裹体称为假次生包裹体，它们同原生包裹体一样，记录了晶体生长过程中某一阶段的流体信息。

第五节　流体包裹体成因的判别标准

对多数流体包裹体研究来说，确定包裹体与主矿物形成的先后时间至关重要，为达到这一目的，应尽力去寻找确切的岩相学证据。很多新手由于缺少经验，在这项任务中可怜地失败了。进行流体包裹体研究之前，要有必要的心理准备，因为很多样品并不包含解决地质问题所需的流体包裹体。面对上述情况，很多研究人员选择继续下去，并期望真相会水落石出。这种做法的风险是得到的数据缺少约束，因此极有可能造成误导。对于绝大多数包裹体来说，其成因要么是明确的、要么是不明确的。因此包裹体有四种可能的成因：原生、次生、假次生和未知。更为重要的是，研究人员应学会判别流体包裹体成因的岩相学准则，以明确其成因。

由于岩相学准则仅用来确定流体包裹体中空腔的成因，而包裹体的泄漏—再充填可能缺少岩相学证据，因此本书中采用的原生、次生和假次生等术语仅仅是从岩相学意义上描述包裹体原始空腔的时间和成因。下面将讨论确定流体包裹体成因的岩石学准则。

一、原生流体包裹体

原生流体包裹体可以通过它们与晶体生长带的关系轻易进行识别。生长带可以通过流体包裹体或固体包裹体的分布变化来识别，或者通过背散射图像、阴极发光、荧光、透射光及其他光学技术反映的成分变化来识别。如果缺乏流体包裹体与生长带关系的证据，对原生包裹体的判断是武断的。遗憾的是，大量已发表的文献未列出包裹体原生成因的证据（这是一个致命的缺陷！）或者对原生成因包裹体使用了不恰当的或者模棱两可的证据，例如"大而孤立的包裹体""随机分布的包裹体"、或者"负晶形"。除了与生长带之间的关系，原生流体包裹体还有其他一些特征，可以用来判别它们是否为原生。下面针对各种成岩矿物总结了其中原生流体包裹体的一些常见岩相学特征，这个总结并非包罗万象，而仅仅作为一种辅助工具。图片有些理想化，不包括五花八门的非特征类型。它们还应当加上与生长带的关系的证据。

1. 方解石

图2-5阐明了方解石胶结物中原生流体包裹体的许多判别标志。注意，最有用的标志是包裹体分布于生长带中（图2-5A—U）、单层流体包裹体刻画出了生长带（图2-5H—P）。标志包括：①含成千上万个随机分布的流体包裹体的宽的生长带（图2-5A—G）；②因生长带引起的流体包裹体丰度的变化（图2-5B、F）；③多个包裹体沿单个生长带分布（图2-5A—U）；④晶体中富含随机分布的包裹体，但到了生长带边界上包裹体变得贫乏（图2-5D、R、T、U）。有时，复杂的生长可以形成具有多个末端的晶体，在晶体末端的凹角之下形成线状分布的包裹体（图2-5E、G、I）。由许多光性连续的次晶组成的复合晶可以捕获面状排列或三维排列的包裹体，这类包裹体分布于次晶之间的晶面上（图2-5E、G、V、W）。有时某些方解石晶体可能含有一个或几个流体包裹体，这些流体包裹体相对于晶体来说非常大（图2-5X、Y），对这类包裹体需要当心，一些呈明显孤立分布的包裹体可能是次生的，应带着怀疑的态度进行评估。在晶体生长过程中，生长面被同种或不同种的矿物污染，或被不混溶的流体相污染，都可引起污染物生长尾迹中原生流体包裹体的捕获（图2-5Z）。这些晶体污染物通常称为偶然固体包裹体，本书叫作偶然包裹物（Accidental）。偶然

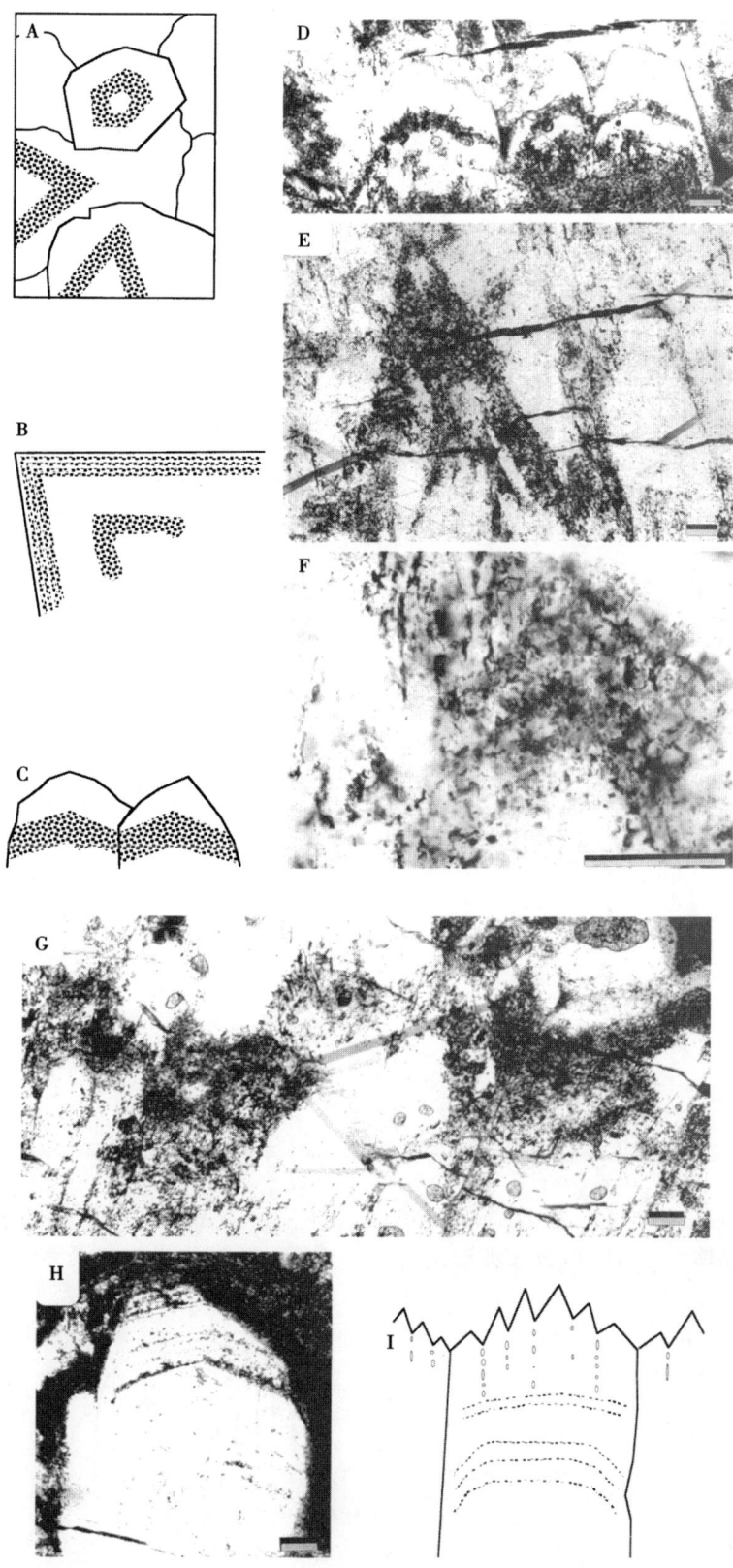

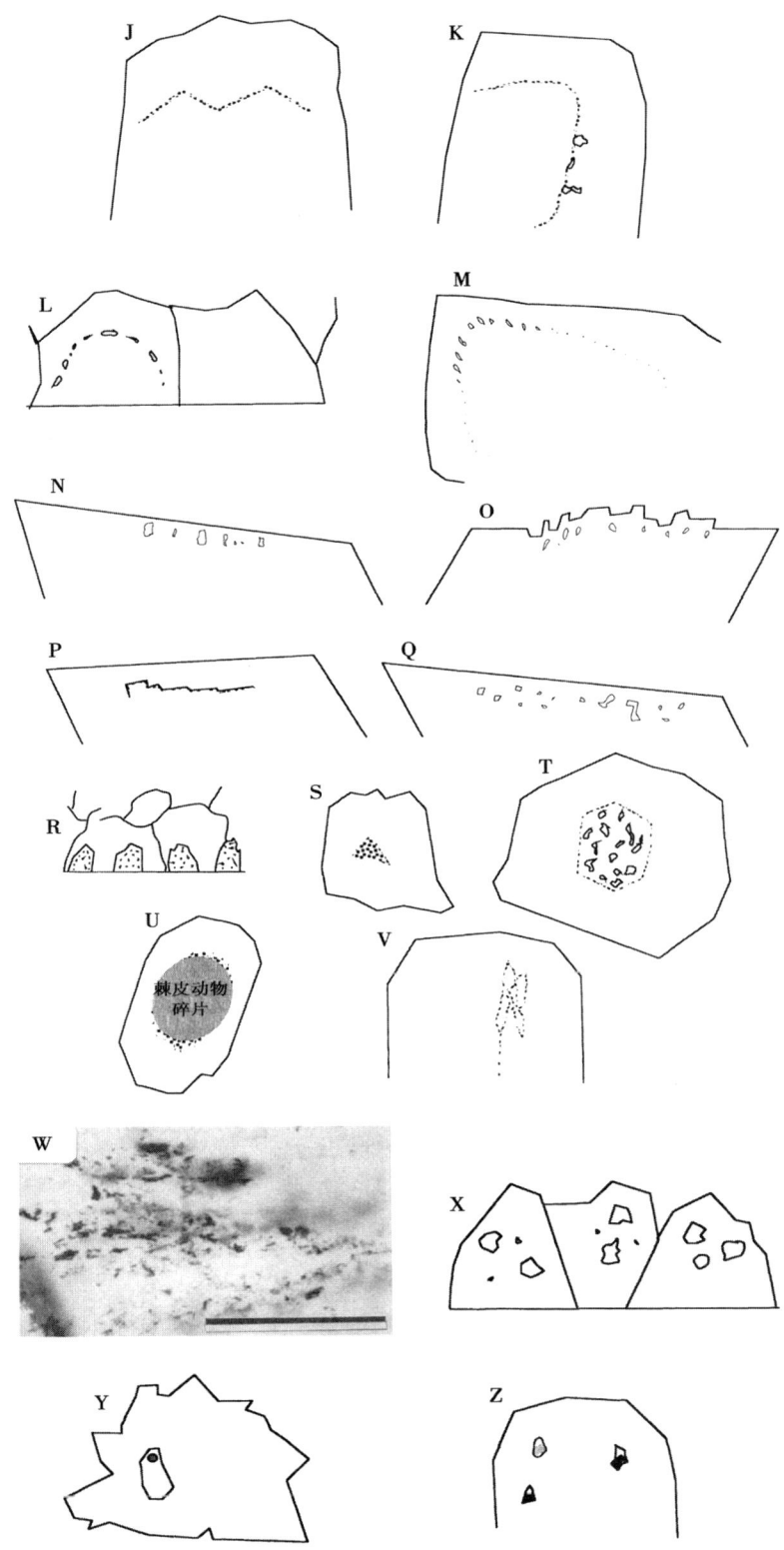

图 2-5 方解石中原生流体包裹体产状图(A—Z)

微观照片为单偏光镜下拍摄,比例尺为 100μm

包裹物与包裹体中的子矿物有差别：子矿物是包裹体捕获之后形成的，由包裹体捕获的流体中沉淀而来，不同包裹体之间具有相同的子矿物/流体比率；偶然包裹物是流体包裹体捕获过程中形成的，缺乏一致的相比率。某些方解石晶体包含雾心，雾心中富含呈三维、随机分布的流体包裹体；雾心至少有两个面在生长带边界终止，表明其中的包裹体为原生（图 2-5S）。想要区分雾心中的包裹体为原生成因还是假次生成因似乎不可能。

方解石中的原生流体包裹体可呈负晶形、球形（表面光滑）和非常不规则等任何形状。在某些样品中，特定成因的包裹体可能具有特定的形状，这种特定形状可以帮助区分样品中的原生包裹体和次生包裹体。然而，包裹体形状和成因之间不存在必然的关系。大多数扁平的包裹体，其次生可能性比原生可能性要大，但有些原生流体包裹体同样是扁平的。有些流体包裹体可能保持一种特别的形状，这有助于确定其成因。例如，一些原生流体包裹体沿同一个生长面分布，在该表面上形成平坦的底基（图 2-5K）。其他流体包裹体可能保持类似的纤状或刀刃状。有些原生流体包裹体则变得很大，并沿着某个结晶方向拉长（图 2-5M）。

2. 白云石和铁白云石

白云石以及与白云石类似的矿物保留了多种成岩组构，这些组构指示了流体包裹体为原生成因。正如在其他矿物中一样，识别白云石中原生流体包裹体最重要的依据是包裹体分布受生长带的控制（图 2-6）。重要的一点是不要将沿碳酸盐矿物解理捕获的次生包裹体与生长带中分布的原生包裹体混淆，这两种情况很好区分：生长带通常能够追踪到一个点，在该点处它们旋转并平行于另一个晶面（图 2-6）。白云石中原生包裹体最常见的产状是菱形或巴洛克形富含包裹体的雾心被亮边包围（图 2-6A、B）；其他白云石可能具有较宽的包裹体富集带，并被明亮的生长带包绕（图 2-6C、D、E）；一些窄的生长带可能被沿生长带的单层流体包裹体所限定（图 2-6F、G）。由于存在流体包裹体，白云石表面可能呈混浊状，若要将这些包裹体归为原生成因，那么其分布密度一定有变化且分布样式与生长带相似（图 2-6H）。但是，在这类存在大量流体包裹体的晶体中确定单个包裹体为原生成因几乎不可能，因为可能存在与原生包裹体无法区分的次生包裹体。在很多白云石和铁白云石晶体中，常见由细长的流体包裹体组成、具枞树样式的内部区域（图 2-6I）。Wojcik（1991）采

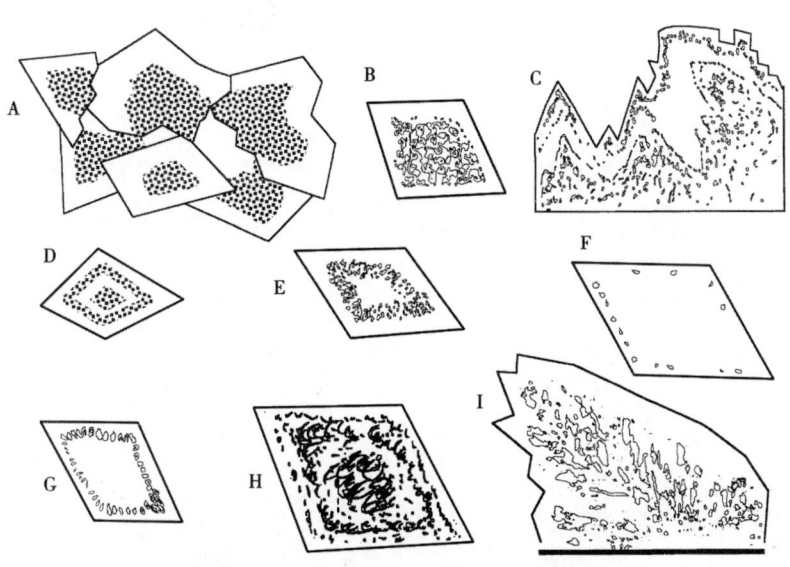

图 2-6 白云石中原生流体包裹体产状示意图

用背散射图像展示了这类流体包裹体与后期白云石或与白云石类似的矿物交代了晶体的内部区域有关。因此，枞树样式为一期或多期交代事件形成的原生构造。在枞树区域中，可见较大的箱状包裹体与细长的包裹体相伴生，另外，在白云石晶体的孤立区域也有分布。Wojcik（1991）通过背散射图像证实，这类箱状包裹体形成于交代事件期间，但在透射光下可能看不出它们与生长带的关系。因此，谨慎的研究人员在查明包裹体与生长带的确切关系之前，应将这类包裹体的成因归为不明确。

白云石中的流体包裹体可以具有从负晶形到极不规则的任何形状，有些可能呈长条状。白云石中多数原生流体包裹体都小于5μm。

3. 石英

石英次生加大边和粗粒石英胶结物（巨晶石英）中保留了多种组构，这些组构指示了流体包裹体的原生成因。对玉髓和燧石的研究表明，在这两种矿物中通常识别不出可以指示原生流体包裹体的组构。对于石英次生加大边和巨晶石英胶结物，流体包裹体与晶体生长带的关系一般很容易识别，并可采用扫描电镜—阴极发光技术（Guscott 和 Burley，1993）或热阴极发光技术（Ramseyer 等，1989；Burley 等，1989；Walker 和 Burley，1991）进行验证。

原生流体包裹体通常沿碎屑颗粒和次生加大边分隔开来，有时也在次生加大边之间的尘埃面分布（图 2-7A、B），并平行于尘埃面。石英中的包裹体一般很小（<2μm），偶尔也有大的（>10μm）；形状从极不规则到等轴；表面从粗糙到光滑。尘埃面上的固体包裹体（如黏土矿物）可能导致晶格缺陷的形成（图 2-1F），但也有可能使次生加大边相对于另外一边的石英次生加大边变得更薄；物理上的不牢固可能引起边缘破裂，允许新的流体进入并

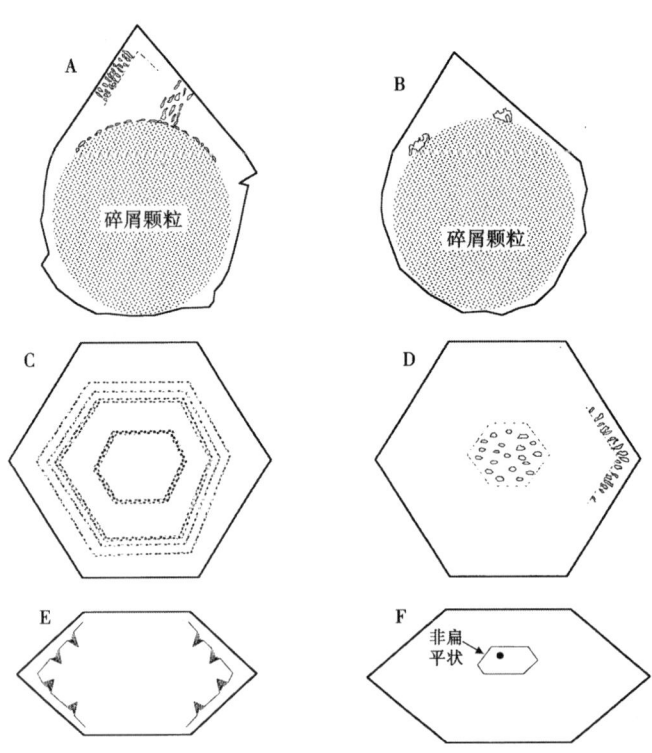

图 2-7 石英中原生流体包裹体示意图

A、B—石英的次生加大边；C、D、E、F—巨晶石英胶结物

被捕获；化学上的不稳定性可能导致后期流体选择性地溶蚀边界上的矿物，使得新的流体渗透，然后封在新的、更年轻的流体包裹体中。因此，一种可能是在某些碎屑颗粒或次生加大边界面上的流体包裹体并不包裹最早的成岩流体。

在次生加大边和巨晶石英胶结物中，原生包裹体以沿同心生长带呈线状排列为特征（图2-7C、D），这种现象是由连续而不关联的石英沉淀造成的（Guscott 和 Burley，1993）；或者因为生长缺陷形成空腔导致的（Guscott 和 Burley，1993）。同样，包裹体一般很小（<2μm），但是最长可超过10μm；形状由不规则到等轴；表面由粗糙到光滑，甚至为负晶面。较大的流体包裹体常见于杂基含量少的粗粒砂岩的粗晶石英胶结物和次生加大边中。原生流体包裹体的分布可能平行于生长带，但通常情况下平行于生长方向（垂直于碎屑颗粒底基）。某些石英胶结物含有"V"形凹角，这些凹角在晶体生长过程中捕获大量流体包裹体（图2-7E）。石英晶体中可能含有孤立分布的非常大的包裹体（相对于主矿物的尺寸）（图2-7F），有些研究人员可能会错误地根据这一证据认为包裹体为原生，并将那些小的、呈孤立分布的包裹体也归为原生，而实际上它们可能为次生。大的、呈孤立分布的原生包裹体较为罕见，但当它们出现时，容易被发现和记录。

4. 长石

自生长石中的原生流体包裹体要么分布于被交代的碎屑颗粒中，要么分布于次生加大边中。当长石碎屑颗粒被部分交代后，被交代的部分可能含有原生包裹体，而未被交代的部分不存在流体包裹体或含有继承包裹体（图2-8A、B）。为了说明包裹体为原生成因，必须证明包裹体仅分布于被交代的区域中；另一个可能的问题是证明交代作用发生在沉积之后。次生加大边中捕获的流体包裹体可能为原生成因，这类包裹体通常始于碎屑颗粒的外缘（图2-8B、C）。

自生长石中的原生流体包裹体可能呈长条状；有些呈块状的包裹体的一侧可能具有负晶形，而另一侧呈不规则状—锯齿状；其他的具负晶形。

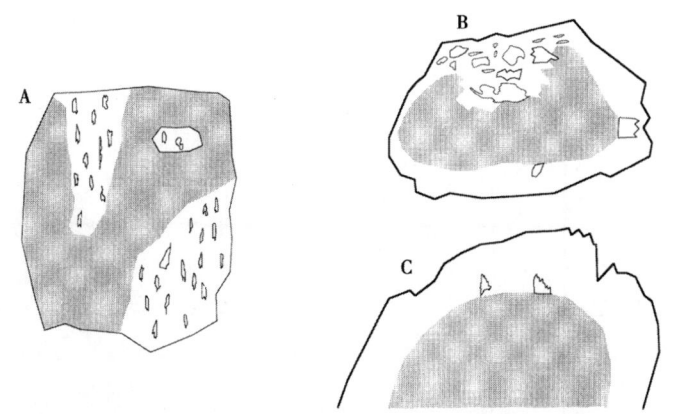

图2-8　自生长石中的原生流体包裹体产状示意图

阴影部分代表碎屑颗粒，明亮部分代表自生交代部分和次生加大边；其他实例见 Pagel 等（1986）和 Nedkitne 等（1993）

5. 石盐

石盐矿物中常见原生流体包裹体。许多原生流体包裹体可以通过呈三维排列的雾状来识别，雾状现象突然终止于生长带边缘，其后为明亮的石盐次生加大边（图2-9A、B）。有些原生流体包裹体可以通过丰度或尺寸的变化（反映了生长带）来识别（图 2-9C—E）。石盐中的生长带未必是连续的：有些呈扇状（特别是石盐立方体的拐角处），可能是包裹体的有利捕获场所（图 2-9F）；雾状带可能呈人字形和漏斗形（图 2-9G）。在石盐晶体生长过程中，可能会有外来的晶体落在其生长面上，沿这类偶然晶体的边缘也能捕获原生流体包裹体（图 2-9H）。发生重结晶的石盐通常含孤立分布或成群分布的流体包裹体，这类包裹体同样为原生成因（图 2-9I），但它们记录的是重结晶发生的条件。

石盐中的包裹体大多数具负晶形。在未发生重结晶的石盐中，流体包裹体的大小为小于 1μm 至几十微米；在发生过重结晶的石盐中，许多流体包裹体很大，在博物馆中可以看到厘米级的流体包裹体。

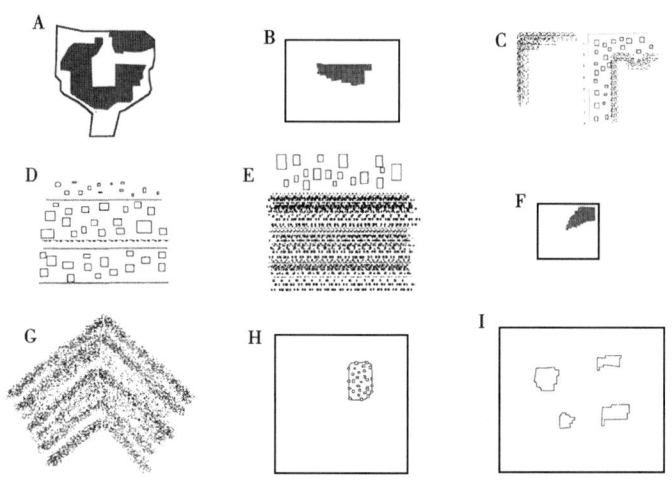

图 2-9　石盐中原生流体包裹体示意图

A、B、F——些单独的石盐晶体中的原生流体包裹体；C、D、E—因流体包裹体的分布刻画出的生长带；
G—生长带中因原生流体包裹体丰度变化而形成的人字形条纹；H—单个石盐晶体包住一个人的硬石膏晶体，
流体包裹体沿硬石膏和石盐之间的边界被捕获；I—重结晶石盐中的大个流体包裹体

6. 硬石膏

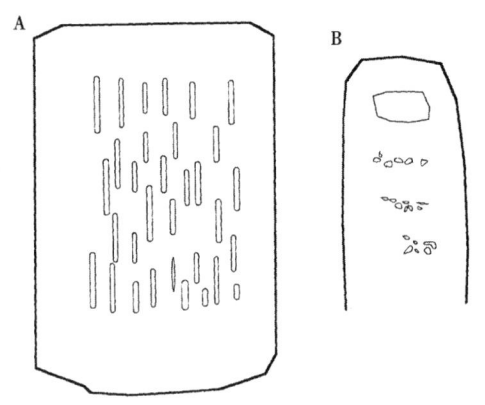

图 2-10　硬石膏中的原生流体包裹体的分布示意图
A—细长的流体包裹体分布于晶体生长带的核心部位；
B—单个较大的包裹体分布于晶体末端，较小的包裹体集中分布于生长带（Dix 和 Jackson，1982）

硬石膏中的原生流体包裹体最好通过它们与生长带边界的关系来识别。硬石膏中最常见的原生流体包裹体分布于晶体核心区域，包裹体呈管状。晶体核心部位的流体包裹体富集带与不含包裹体的区域具有明显的界线（图 2-10A）。其他硬石膏晶体中含有雾状的流体包裹体富集带，并被洁净明亮的生长带分隔开来（图 2-10B），包裹体富集带的宽度可能仅为一个或者几个包裹体尺寸那么大。硬石膏中非扁平状的原生流体包裹体还具有以下几个极为罕见的现象：流体包裹体孤立分布，包裹体的大小相对于主矿物来说极大（图 2-10B）。需要注意的是那些较小而呈明显孤立分布的包裹体，它们有可能为次生成因。

硬石膏中的大多数流体包裹体的形状具有向管状变化的趋势，不过也能见到长方形或负晶形的包裹体。

7. 石膏

石膏中的原生流体包裹体可以通过它们与生长面之间的关系来识别。令人惊讶的是，目前对石膏矿物中的流体包裹体研究得很少，这可能是因为石膏容易转化为硬石膏。然而，Sabouraud Rosset（1972，1976）的工作对石膏中流体包裹体的产状和化学成分进行了总结。石膏中细长的原生流体包裹体通常沿（001）面分布（图 2-11A），较为等轴的至细长的包裹体通常垂直于（103）面出现（图 2-11A—C）。很多生长带可以根据流体包裹体的密集程度来识别。

石膏中的流体包裹体大多数呈钉状或具负晶形，长钉的尖端通常指向生长方向。包裹体通常很大，可达几十微米。

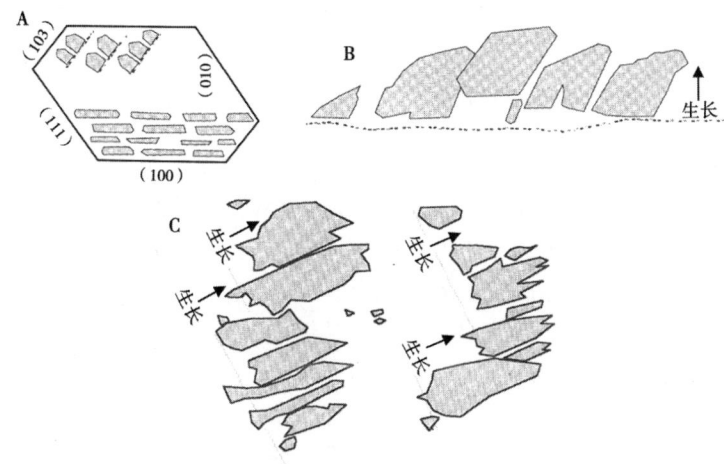

图 2-11　石膏中原生流体包裹体示意图（据 Lowenstein，1993，修改）

A—石膏晶体中的原生流体包裹体示意图；B、C—石膏中与生长带相关的原生流体包裹体形状和方向更准确的表述

8. 萤石

萤石是成岩环境中普遍包含原生流体包裹体的一种矿物。可以通过包裹体真正孤立的特征来判断原生（图 2-12A、B）；然而，萤石中有些明显孤立的包裹体可能为次生成因，因此要谨慎。原生流体包裹体最好的判别方式是确定包裹体与生长带的关系：萤石可能具有很宽的生长带，里面包含上千个随机分布的包裹体（图 2-12C）；也可能具有很窄的生长带，里面仅包含一列包裹体（图 2-12B）；包裹体严格分布于单个生长带内，生长带可以通过除包裹体外的其他特征来识别，例如成分差异造成的颜色分带（图 2-12C）；含大量随机分布的包裹体的晶体在生长边界处包裹体变得贫乏（图 2-12D、E）；晶体的生长表面受到其他晶体或者不混溶流体的污染，在污染物的生长尾迹中可能会导致原生流体包裹体的捕获。

萤石中原生流体包裹体可以呈负晶形至不规则的任何形状，更常见的是，孤立分布的包裹体为负晶形；然而有些样品中孤立分布的包裹体的形状也是不规则的，例如由于生长面的污染捕获的原生流体包裹体形状可能非常不规则，由于生长面受油滴污染而捕获的石油包裹体可能呈球形、钟形或新月形。某些萤石晶体中含有大的管状流体包裹体，包裹体垂直于生

15

长方向（图 2-12E）。在富含包裹体的生长带内，原生流体包裹体通常表面光滑。在大的（>7μm）包裹体的丰度方面，萤石仅次于石盐排名第二。

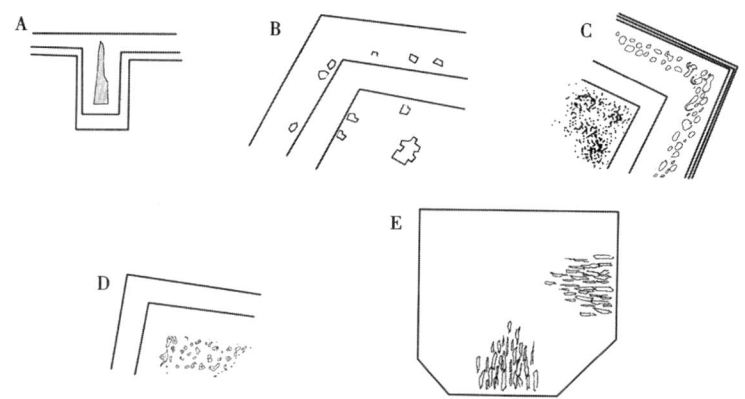

图 2-12　萤石中原生流体包裹体示意图（A 和 E 据 Roedder，1972，1984，修改）

二、次生和假次生流体包裹体

晶体生长之后，其内部可能形成微裂缝、剪切面或变形双晶面，它们可能发生再次愈合并捕获微小的流体样品形成包裹体，为晶体生长之后存在的流体提供记录。如果流体包裹体是在晶体生长结束后捕获的，称为次生流体包裹体；如果流体包裹体是在晶体生长结束之前捕获的，称为假次生流体包裹体。次生流体包裹体可能切割晶体中的任意或者所有生长带，假次生流体包裹体则终止于生长带的边缘。单个晶体中可能含有原生、次生和假次生流体包裹体，当然也包含许多成因未知的包裹体。

次生流体包裹体通常呈平面阵列分布，或者沿切割生长带的曲面分布（图 2-13）。在许多样品中，由于次生流体包裹体丰度极高造成单个平面无法识别，而是以流体包裹体的三维随机分布为整体特征。在这种情况下，原生包裹体和次生包裹体的区分是不太可能的，对于这类流体包裹体，最好的方法是承认其成因未知。其他情况下，沿平面捕获的流体包裹体可能分布很广，以至于平面阵列不明显，流体包裹体看似是孤立的。这种分布特征与某些孤立分布的原生包裹体难以区分，因此合适的方法是在低倍（10×）物镜下仔细观察以对这种可能性进行评估。然而，那些罕见的、极大的（相对于主矿物大小而言）、呈孤立分布的流体包裹体为原生成因的可能性要大一些。许多次生流体包裹体沿解理方向或者沿双晶面被捕获，必须注意的是这类流体包裹体受结晶学因素的控制，不能将其与沿生长带分布的原生流体包裹体混淆。在某些情况下，两者的区分相对比较容易，因为解理和双晶面通常不会平行于生长带或晶体末端（例如萤石中的解理与立方面的关系）；当次生流体包裹体面受结晶学因素控制时，一个面切割另一个面，而生长带中的原生流体包裹体面与晶体末端相似。

除平面阵列突然终止于生长带边界外（图 2-13），假次生流体包裹体具有次生流体包裹体的所有特征。在其他实例中如果存在这种产状，即平面终止于同一生长带的其他位置，应当视为假次生成因的确切证据。需要注意的是，所有裂缝在某处终止以及单个愈合裂缝在晶体内部终止（而不是切穿晶体的全部）并不是假次生成因的证据。必须确定愈合裂缝的末端在生长带边界上的位置是否具一致性，以确定包裹体是否为假次生成因。一般来说，在成岩矿物中假次生成因的证据比原生成因的证据要少得多。

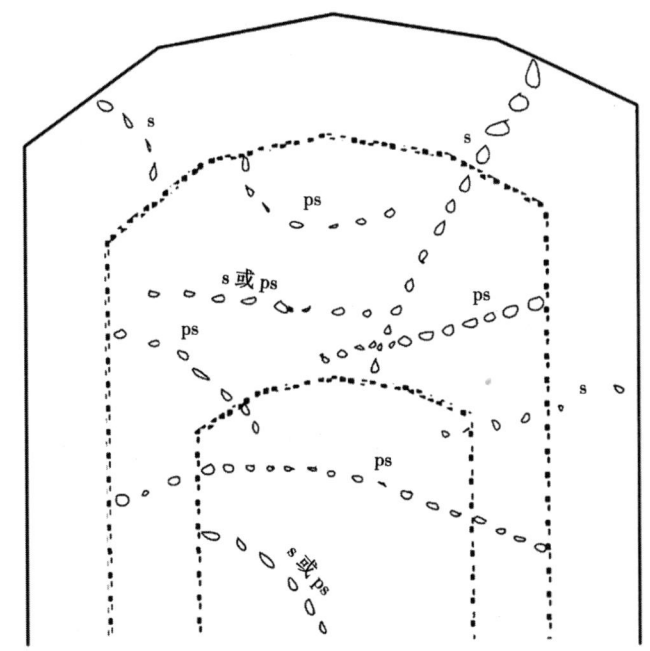

图 2-13　次生流体包裹体（s）和假次生流体包裹体（ps）的区别示意图

由于沿愈合裂缝捕获，因此所有包裹体均呈线状排列；次生包裹体的捕获发生在晶体生长结束之后，而假次生包裹体捕获发生在最后一期生长带结束之前；需要注意的是，假次生流体包裹体识别的要求是多个愈合裂缝终止于同一个生长带边缘；单个愈合裂缝终止于生长带边缘不能作为区分次生和假次生包裹体的依据，因为次生愈合裂缝也可能终止于生长带边缘

第六节　小　　结

本章展示了流体包裹体研究中识别包裹体成因的大量有用标准，岩相学关系展示的是包裹体体腔在成岩矿物中出现的相对时间。对许多研究者来说，需要努力前进以解决提出的地质问题。本书建立的流体包裹体成因判别标准在最终研究报告中需要谨慎记录，仅仅记录包裹体是原生还是次生还远远不够。然而，需要记住的是，即使对大量样品进行了细致的研究后，可能也找不到关于流体包裹体成因的判别证据。在这种情况下，我们必须接受这样的现实，即包裹体的成因未知，从包裹体中得到的数据对于研究岩石经历的流体历史信息具有局限性，甚至需要放弃流体包裹体研究。

第三章 流体包裹体的相变基础

本章主要介绍在对沉积成岩环境中盐水包裹体和石油包裹体进行研究时可能用到的几个简单体系的相平衡。只有对相平衡及其表达方法（例如相图）有了了解，才可掌握流体包裹体分析的潜在意义并明白显微测温技术的局限性。相平衡是包裹体测试及数据解释之间的桥梁。缺乏相图知识，我们就不清楚该观察哪些相变，也不会意识到进行相变解释时所遵循的假设。在包裹体分析过程中，即使那些最基本的岩相学方法也是以相平衡为基础的。本章首先介绍水和甲烷两种一元体系，然后介绍 $H_2O—NaCl$、$H_2O—CH_4$ 两种二元体系，最后简单介绍油气流体的相关系。流体包裹体相关系的详细表达以及观察和解释的局限性将在第七章中进行讨论。

第一节 一元体系——水

体系中包含4个变量：压力（p）、体积（V）、温度（T）、成分（X）。对于一元体系来说，固、液、气三态之间的变化可通过改变一个或多个参数（p、V、T）来实现。因此，通过 $p—V—T$ 图可以对体系进行表达。图 3-1A 为纯水的 $p—V—T$ 图，图 3-1B 和图 3-1C 分别为该图的 $p—T$ 和 $p—V$ 投影。

一、基本前提

将纯水相图（图 3-1）用于流体包裹体研究须满足几个基本前提（或假设）。第一，包裹体形成后，不存在物质的渗入或漏失（即封闭体系）；第二，包裹体形成后，其体积保持不变（即等容体系），实际上这一假设只是近似的，因为内压的改变可能会导致微小的弹性变形，包裹体离开其形成时的高温高压环境后体积也会发生微小的变化（Lacazette，1993）。需要牢记的是，在对每个包裹体作出评估之前绝不能草率地进行假设。本章出于了解基本原理的目的，假设上述两个前提均满足。对于纯水体系（纯水包裹体）而言，假设包裹体形成后体积（也代表了密度）保持不变，那么其相变将沿图 3-1A 中的等容面进行。此外，由于包裹体的温度受周围环境控制，因此其压力将随温度的改变而改变。

二、成岩作用的压力—温度条件

成岩环境中存在如图 3-1B 所示的两种温压梯度。地温梯度一般为 $20\sim50℃/km$，埋藏环境静水压力梯度约为 $100bar/km$，静岩压力梯度约为 $226bar/km$。图 3-1B 中采用了上述两种压力梯度，地温梯度则采用了 $10℃/km$ 和 $35℃/km$，分别代表了成岩环境中异常低和异常高的梯度。正如我们在图 3-1B 中看到的，简单的（不含气体）孔隙流体总是位于单相（液相）稳定区。需要注意的是，如果不存在异常高的地温梯度（例如周围不存在岩浆侵入体），液相和气相的水不会共存（液相水和气相水的界线—沸点线）。本章后面将会提到，由于盐类的存在，液相稳定区甚至更大。然而，如果纯水中存在甲烷将明显改变相关系，因此在甲烷存在的情况下，孔隙流体中将同时包含气相和液相。

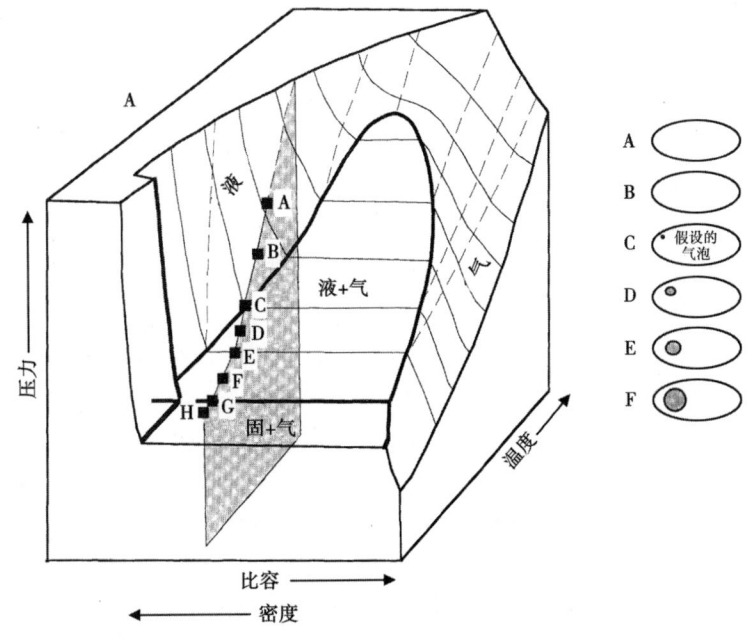

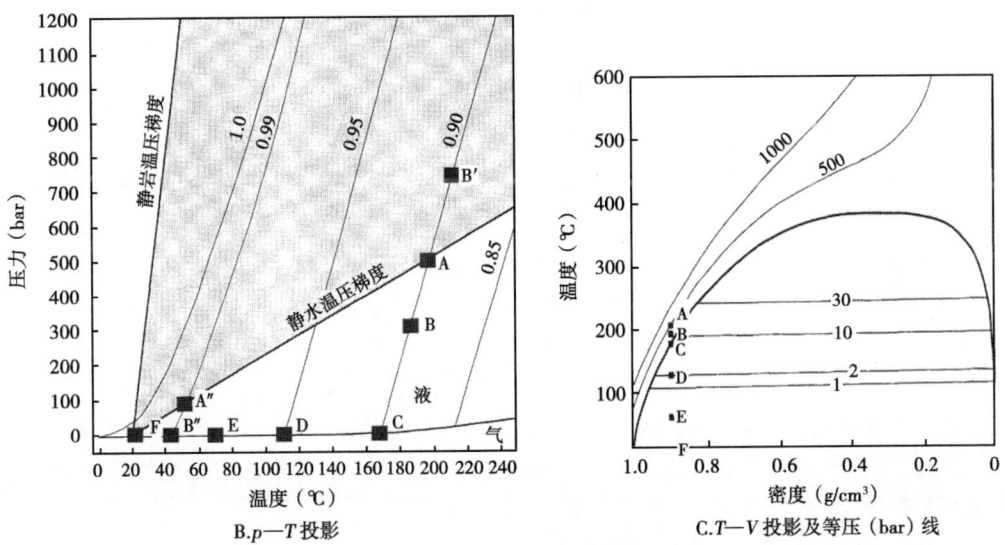

图 3-1 一元纯水体系相图

A—虚线代表等容面与稳定单相平衡面的交线，细实线代表等温面与稳定单相平衡面的交线，粗实线勾绘的轮廓代表稳定两相（液相和气相）平衡面，稳定平衡面与等容面相交形成的曲线称为等容线；假如某包裹体在等容面（即本图中的阴影区）上 A 点 $p-T$ 条件下形成，那么以后该包裹体的变化将沿等容面与稳定平衡面的交线（即等容线）进行（在冷却的过程中，沿 A—B—C—D—E—F—G—H 发生变化）；右边的示意图分别代表了在 A、B、C、D、E、F 点，流体包裹体中液相部分和气相部分比例的变化；B—带标注的实线为等密度（g/cm³）线；阴影区代表成岩环境；C—粗曲线以下为气液两相区，以上为单相区；在曲线之下某温度和密度条件下形成的包裹体具有特定的压力，包裹体为气液两相，等压线与两相区溶线左右两侧的交点分别为液相和气相的密度，液相和气相之间的比例由杠杆法则确定

三、自然界中流体包裹体的压力—体积—温度变化

考虑下述情况:假设沉积物沿常见(但是很高)的静水温压梯度(35℃/km,图3-1B)发生埋藏,某成岩矿物在温度197℃、压力475bar(点A)发生沉淀。矿物沉淀期间,在晶体缺陷中捕获了孔隙流体。在上述温压条件下,纯水位于液相稳定区,因此包裹体中捕获的水的密度为0.90g/cm³。现在假设上覆地层遭受持续剥蚀,矿物将沿温压梯度线向地表方向发生变化。假如包裹体满足上面提到的基本前提(即封闭体系和等容体系),随着温度的降低,包裹体内的$p-T$将沿如图3-1A和图3-1B中所示的A—C路径(等容线或0.90g/cm³等密度线)发生变化。因此,在图3-1中的B点(对应的温度为187℃),包裹体内压为300bar,此时包裹体位于$p-T$空间的液相区(图3-1A和图3-1B)。随着进一步冷却至C点(温度为167℃,压力仅为7bar),到达气液相界线,包裹体中理论上会形成一个微小的气泡;但事实上不会发生,这是由于气泡的形成需要特定的最小直径以减少表面张力同时防止其破裂,所以此时的流体处于拉伸状态(Roedder,1984)。需要特别注意的是,由于上覆地层的剥蚀已造成温度发生明显降低,此时对于包裹体来说应具气液两相。随着上覆地层的继续剥蚀和进一步冷却,包裹体将沿气液相界线发生变化。包裹体的总体密度保持不变(0.90g/cm³),但其液相和气相之间的比例以及各自的密度将遵循杠杆法则发生渐变(图3-1C中的D、E、F点)。当包裹体由C点冷却至F点,气泡按一定的比例逐渐变大,同时内压逐渐降低,在D点压力为2bar。从D点向E点变化的过程中,包裹体经过了100℃温度点,在E点时的压力为0.5bar。到了F点,包裹体的内压接近真空(图3-1B、C)。因此,包裹体在抬升期间的$p-T$变化可以通过相平衡知识进行精确地限定。此外,我们必须认识到,在大部分抬升期间,包裹体为气液两相,内压低于周围孔隙流体压力。

包裹体捕获之后经历的另一种情况是持续埋藏。在这种情况下,主矿物沿温压梯度埋藏至更深的环境。假如包裹体满足封闭体系和等容体系这两个基本前提,那么随着进一步的埋藏,包裹体的总体密度依然维持在0.90g/cm³。这意味着随埋藏温度的升高,包裹体的内压(图3-1B中的B'点)将大于周围孔隙流体压力。一旦包裹体的受热温度偏离了捕获温度,包裹体内压将高于孔隙流体压力。包裹体研究人员务必要注意该现象以对数据获得正确的解释。

需要注意的是,对于上述两种情况,包裹体在室温下的内压将明显低于1atm(760mmHg),约为20mmHg(0.03bar),接近真空。这一事实对于确定包裹体中是否存在气体具有重要意义。

近地表环境中捕获的包裹体(例如图3-1中的A″点)没有上述实例中存在的相变。在A″点捕获的包裹体经过冷却即使会跟气液相界线相交于B″点,气泡也不会成核,这是因为在正常情况下,周围温度降低而造成的液相流体的收缩量微乎其微。虽然在实验室中测到过很低的均一温度,但绝大多数均一温度下限介于40~60℃(Roedder,1979;Goldstein,1986b,1990;Anderson,1989;Barker和Goldstein,1990;Goldstein等,1990),该温度范围之下捕获的包裹体在室温下呈不稳定或稳定的纯液相,而不出现气泡。此外,石英加大边中的某些微小包裹体(<3μm)即使其形成温度高达100℃,在室温下依然为亚稳定的纯液相。

四、实验室中流体包裹体的压力—体积—温度变化

流体包裹体在自然界发生的冷却过程及其$p-V-T$变化(图3-1)可以在实验室中通

过加热的方式发生反转。在实验室中对包裹体进行加热，包裹体将沿相反的路径发生变化（F—E—D—C），从 F 点到 C 点，气泡逐渐收缩并在 C 点完全消失，此时包裹体又变回单一的液相。C 点对应的温度称为均一温度（T_h），这一温度非常重要，它为我们估算包裹体的捕获温度提供了重要信息。但须注意的是，均一温度仅代表最小捕获温度。在 C 点发生均一的包裹体，其形成温度和压力肯定位于经过该点的等容线上，但对应的温度和压力一般要比 C 点高一些（图 3-1B）。对于陌生的样品，如果包裹体在 C 点达到均一，我们唯一能确定的是包裹体的最低捕获温度，换句话说，流体包裹体的均一温度仅代表最低捕获温度。通过均一温度我们可以获取其他信息。通过独立的实验数据我们已经掌握了纯水的相平衡及 p—V—T 性质，如果均一温度已知，我们可以确定包裹体的密度。另外，如果能够确定包裹体的捕获压力（见第十章，这里我们假设为 A 点对应的压力），那么我们可以通过向上延伸等容线（C—B—A）至已知压力点，该点对应的温度即为真实捕获温度。流体包裹体捕获温度（T_t）与均一温度（T_h）之间的差别即文献中经常提到的压力校正。

在实验室中将纯水包裹体冷却至 G 点（图 3-1A），随着包裹体到达三相点，包裹体中的某些流体在理论上将会结冰。但实际上，由于包裹体的亚稳态，结冰现象通常不会发生，直至包裹体到达 H 点（图 3-1A）冰才会成核。回温过程中冰开始熔化，并在三相点（G 点）完全熔化，最后一块冰熔化的温度称为冰点温度。冰点温度为流体包裹体显微测温中第二重要的相变温度，它为我们提供了关于包裹体成分的重要信息。对于纯水包裹体来说，固态水转化成液态水的过程中有两个重要的相变：固态水开始熔化和固态水在三相点完全熔化。

第二节 一元体系——甲烷

通过甲烷体系（图 3-2）和纯水体系 p—T 投影图（图 3-1B）的对比可以看出，甲烷体系与纯水体系非常相似，最大的差别是甲烷体系的气液相界线所处的温度要低得多。从图 3-2 中我们还可以看出，温压梯度所代表的 p—T 条件在成岩环境中是存在的。图 3-2 具有下面几个重要意义：

（1）纯甲烷包裹体在自然界中总是呈单一气相，只有在极低的温度下气相甲烷和液相甲烷才能共存，这在自然界中是不可能的，在自然界的温度条件下，应该称之为流体，而不是气体或液体；

（2）成岩环境下形成的甲烷包裹体的密度多数为 $0.05\sim0.25g/cm^3$，因此均一温度通常为 $-97\sim-82℃$（图 3-2B）；

（3）在临界密度以上捕获形成的甲烷包裹体，其相变与纯水类似，只是 p—T 不一样。因此，A 点捕获的甲烷包裹体抬升至地表、温度降低过程中，内压将沿等密度线（$0.20g/cm^3$）降低。需要注意的是，在地表环境下，甲烷包裹体的内压大于 200bar，而纯水包裹体仅为 1bar。冷却至 B 点（约 -84℃）甲烷包裹体中出现气泡，进一步冷却气泡将逐渐变大，但包裹体仍以液相为主。在回温过程中气泡逐渐收缩并在 B 点完全消失（均一为液相）。相反，在临界密度以下捕获的甲烷包裹体（例如在 A′点，密度为 $0.075g/cm^3$），冷却至 B′点（-88℃）等容线与气液相界线相交，此时在包裹体的边部出现液相甲烷，回温至 B′点，液相甲烷消失，包裹体均一为气相。

与纯水包裹体类似，纯甲烷包裹体冷却至三相点（-182.5℃）以下将形成固相甲烷，这种现象通常在低于-190℃的条件下发生。回温过程中固相甲烷开始熔化，并在三相点完全熔化。如果甲烷中含有杂质，那么固态甲烷的熔化温度将发生明显改变，这与下文中将要介绍的 H_2O—NaCl 体系类似。

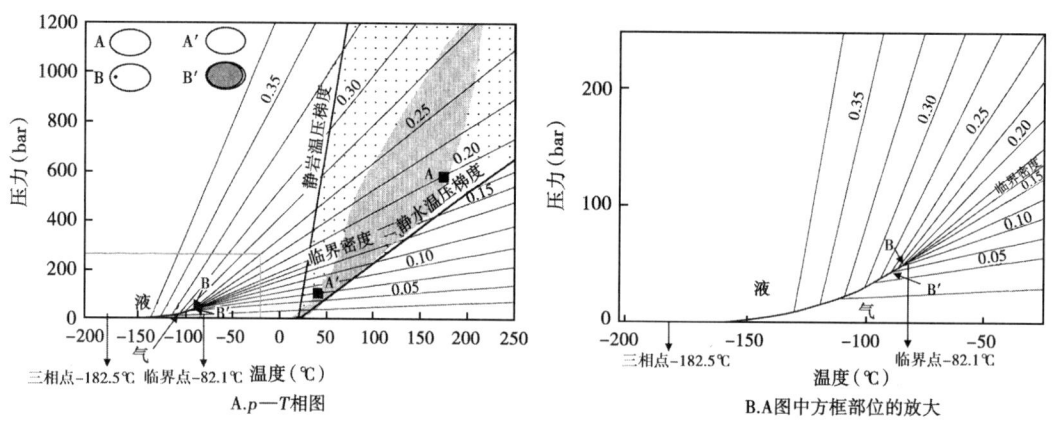

图 3-2　一元甲烷体系相图（据 Mullis，1979）

A—带标注的实线为等密度（g/cm^3）线，浅色阴影区代表成岩环境的 p—T 条件，深色阴影区代表海湾盆地沉积物的 p—T 条件（Hanor，1980），左上角的流体包裹体示意图代表了在各点液相和气相的比例；

B—临界点为-82.1℃、46.3bar，三相点为-182.5℃

第三节　二元体系——水—氯化钠

上文介绍的一元体系的基本原理同样适用于更复杂的流体体系。对于二元体系 H_2O—NaCl，不同盐度流体的 p—T 投影图与纯水类似，不同的是随着盐度的升高，液相区中的平衡发生了偏移（图3-3）。对于流体包裹体研究人员来说，这种偏移有两个重要意义。首先，在液相区中等容线的斜率发生降低并有偏移，因此正如上文所讨论的纯水体系，如果 H_2O—NaCl 包裹体形成后成分保持不变（即封闭体系），那么等容线也即等密度线。通过独立的实验数据我们已掌握了 H_2O—NaCl 体系的相关系及 p—V—T—X 性质，因此，如果 NaCl 含量和均一温度已知，就可以通过相图获得包裹体的密度。另一个意义是 NaCl 含量越高，包裹体的冰点温度越低（图3-3），正是这一事实为我们提供了流体包裹体盐度的计算方法。

许多含有溶解盐类的流体体系的相平衡目前已被人们所认识，因此，根据冰点温度数据和其他数据确定包裹体的成分之后，就能确定使用哪个相图来获得流体包裹体的密度，并进一步明确计算包裹体捕获温度和压力时应使用哪条等容线。与纯水包裹体一样，H_2O—NaCl 包裹体的均一温度仅为最小捕获温度。

纯水中加入 NaCl 将对0℃以下的 p—V—T—X 区域产生影响。这种情况下一种方便而有效的投影图为 T—X 图（图3-4A）。为解释 H_2O—NaCl 包裹体的低温相变，下文中我们将利用4个具不同盐度的包裹体进行论述。

Ⅰ号包裹体的盐度为10%（wt）NaCl，Ⅱ号包裹体的盐度为23.2%（wt）NaCl，Ⅲ号包裹体的盐度为25%（wt）NaCl，Ⅳ号包裹体的盐度为27.5%（wt）NaCl。由于 NaCl 在室温下（20℃）的饱和浓度为26%（wt），因此Ⅰ、Ⅱ、Ⅲ号包裹体在室温下不饱和，呈气液两相（图3-4A、B）；Ⅳ号包裹体在室温下包含气、液、固三相（图3-4B）。在自然

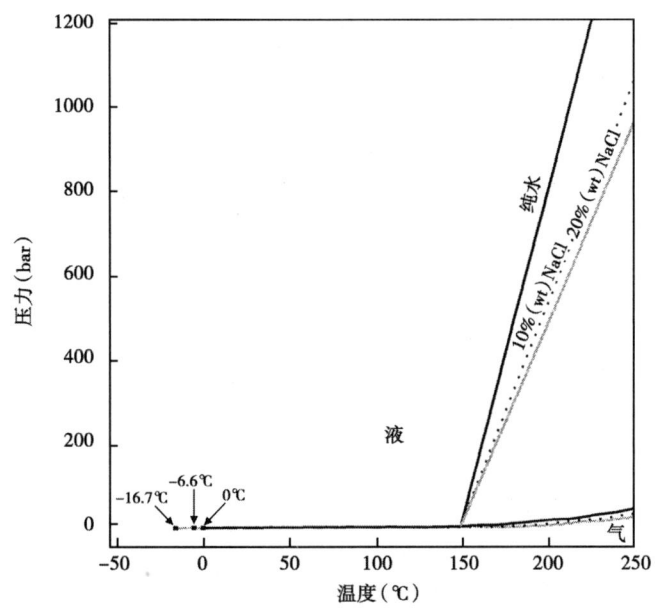

图 3-3 二元 H_2O—NaCl 体系的 p—T 相图（据 D. Hall，1994）

H_2O—NaCl 体系气液相界线的位置与纯水体系类似，不同的是等容线的斜率和三相点的位置；最新的 p—V—T 数据表明，随着盐度的变化，等容线斜率的变化可能不像本图中变化那么快

界中除石盐外，其他沉积成岩矿物中的包裹体很少达到 NaCl 饱和，不过前人有过报道（Haynes，1988）。

在实验室中对Ⅰ号包裹体进行冷却，通过相图可以得知，理论上会在 E_1 点结冰。但由于冰晶的成核存在动力学障碍，在 E_1 点实际上不会结冰，直至更低的温度（可能在 D_1 点）包裹体才会结冰，绝大多数结冰现象发生在 B_1 点，该点位于气+冰+水石盐（$NaCl \cdot 2H_2O$）区。在 B_1 点一旦结冰，包裹体中将包含气泡、冰和水石盐，由于冰比液态水密度低，因此，冰的产生将占据气泡的空间，使其越来越小（图 3-4B）。对于具有小气泡的包裹体来说，气泡可能完全被冰占据，这种情况下就不能使用图 3-4A 了，图 3-4A 仅适用于含气泡的包裹体。

Ⅱ、Ⅲ号包裹体在冷却过程中的变化与Ⅰ号包裹体基本相同。但是，由于冰的盐度为 0，所以高盐度包裹体将会产生更多的水石盐，造成气泡的缩小量小于Ⅱ号包裹体。

将Ⅰ、Ⅱ、Ⅲ号包裹体回温至 B、C 点之间的某一点，在初熔温度点冰开始熔化形成水（-21.2℃；Hall 等，1988），此时液相流体的盐度为 23.2%（wt）NaCl；继续加热将导致冰的进一步熔化和水石盐的分解，但温度不会升高，这是由于四种相（冰、水石盐、水、气泡）仅能在某一固定温度点（初熔点）共存。只有某一种或某几种相彻底熔化后温度才会继续上升。Ⅱ号包裹体中的最后一块冰和最后一块水石盐将在初熔温度点同时消失。Ⅰ号包裹体中的水石盐完全分解，留下冰、卤水和气泡，冰和卤水的相对比例受杠杆法则控制：冰的比例根据 D_1—I 与 L—I 间的相对长度确定，卤水的比例根据 D_1—L 与 L—I 间的相对长度确定。在 E_1 点，Ⅱ号包裹体的最后一块冰消失，该点对应的温度为Ⅰ号包裹体的冰点温度。需要注意的是，在冰+液+气/液+气界线上，每个温度点对应了特定的成分，这一温度称为冰点温度，它为我们提供了关于包裹体盐度的有用信息。在Ⅱ号包裹体中，最后一块冰和水

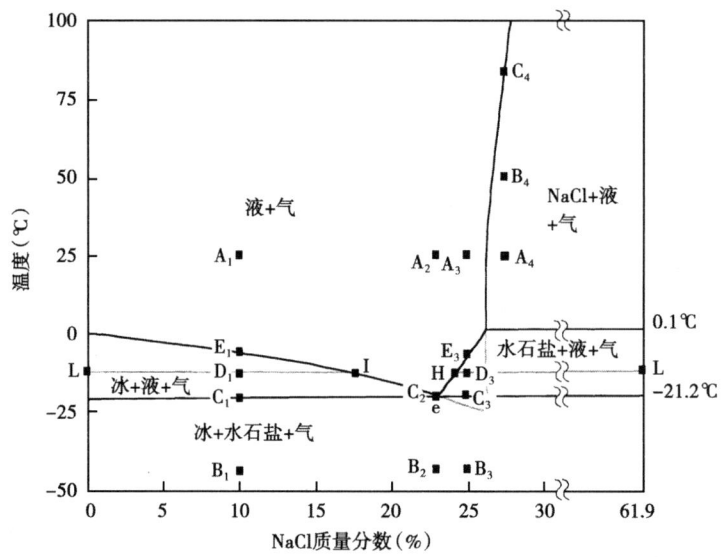

A. 低温 T—X 相图（据Crawford，1981；Roedder，1984；Hall，1988）

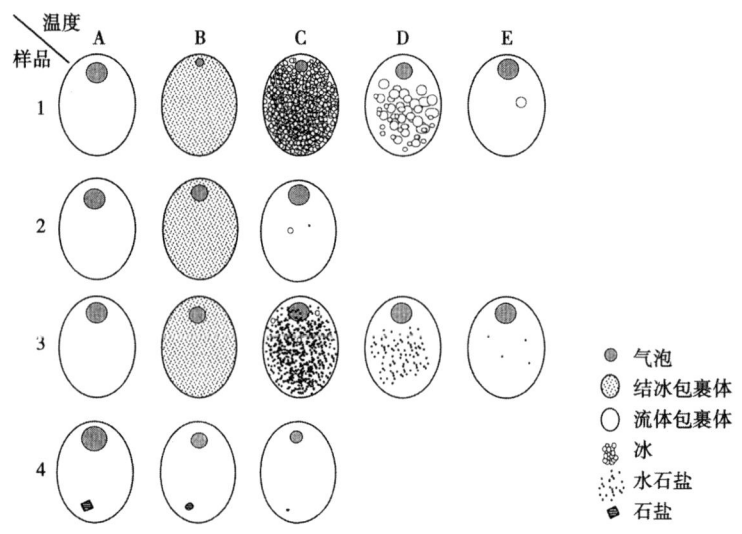

B. 包裹体在不同温度下的相类型及相比例示意图

图 3-4　四个具不同盐度的包裹体 H_2O—$NaCl$ 体系相图及相类型、相比例示意图

石盐在 -21.1℃ 同时消失，指示包裹体的盐度为 23.2%（wt）NaCl。在Ⅲ号包裹体中，在所有的冰完全熔化之前，温度不会升高至初熔温度之上，在 D_3 温度点，包裹体中同时存在水石盐、卤水和气泡，水石盐和卤水的相对比例受杠杆法则控制：水石盐的比例根据 D_3—H 与 L—H 间的相对长度确定，卤水的比例根据 D_3—L 与 L—H 间的相对长度确定。在 E_3 点，Ⅲ号包裹体中的最后一块水石盐消失，根据该点对应的温度可以确定包裹体的盐度为 25%（wt）NaCl。这里要指出的是，有些新手可能会犯错误，或者说不能正确区分冰的熔化温度和水石盐的熔化温度（E_1 和 E_3）。但这两个温度之间的区分至关重要，因为这两个温度即使相同，它们所对应的盐度却具有天壤之别。假设包裹体中最后一块冰或水石盐的熔化温度为 -0.1℃，如果熔化的是冰，该温度对应的盐度为 0，如果熔化的是水石盐，该温度对应的盐

度竟然高达 26%（wt）NaCl。因此，对于包裹体研究人员来说，正确识别最后熔化的固相至关重要。

Ⅳ号包裹体在室温下包含石盐子矿物，必须加热至 A_4 温度点以上才能确定其成分；在 B_4 点，气泡变小、一部分石盐发生溶解（子矿物变小且外观变圆）；至 C_4 点石盐消失，该点对应的盐度为包裹体的盐度。

以上讨论了在纯水体系中加入某种电解质对相平衡的影响。然而，天然流体中包含多种盐类化合物，如果溶液中存在钙盐和镁盐，冰点温度、初熔温度、气液相界线及等容线的位置将会发生微小的改变。但是，流体中一旦存在气体组分（例如甲烷）将对相平衡产生显著的影响，下文将专门进行讨论。

第四节　二元体系——水—甲烷

甲烷在沉积盆地中普遍存在，是流体包裹体中的常见组分。因此，对于 $H_2O—CH_4$ 体系相平衡的了解至关重要。在成岩环境中，$H_2O—CH_4$ 体系最重要的相变发生在 30℃ 以上。$H_2O—CH_4$ 体系相平衡研究常用的是 p（压力）—T（温度）—X（成分）图（图 3-5A、B；Diamond，1992）。在图 3-5A 中，纯水的气液相界线和临界点一起在 $T—p$ 面上（$X=100\%$ H_2O）表示；$X—T$ 面（等压面）上存在 $H_2O—CH_4$ 体系的溶线，将单相区和两相区分开，溶线的顶部为指定压力下的临界点。$p—T—X$ 空间中所有临界点的连线称为临界曲线（图 3-5A）。在三维（$p—T—X$）空间，所有的溶线构成不混溶面，将单相区与两相区分开（图 3-5A）。

可以通过观察不混溶面与等温面的交线（图 3-5B）对不混溶面进行想象。在图 3-5B 中需要注意的是，不混溶面将该三维区分成了两部分，不混溶面所包裹的区域为两相区（在该区域内两种不混溶相共存）：富水相中溶解有甲烷，富甲烷相中溶解有水。在不混溶面以外仅存在单相。如果流体相的成分接近富水端元，那么该流体相将以水为主，并有少量溶解甲烷。考虑该流体相被捕获形成包裹体的情况（假设包裹体捕获时的 $T—p—X$ 条件位于图 3-5C 中的星点），如果包裹体捕获后为封闭体系，那么它将一直沿 I_2 面（成分保持不变）发生变化。另外，假设包裹体的体积保持不变，那么它今后的变化轨迹可进一步限定于 I_2 面内某条等容线上（图 3-5C）。因此，正如前面讨论的纯水体系，在冷却过程中包裹体内的压力将发生调整，以使包裹体沿等容线发生变化。

H_2 点为等容线与不混溶面的交点：在该点，极微量的富甲烷流体可与富水流体共存。图 3-5C 中的 V_2—H_2 直线为给定 $p—T$ 条件下的联络线，该直线与不混溶面有两个交点（即 V_2 和 H_2）。需要注意的是，如果富水流体在 H_2 点甲烷达到饱和，那么在 V_2 点少量的气泡可以从富水流体中游离出来。

随着温度的降低，包裹体仍在 I_2 面内沿穿过两相区的等容线发生变化，但包裹体中气相和液相的成分通过给定 $p—T$ 条件下的联络线与不混溶面的交点获得（V_3 和 V_4 点为联络线与不混溶面上富甲烷一侧的交点，H_3 和 H_4 点为联络线与不混溶面上富水一侧的交点）。随着温度的降低，这一变化趋势是持续的。

同前面讨论的纯水包裹体一样，含甲烷的盐水包裹体在实验室进行回温过程中包裹体将沿相反的路径发生变化：包裹体沿等容线向上移动并在 H_2 点达到均一。含甲烷的盐水包裹体的均一温度依旧只是最小捕获温度。

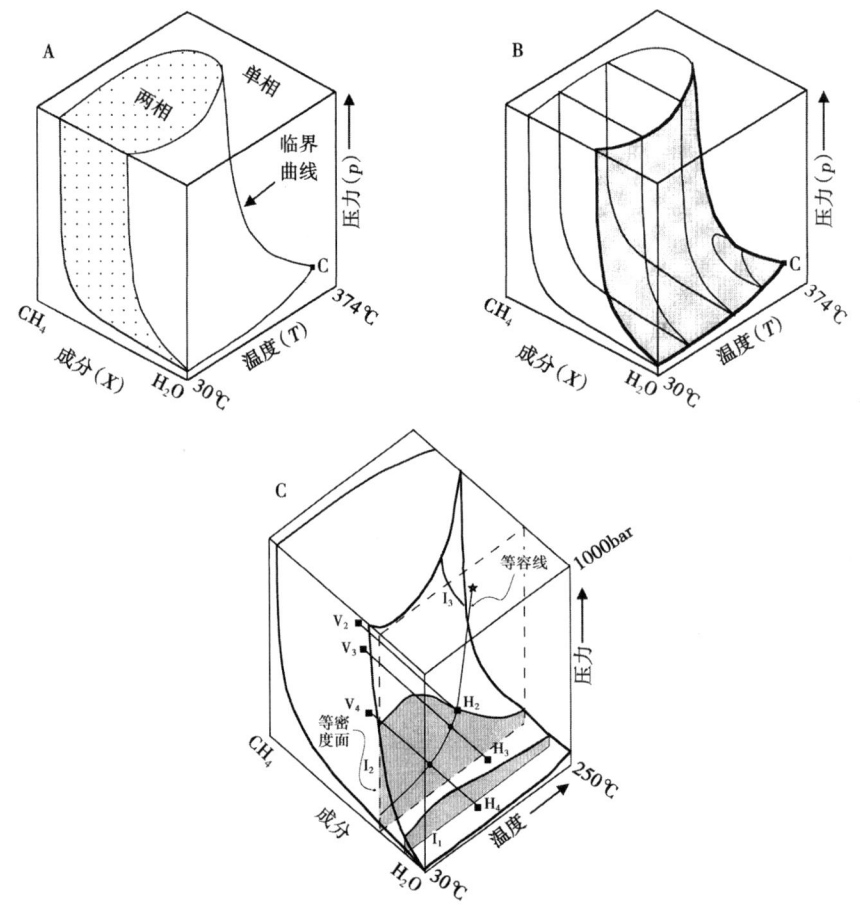

图 3-5 二元 H_2O—CH_4 体系相图

A—H_2O—CH_4 体系的 p—T—X 图，在该图中，不混溶面将单相区和两相区分开，在纯水的 p—T 面上，纯水的相平衡线将液相区和气相区分开，C 点为纯水的临界点；B—通过等温面与不混溶面的交线可以对不混溶面进行更直观的表示，在不混溶面下方所界定的 p—T—X 条件下，两种不混溶相可以共存：富水相中溶解甲烷，富甲烷相中溶解水，在该图中，靠近富水端元的不混溶面部分用阴影表示；C—靠近富水端元的不混溶面部分可以通过该面与三个等密度（成分一定）面（I_1、I_2、I_3）相交进行更好的表示，I_2 面用虚线表示，它切穿了整个 p—T—X 空间，在不混溶面之下的部分用阴影表示（对 I_1 面也是如此），在该面上的星点位置形成的含 CH_4 的 H_2O 包裹体，如果捕获后一直为封闭体系，那么包裹体以后发生的变化将在 I_2 面中进行

利用图 3-5C 可以研究沉积环境的孔隙流体中存在什么流体相。通过该示意图可以看到，在温度低于 250℃、压力低于 1000bar 时，具特定 p—T—X 条件的孔隙流体在图 3-5C 所示区域中的特定位置存在。因此，在沉积环境中，含甲烷的水或含水的甲烷根据条件的不同可呈单相或不混溶两相存在。

考虑在 H_3 和 V_3 点（图 3-5C）指示的 p—T 条件下孔隙中存在两种不混溶流体，每种流体各自被捕获形成两个完全不同的包裹体。在 H_3 点捕获的包裹体的成分为饱和甲烷的水，它今后的变化将沿穿过 H_3 点的等密度线进行；而在 V_3 点捕获的包裹体的成分为饱和水的甲烷，它今后的变化将沿穿过 V_3 点的等密度线进行。冷却过程中，H_3 点形成的包裹体中将形成少量与 V_3 点相同的富甲烷流体，V_3 点形成的包裹体中将形成少量与 H_3 点相同的富水流体。两个包裹体均沿等容线变化，直至到达地表温压条件。该实例与以前所介绍的实例的不同在于，将这两个包裹体在实验室加热过程中，其均一温度与真实捕获温度相同，不需要进行压力校正。实际上，在 V_3 点的包裹体中由于水的含量极低（<5%至10%（mol）；Welsch，1973；Pichavant 等，1982），无法对其均一过程（即水的消失过程）进行观察。

该实例告诉我们一个重要信息，即如果包裹体捕获时流体为单相不混溶相，则包裹体均一温度（T_h）为真实捕获温度（T_t）。如果能确定流体的成分且流体体系的 p—V—T—X 相平衡已知，那么就可以通过捕获温度（T_t）确定捕获压力（p_t）。然而，需要记住的是，如果包裹体捕获的是两相或多相不混溶流体，则其均一温度就不是捕获温度了；只有包裹体捕获的是单相均一流体，均一温度才具有意义。

为了评估甲烷的加入对天然孔隙流体体系和流体包裹体相行为的影响，需要对相关系进行更为定量的考虑。为了达到这一目的，将不混溶面与富水组分等密度面的交线投影至单一的 p—T 面上，如图3-6A 所示。这些曲线称为泡点曲线，又叫甲烷溶解曲线。泡点曲线的数目是无限的，它们的分布始于纯水的等密度面，一直到不混溶面（图3-5C）。图3-6B 与图3-6A 类似，不同的是流体中含有氯化钠。虽然甲烷在水中的溶解度很低，但随着深度（温度和压力）的增加，溶解度显著升高。另外，流体中存在盐类将使甲烷的溶解度降低（Haas，1978）：甲烷在盐度为15%（wt）NaCl 的流体中的溶解度仅为在纯水中的一半。因此，盐类的加入将使不混溶面向着高温高压的环境发生变化（图3-6A、B）。此外，H_2O—CH_4 溶液中其他电解质（KCl、$CaCl_2$、$MgCl_2$、SO_4^{2-}、HCO_3^- 等）的加入对甲烷的溶解度也具有影响。

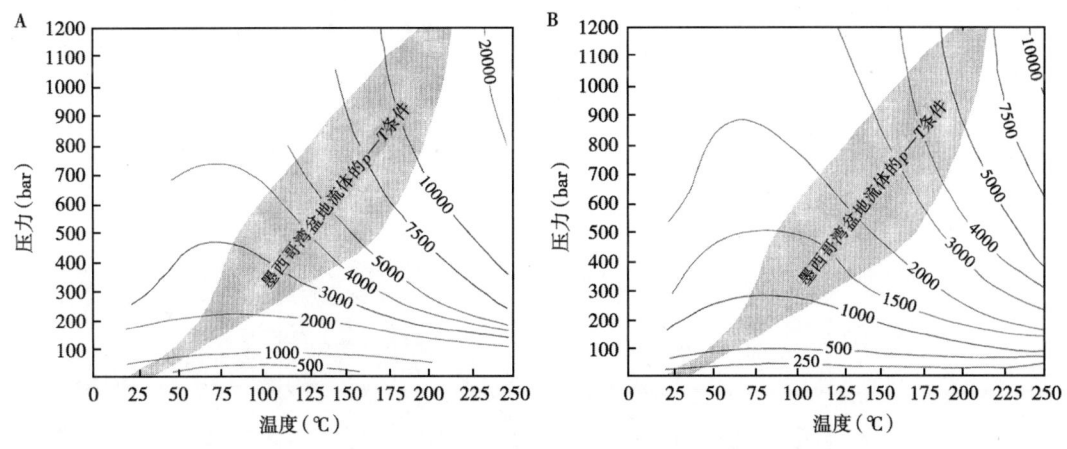

图3-6　富水流体等密度面与 H_2O—CH_4 体系不混溶面的
交线在 p—T 面上的投影图（据 Hanor，1980，修改）

图中曲线数值为甲烷浓度（mg/L）；A—不含 NaCl 的 H_2O—CH_4 体系；B—含15%（wt）NaCl 的 H_2O—CH_4 体系

图3-6A 和图3-6B 中的阴影区代表了墨西哥湾盆地的 p—T 条件。从图中可以看出，深部未达到甲烷饱和（位于单相区）的盐水流体在向上运移至较低 p—T 条件的过程中可以达到甲烷饱和（碰到不混溶面，以图3-6A 和图3-6B 中的泡点曲线表示）。相反地，孔隙流体沿温压梯度线被埋藏或向盆地深部运移的过程中甲烷的溶解度将会升高。由于沉积盆地具有复杂的动力学机制和流体体系，以及甲烷的生成速率慢，因此，假设所有沉积流体均达到甲烷饱和是完全不合理的（Jones，1976；Wallace 等，1978；Hanor，1980；R. Capuano，1992；

Y. Kharaka，1992）。合理的观点是某些地下流体达到甲烷饱和（即在相同孔隙、相同 $p—T$ 条件下两种不混溶相共存——富水相饱和甲烷、富甲烷相饱和水），而其他地下流体未达到甲烷饱和。

图 3-7 为 CH_4 浓度为 3200mg/L 的无盐流体的泡点曲线（或溶解度曲线）以及等容线（或等密度线）。可以看到，这些线在单相区为直线，在两相区为曲线。利用此图可对流体包裹体捕获之后发生的相变进行定量的评估。假如流体包裹体捕获之后一直为封闭体系，那么等容线则等同于等密度线（图 3-7）。假如某 $H_2O—CH_4$ 包裹体的形成深度为 4km，地温梯度为 32℃/km，静水压力梯度为 100bar/km，那么该包裹体将位于 0.94g/cm³ 等容线上的 A 点（148℃、400bar）。随着进一步的埋藏及温度的升高，包裹体的压力将沿等容线发生变化，并将高于孔隙流体压力（图 3-7）。

正如前面讨论的纯水包裹体，在抬升剥蚀过程中，包裹体将沿等容线 A—B—C—D 路径发生变化至地表环境。这一冷却过程有以下几个重要意义：第一，包裹体温度降低 7℃（即上覆地层剥蚀 200m）即可与泡点曲线相交于 B 点形成富甲烷的气泡，也就是说含甲烷的包裹体在发生抬升的大部分时间里都是气液两相；第二，在地表温度下（图 3-7D 点），包裹体内部依旧为高压，这与不含甲烷的包裹体截然相反，后者在地表温度下的压力接近真空。上述两点对于自然界中包裹体的解释具有至关重要的意义。

与纯水包裹体一样，含甲烷的包裹体在低温下的相变可以在实验室中通过加热发生反转，包裹体将沿图 3-7 中的 D—C—B 路径变化。在 B 点包裹体的气泡消失，该点的温度为包裹体的均一温度，代表了最小捕获温度，其真实捕获温度（和压力）位于过 B 点等容线的某一点。然而，与不含甲烷的包裹体相比，含甲烷的包裹体的泡点曲线位于更高的压力下，其均一温度更接近捕获温度。因此，含甲烷的包裹体比不含甲烷的包裹体的压力校正值要低得多。

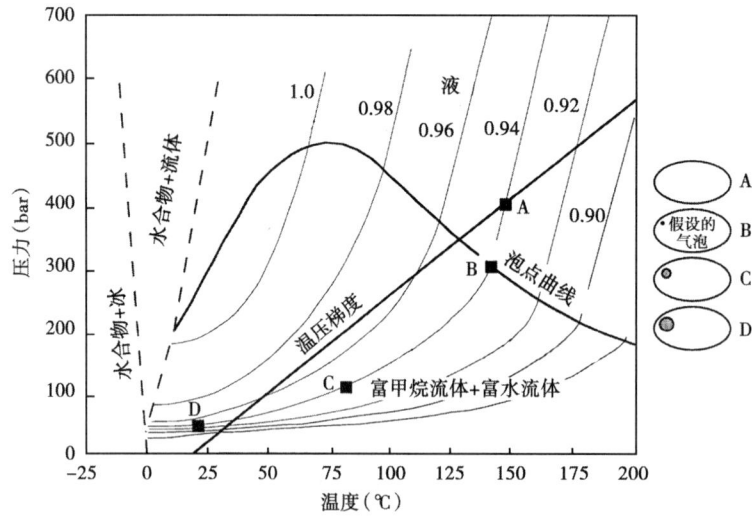

图 3-7 甲烷浓度为 3200mg/L $H_2O—CH_4$ 体系的 $p—T$ 相图（据 Hanor，1980，修改）
右面的包裹体素描图表示在不同 $p—T$ 条件下（A、B、C、D）包裹体中的相比例；图中曲线为等密度（g/cm³）线；温压梯度为 32℃/100bar

第五节　多元体系——水—石油

在世界范围内，沉积盆地中大量存在石油与不混溶盐水相共生的实例。水—石油体系的相行为与 H_2O-CH_4 体系可以类比。在两种流体相共存的情况下，每种相中都溶解有一定量的其他相。如果包裹体捕获了盐水，那么盐水中饱含石油成分，因此，在冷却过程中石油将瞬间出溶。类似地，如果包裹体捕获了石油，则石油中饱含水，在冷却过程中水将瞬间出溶。因此，正如前面讨论的 H_2O-CH_4 体系，盐水包裹体或石油包裹体的均一温度为真实捕获温度（当然前提是包裹体捕获时流体呈单相）。不过由于水和石油相互间的溶解度很低，很难观察到均一过程。可以预测的是，在包裹体中观察到极少量的水从石油相中出溶极不可能。至于盐水包裹体中石油相的均一过程能否观察到，目前仍是个问题（R. Burruss，1994）。

第六节　多元体系——天然气—石油

有些研究者对不含水的石油体系的相行为进行了研究，而忽略了包裹体是从与石油达到平衡的盐水相中捕获的这一事实。Burruss（1992）利用 Peng 和 Robinson（1976）状态方程构建了不同类型和组分的石油的相图（图3-8）。该相图具有如下重要意义：第一，在 $p-T$ 空间中，不同类型石油单相区和两相区的界线具有很大差别，表明石油的组分对相关系具有重要的影响。假如包裹体在600bar、150℃（A点）条件下捕获，那么组分的不同可造成均一温度在−51~82℃之间变化（B点）。第二，大多数石油等容线的斜率比盐水流体低，因此，石油包裹体的均一温度并不像盐水包裹体那样接近最小捕获温度（除非包裹体捕获时

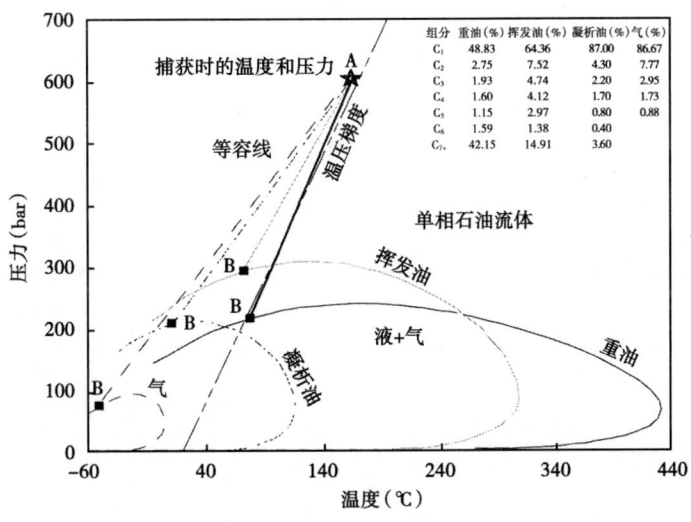

图3-8　不同类型和组分的石油的 $p-T$ 相图（据 Burruss，1992，修改）

图中表示了四类不含水的石油流体的不混溶曲线和等容线；该图利用 Peng Robinson 状态方程构建；图中右上方为各组分的摩尔百分数；包络线内存在两种石油流体，包络线外只有一种石油流体存在；温压梯度为25℃/100bar；随着甲烷的摩尔百分数下降以及高分子质量组分（C_{7+}）摩尔百分数的上升，包络线的位置越来越高，并且等容线的斜率增加（流体更加不易被压缩）

石油与天然气达到平衡）；另一方面，由于石油流体等容线的斜率与沉积盆地温压梯度线相似甚至比后者低（图3-8），如果石油包裹体形成后遭受进一步的埋藏，那么包裹体的内压将不像盐水包裹体那样高于孔隙流体压力，这对成岩矿物中流体包裹体岩相学的解释具有重要意义。第三，与不含气体的盐水流体相比，石油流体的泡点曲线位于更高的压力下，这与前面讨论的 H_2O—CH_4 体系可以类比，在成岩环境下，石油和天然气的不混溶可存在于广泛的条件下。此外，如果包裹体是从均一的不混溶油气流体中捕获的，则石油包裹体或天然气包裹体的均一温度即为真实捕获温度。天然气包裹体的均一过程很难观察到，但饱和天然气的石油包裹体的均一温度很容易得到。

第七节 小 结

本章选取几种相对简单的流体体系对相平衡的基本原理进行了阐述，目的是让大家更好地利用流体包裹体解决沉积盆地中的某些问题。实践表明，对简单流体体系的相平衡进行了解很有必要。不过我们必须认识到，天然流体比本书中涉及的流体要复杂得多，这些原理在应用方面存在局限性。另外，受包裹体大小和显微镜分辨率的限制，书中讨论的某些相变是观察不到的。

第四章 成岩流体的代表性样品——流体包裹体

包裹体中捕获的流体相及其在实验室中发生的任何相变不仅与包裹体捕获时微米和亚微米尺度上的物理化学反应有关,而且与包裹体捕获之后发生的变化有关。若想通过包裹体研究解决地质问题,重要的是明确它们是否代表了成岩流体?包裹体对成岩流体的代表性的评估涉及以下几个问题:①包裹体中捕获的流体与包裹体捕获之前的孔隙流体在主量、微量、痕量元素以及同位素组成上的相似性如何;②包裹体形成期间如果成岩体系中存在多种流体相,那么包裹体中捕获的流体是否在成分上和流体相的比例上代表了孔隙流体;③在包裹体捕获之后,接下来的抬升和(或)埋藏期间可能会使包裹体的位置、形状、大小以及成分发生变化,这一点不可忽略。本章将分两部分来回答上述问题:第一,论述包裹体中捕获的流体与实际成岩流体可能不同;第二,对包裹体捕获后发生的各种变化进行评估。总体上,包裹体中捕获的流体与成岩流体可能存在差异,但很多情况下,这种差异很小或者可以为我们所认识,从这个意义上来说,流体包裹体是研究成岩环境的有效手段。

第一节 成岩流体与流体包裹体

一、均一流体

在成岩矿物生长及流体包裹体的捕获过程中,很重要的一点是考虑包裹体中捕获的流体是否真正代表了成岩流体。初步的估计是,包裹体中捕获的流体在矿物愈合之前与孔隙流体达到了平衡,这是因为与流体的扩散相比,矿物的生长和流体成分的变化速率相对较慢。然而,从更细微的尺度上看,由于边界层效应(矿物的晶面与流体之间存在浓度梯度),包裹体中捕获的流体与孔隙流体并不是完全相同的。更糟糕的一种情况是矿物的快速沉淀,这里面涉及黏性溶液中的主量元素离子,在此条件下形成的微小的流体包裹体将会面临显著的边界层效应,造成包裹体中捕获的流体明显有别于成岩流体。该现象已通过在浓缩卤水中生长石盐晶体的方式进行过评估,结果表明包裹体中捕获的流体与实验中使用的流体在成分上的差异是检测不出的(Davis 等,1990;Lowenstein 和 Spencer,1990)。其他的实验表明,在其他矿物例如石膏(Sabouraud Rosset,1969)和高温石英(Shelton 和 Orville,1980;Sterner 和 Bodnar,1984;Zhang 和 Frantz,1987)中合成的包裹体的成分基本代表了实验中使用的流体的成分。因此,边界层效应对包裹体中主要离子的影响很小。

经验观察也证明了上述观点。对很多已知环境中沉淀的胶结物进行的研究表明,包裹体的盐度貌似提供了正确的答案。例如,牙买加上新统—更新统 Hope Gate 组混合水胶结物中流体包裹体的盐度介于淡水与海水之间(Lehrmann 和 Goldstein);未发生过重结晶作用的海水胶结物中流体包裹体的盐度与海水类似(Johnson 和 Goldstein,1993)。

由于缺乏实验研究,边界层效应对包裹体中微量和痕量元素影响的评估并不容易。幸运的是，其他实验数据表明，在快速生长的矿物中，主量元素离子的成分可以保存下来，这意味着微量元素离子的成分也可能会在某种程度上保存下来。在低浓度溶液体系中，矿物的沉淀速率可能要慢于蒸发盐矿物，因此这类溶液可能会达到平衡。Roedder（1984）指出，对于达到平衡的溶液系统，矿物之上的构造梯度可延展几十纳米（Henniker，1949）。倘若如此，那么对流体包裹体基本不会产生影响。这一解释同样适用于矿物中的痕量元素，但该效应受分配系数和溶液浓度的控制。总体来说，由于上述简单的原因，包裹体中捕获的微量和痕量元素也可能代表了成岩流体的性质。

二、非均一流体

如果包裹体捕获时存在不混溶流体相，则包裹体很可能不能代表成岩流体的信息。成岩环境中普遍存在非均一体系：水溶液相与液态烃或气态烃共存；渗流带中水与空气共存；潜水面之下的某些环境中多种气体发生脱气作用并与溶液共存。该类非均一体系形成的包裹体的一个显著特点是，包裹体之间具不同的相比例。某些相可能优先被捕获，例如，在某个以水溶液为主的成岩体系中存在少量甲烷气泡，甲烷气泡可能会附着于生长着的矿物表面并阻止矿物表面与水溶液接触，从而形成流体包裹体的有利形成点，这样形成的包裹体在成分上将以甲烷为主，尽管成岩体系中甲烷的含量很低。在石油的捕获过程中也可预见上述现象，实验研究展示了这一现象的发生过程（McLimans，1987；Pironon 和 Barres，1990；Kihle 和 Johansen，1994）。对非均一体系中形成的包裹体进行识别至关重要，它警示研究人员采用适当的测试方法和相平衡以对捕获温度和压力进行有效约束。

某些沉积体系中会沉淀与包裹体主矿物不同的固体相，如果这种固体相附着于生长着的矿物表面，随后可能会形成包裹体，这类包裹体中将会包含固体相（即意外矿物）和成岩流体。这种方式将会形成固/液相比例非常不一致的包裹体群，与包含子矿物的包裹体群具有明显差别。真实子矿物的判别依据包括：子矿物与流体的比例是一致的，升温过程中子矿物将会消失。

第二节　包裹体捕获之后的变化

包裹体捕获后，许多潜在的过程可对其产生影响，这些过程将对包裹体的代表性产生影响。

一、与主矿物的反应

流体包裹体是在特定的温压条件下捕获的，在绝大多数情况下，流体与主矿物达到了平衡。但是随着后来埋藏或抬升期间温压的变化，这种平衡将被打破：子矿物沉淀、更多的子矿物增加至包裹体壁上或者包裹体壁上的某些子矿物发生溶蚀。这种变化可使包裹体的体积和成分发生改变。对成岩环境中形成的多数包裹体而言，上述变化是可逆的。换句话说，即使因后期的抬升冷却使平衡发生变化，可以通过在实验室中对包裹体进行加温的方式使这一变化发生反转。但是，某些与主矿物的反应造成的捕获流体的成分的变化是不可逆的。

这类不可逆反应目前已知的有两种：固相的扩散和溶解—再沉淀反应。由于成岩温度较低，固相的扩散反应可能不明显，其中的一个证据是许多成岩矿物在亚微米尺度上存在微量元素的分带现象（Baker 和 Kopp，1991），然而微量元素与主矿物发生成分再平衡的程度目前还是未知。与主矿物反应的另一个重要机制是矿物的溶解和再沉淀，它将导致流体包裹体的形状发生变化以达到最小表面自由能（即颈缩）。该现象一旦发生，流体肯定会参与主矿物的溶解—再沉淀反应。因此，对于某些元素来说，包裹体中捕获的流体将会变成以岩石为主，而原始的成岩体系仍然以水为主。由于岩石的贡献，导致包裹体中流体的微量元素组成发生变化，变化的强度取决于元素的分配系数、元素在包裹体流体及主矿物中的比例以及因溶解—再沉淀反应导致的最终水岩比。在许多低温体系中，某些盐水包裹体保持了不规则的形态，显然它们未发生颈缩现象；而其他包裹体具负晶形，这可能是由于颈缩导致。假如这种溶解—再沉淀过程确实会使流体包裹体的成分发生变化，那些未被破坏即形状未发生变化的包裹体保留了成岩流体原始的微量元素信息。

因温度变化导致的包裹体中流体与主矿物的反应也会使包裹体中流体的氧同位素组成发生变化。对诸如硅酸盐、碳酸盐和硫酸盐等成岩矿物而言，如果主矿物与包裹体流体间存在充分的交换，则主矿物中的氧决定了包裹体流体中的氧同位素组成。如果主矿物和包裹体流体间存在同位素的交换，那么以矿物为主的体系在室温下矿物与流体将会达到平衡，此时包裹体中流体的同位素信息将显著有别于原始的成岩流体。有趣的是，Vityk等（1993）的研究表明石英中流体包裹体的$\delta^{18}O$组成并未与主矿物达到平衡，因此，在含氧矿物中氧同位素比值的再平衡不是问题。对于无氧矿物（例如闪锌矿、石盐、萤石）来说，其中捕获的包裹体保存了成岩流体的氧同位素组成。

对包裹体流体与主矿物间的反应导致的包裹体盐度变化进行评估是至关重要的，尽管目前尚无相关的实验数据。例如，假设有一块海水方解石样品，其中含有的流体包裹体初始盐度约为3.5%（wt），从与所有包裹体体积相同的方解石中抽1000mg/L微量元素加入到包裹体中，通过计算可以得到，包裹体盐度增量仅为0.27%（wt）（变化很小），表明包裹体的盐度相对较稳定。事实上，包裹体流体成分的变化受平衡和电中性因素的控制，可以利用微量元素的分配系数对从以水为主到以岩石为主的多种体系进行模拟。此外，即使像寒武纪那么古老的海水方解石样品，其中包裹体的盐度绝大多数接近海水盐度，并未发生变化（Johnson和Goldstein，1993）。所以，目前掌握的证据并不支持包裹体的盐度会发生明显变化。

二、透过主矿物的扩散

包裹体形成后，有必要评估它们是完全封闭的，还是主矿物具渗透性，包裹体中的物质可以泄漏出来，包裹体外的物质可以进去。除了因外力引起的包裹体破裂外，包裹体中的物质从主矿物本身及晶格位错的扩散也是必须考虑的因素。实验（Blacic，1975；Kekulawala等，1981；McLaren等，1983；Pecher和Boullier，1984；Bakker和Jansen，1990，1991）表明，在变质环境中，水可以通过石英矿物的晶格和位错发生扩散。变质环境中扩散量很高（Blacic，1981），但到了沉积成岩环境中扩散量将呈指数降低。目前尚无成岩环境下常见矿物中流体包裹体扩散的实验研究，但是大量的经验证据表明，在低温条件下物质扩散的速率不会很快。大量来自露头或矿床样品的研究并不支持这类扩散作用（Roedder，1984），相反，上述的研究表明，在发生抬升期间流体包裹体并未与四周的浅层、低温地下水达到平衡，而是保持了深部流体的成分和密度信息。对油气钻井岩心样品的研究也表明深部成岩环境中捕获的包裹体未与周围的流体达到平衡（O'Hearn，1985；Pagel等，1986；McLimans，1987；Anderson，1989；Wojcik等，1992）。此外，在沉积成岩环境中，扩散作用如果显著改变包裹体的成分，那么不同期次成岩矿物中包裹体的成分将是不同的；然而大量的实例表明，不同期次成岩矿物中包裹体的成分一致。因此，虽然从定量化的角度仍然需要考虑成岩体系中的扩散问题，但目前来看，该机制对包裹体研究的影响不大。

在成岩环境中，氢气的扩散是个问题。由于氢气很小，因此是最容易发生扩散的物质。许多实验表明，氢气在高温环境中（麻粒岩相变质环境和岩浆侵入环境）很容易从石英中扩散出来。Morgan等（1993）和Hall等（1989）通过模拟变质作用发生的温压条件来造成高氢气梯度，分别使石英矿物中的天然包裹体和人工合成包裹体发生了改变。Mavrogenes和Bodnar（1994）的研究表明，流体包裹体（主矿物为石英）中黄铜矿子矿物在实验室条件下是不溶的，但将其置于富氢气的热液腔中（温度为600℃）7天之后发生了溶解。流体成分的模拟计算（例如通过矿物组合和热力学数据）与天然流体的实际检测结果之间存在氢气扩散的差异。但对石英来说，在某个温度之下氢气的扩散可能不明显，Dubessy等（1988）报道了一块年龄为2Ga的石英样品，其中的流体包裹体中仍存在同时代的氢分子和氧分子，尽管包裹体捕获之后经历的温度高达200℃。然而，在成岩矿物中氢气的扩散是可能的，但目前尚无扩散速率的相关数据。

三、包裹体体腔大小的变化

许多流体包裹体形成于埋藏高温高压环境中，因此可以预料的是，当把样品拿到地表后，由于矿物的热收缩作用包裹体体腔的体积将会发生变化，同时围压的释放将造成空腔的膨胀。在沉积环境中，热收缩作用引起的变化可通过在实验室升温的方式恢复原状（Skinner，1966；Bodnar和Bethke，1984；Bodnar和Sterner，1985；Zhang和Frantz，1987）。但目前市场上已有的热台不能施加压力，因此，不能使发生过膨胀的矿物恢复原状。实验室条件下观察到的包裹体最初捕获时的体积可能存在细微的差别，该因素对包裹体密度的效应需要评估，如果这种效应很明显，则绝大多数包裹体研究的基本前提（即等容体系）将得不到满足。Lacazette对该效应进行了计算，Zhang和Frantz（1987）以及Bodnar和Sterner（1985）通过实验的方法对该效应进行了评估：沉积成岩环境下，在贫气的卤水中由于矿物体积的变化引起的误差小于1%。但是，Lacazette的研究表明，对于高压环境下形成的富甲烷的盐水包裹体，在实验室中得到的包裹体的密度可能偏离了其真实捕获密度，这是由于在均一温度条件下包裹体具很高的内压且甲烷的溶解度高。压力的差异可使主矿物发生塑性变形而导致包裹体体积的增大，体积的增大可使包裹体的均一温度升高。Lacazette对高压高温体系（1.15~1.55kbar，100~300℃）进行了评估，计算结果表明，该效应可使包裹体的均一温度升高1~8℃。由于H_2O—NaCl体系的状态方程在成岩温压条件下存在不确定性，Lacazette的模型尚未延伸至更为常见的成岩环境（Lacazette，1993）。然而，研究人员在处理富气相包裹体的均一温度时，必须将该效应铭记于心。

四、颈缩

由于热力学驱动力的存在，流体包裹体壁的形状将发生变化以获得最低的表面自由能（Roedder，1984）。与具有负晶形或球形的包裹体相比，那些具不规则或弯曲形态的包裹体相对不稳定。作为对热力学驱动力的响应，随着时间的变化，包裹体的形态将向着球形或负晶形转变，这种过程称为颈缩，是次生包裹体形成的一种机制，并影响了原生包裹体的形状和数目。影响颈缩（或形状变化）的因素包括：时间、温度、流体和主矿物的成分、包裹体的原始大小和形状以及主矿物承受的应力。

1. 影响因素

1) 时间

颈缩过程涉及溶解—再沉淀、流体的扩散甚至表面扩散以获得更低的表面自由能（Nichols 和 Mullins，1965；Smith 和 Evans，1984），其发生的程度受动力学因素控制。所以，时间越长，发生颈缩的程度越强。实验表明，颈缩可以快速发生，对易溶矿物和高温环境尤为明显（Pecher，1981；Brantley 等，1990；Brantley，1992）。Brantley（1992）认为，在 200℃、存在低盐度孔隙水的环境中，石英微裂隙的愈合在 100 年甚至更短的时间内即可完成。不过对成岩矿物而言，虽然已形成了很长时间，其中依然存在大量具不规则形态的包裹体，说明并不是所有古代形成的包裹体都发生过颈缩。因此，虽然时间是颈缩的重要影响因素，它只不过是其中之一，所有古代包裹体都发生过颈缩是一错误的假设。

2) 大小和形状

流体包裹体原始的大小和形状将影响颈缩的发生程度。原生包裹体沿同一晶体的同一生长带并且是从同一流体中形成的，但由于原始空腔形态的差异，包裹体之间在形状上会有差别从而导致不同的颈缩历史。例如，如果一个包裹体形成时就是负晶形，而其他包裹体形成时形态不规则或为长条形，那么前者因具有较低的表面自由能而相对稳定，后者将随着时间的推移发生颈缩形成球状或负晶形的包裹体。Nichols 和 Mullins（1965）的工作表明，具有尖尾的包裹体或裂缝会从周围调动物质对尖尾进行充填，使其变得平滑或呈球形。因此，那些具有尖角的包裹体具有形状变化的驱动力。在 Brantley（1992）的实验中，微裂隙的形态对裂隙愈合的速率具有重要影响，裂隙的宽度越大，愈合速率越慢。

3) 温度

温度是影响颈缩的另一个参数。Shelton 和 Orville（1980）在 600℃、2kbar 条件下，在石英矿物中合成了具负晶形的次生包裹体。Brantley（1992）观察发现，温度降低使微裂隙的愈合速率变慢。在稀有金属矿床成岩环境和活跃的地热系统中，Bodnar 等（1985）展示了石英矿物中流体包裹体的形状与其形成温度具有直接关系，形成温度最低的包裹体的形状最不规则。经历过 100℃以上温度的古代石英和方解石中的包裹体有些形状极不规则，有些具平滑的外形。因此，不可否认温度对颈缩的速率具有影响，但它不过是众多因素之一，所有古代包裹体都发生过颈缩是一错误的假设。

4) 流体成分

流体的成分是控制颈缩现象的一个重要因素。例如，在萤石（Roedder，1972）和方解石胶结物（Anderson，1989；Peter 等，1991）中常见长条形或新月形的原生石油包裹体，表明它们未发生颈缩；而在相同的晶体中，次生盐水包裹体往往发生了颈缩而具负晶形。显而易见，与盐水包裹体相比，主矿物在石油中具有很低的溶解度降低了颈缩作用发生的程度。在同一期次的原生石油包裹体和盐水包裹体中也发现过类似的形状差异，但目前尚不清楚这种差异是否是由颈缩引起的。即使同为盐水包裹体，成分对颈缩也具有显著的影响。Roedder（1984）描述了单个石英晶体中的次生或假次生流体包裹体，有些面上的包裹体呈球形，而其他面上的包裹体呈负晶形。这种形状上的差异可能是由于流体组分的差异造成的（Roedder，1984），但其他因素例如时间或温度也具有重要影响。实验研究表明，流体的成分是控制颈缩速率的主要因素。Brantley（1992）的研究表明，石英的微裂隙的愈合速率在 CO_2—H_2O 溶液中最慢，在纯水中愈合则要快一些，在 1mol/kgNaCl、2mol/kg$CaCl_2$、6mol/kgNaCl 溶液中就更快了。微裂隙的愈合速率随 NaCl 浓度的增加而升高，在高温条件下尤其如此。

5) 主矿物的成分

主矿物的成分对颈缩作用的速率具有重要影响。在盐水溶液中具高溶解度的主矿物（如各种盐类）中的流体包裹体可发生极为快速的颈缩（Lemmlein 和 Kliya, 1952）。可以预料的是，即使在同一晶体中，不同部位存在成分和溶解度的差异，这对包裹体的颈缩速率也有影响。

6) 应力

主矿物遭受外来的应力，会使其中流体包裹体的形状甚至位置发生改变，这一点已被人们所认识。Roedder（1971）展示了流体包裹体向石英晶体中易溶部位移动的证据。Gerlach 和 Heller（1966）认为石盐矿物中的流体包裹体因应力的作用可以发生移动或形状上的变化。

2. 颈缩的效应

颈缩是成岩矿物中流体包裹体的一种普遍现象，该现象对利用流体包裹体来解释地质历史时期的流体演化史有何影响，这一点需要认真考虑。在下列这种特殊情况下，流体包裹体的颈缩不会对数据产生影响，即单相流体包裹体的颈缩。因为，在这种情况下的颈缩不会显著改变流体包裹体的密度（正如前面讨论的那样，颈缩过程可对流体包裹体中的微量元素和同位素组成造成影响，而主量元素离子的成分和总体盐度基本保持不变）。然而，如果是多相的流体包裹体发生这种形状上的变化（颈缩）而形成两个或多个新的包裹体，这种情况下新形成的包裹体与原始的包裹体就大为不同了。研究这一过程的最好办法是考虑盐水包裹体在埋藏环境下的 $p-T$（压力—温度）关系。主要分以下几种情况。

假如某纯液相流体包裹体形成于低温条件下（即近地表环境，25℃），然后被埋藏升温至120℃，那么该包裹体经历的变化趋势线类似于纯水相图中的液相区等容线（图 4-1，A 点至 B 点），当然前提是该包裹体的内压不会引起体积的膨胀（称为拉伸）或爆裂，不过对于坚硬矿物中个头较小的包裹体而言这一假设完全合理。随着温度的升高（温度指向图 4-1 中的 B 点），包裹体依旧保持在液相区（即不产生气泡）。该纯液相包裹体可能会在通往 150℃ 的任何一点发生颈缩形成数个包裹体。颈缩作用发生后，形成的新的包裹体依旧保存了原始包裹体的密度，因此等容线不会发生变化。随着冷却，包裹体依旧沿原来的等容线变化（向着图 4-1 中的 A 点变化）。如果在此冷却过程中（例如在 75℃ 时）发生进一步颈缩，则形成的新的包裹体依旧保持了原来的密度，等容线依旧不会发生改变。当包裹体冷却至地表条件下（图 4-1 中的 D 点），每个包裹体的密度与原始较大的那个包裹体相同（图 4-1 中的 A 点）。因此，在液相区发生的颈缩不会改变包裹体的密度，所形成的新的包裹体依然是有用的。

另一种情况是单个流体包裹体在不同条件下发生颈缩形成多个包裹体。假如某纯液相流体包裹体形成于 75℃ 的埋藏条件下（图 4-2 中的 A 点），然后随着进一步埋藏至 130℃（图 4-2 中的 B 点），假设此过程中不存在包裹体的拉伸或爆裂，那么该包裹体将沿初始捕获时的等容线发生变化。如果在升至 130℃（图 4-2 中的 B 点）的过程中包裹体发生颈缩形成多个新的包裹体，那么每个新形成包裹体的密度与原始的包裹体相同。如果将这些包裹体冷却至 100℃（图 4-2 中的 C 点），该过程中这些包裹体发生进一步的颈缩形成另外一批新的包裹体，则新形成的包裹体依然保持了原始包裹体的密度。随着进一步冷却至等容线与液相区—气相区界线的交点（68℃，即图 4-2 中的 D 点），每个包裹体具有成核形成气泡的潜

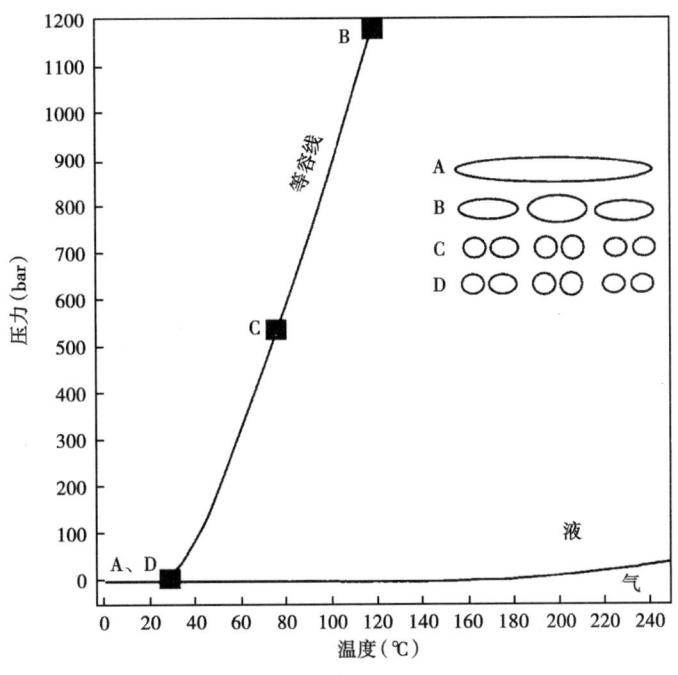

图 4-1　形成于低温条件下的纯水包裹体的 p—T 相图

该图指示了纯水的等容线及液相区和气相区界线；某形成于地表条件（A 点）下的纯液相包裹体随着埋藏升温至 B 点仍为单相；假设在 B 点发生颈缩，形成的新的包裹体的密度与原始包裹体相同；然后持续冷却至地表条件（D 点）过程可能会继续颈缩产生多个包裹体，新包裹体的密度依旧与原始包裹体相同

力。沿液相区—气相区界线持续冷却至 25℃（即图 4-2 中的 E 点），气泡成核亚稳态将被克服，此时每个包裹体中会出现一个很小的气泡。如果将这些包裹体在实验室进行加热，气泡将于 68℃时消失。该温度也代表了那个原始的包裹体的均一温度，原因是颈缩形成的包裹体的密度依旧代表了原始成岩流体的密度。因此，这种情况下的颈缩效应不影响我们对包裹体数据的解释。

　　第三种情况是颈缩形成的包裹体不能代表原始的包裹体。假如某包裹体形成于岩石（或矿物）所经历的最高温度下（150℃，图 4-3 中的 A 点），在颈缩作用尚未发生时，成岩体系的温度沿初始捕获流体的等容线降至液相区—气相区界线（130℃，图 4-3 中的 B 点）。在此温度下，该流体包裹体具有气泡成核的潜力，但实际上由于某些原因气泡成核发生在更低的温度下。图 4-3 中的 B 点对应的温度也是该包裹体的均一温度。温度继续降低至图 4-3 中的 C 点，包裹体中将会出现气泡；如果该包裹体在气泡成核后发生颈缩形成几个包裹体，则新形成的包裹体的其中一个将包含前面所形成的气泡，其余的为纯液相（即没有气泡）。温度进一步降至室温（图 4-3 中的 D 点），新形成的纯液相包裹体发生气泡成核。如果这些包裹体中的其中一个再次发生颈缩形成两个包裹体，则新形成的两个包裹体其中一个含有气泡，另一个则为纯液相。因此，这种情况下（即相变之后发生的颈缩）形成的包裹体与原始包裹体具有不同的密度和均一温度，这种方式形成的包裹体的均一温度将会异常离散。例如，假设某气液两相包裹体发生颈缩形成两个包裹体，其中一个包含气泡另一个不包含气泡，并且假设气泡的体积占包裹体总体积的 5%，显然那个包含气泡的包裹体的密度要比那个不包含气泡的包裹体的密度低 5%，这 5% 的密度差至少会造成均一温度相差

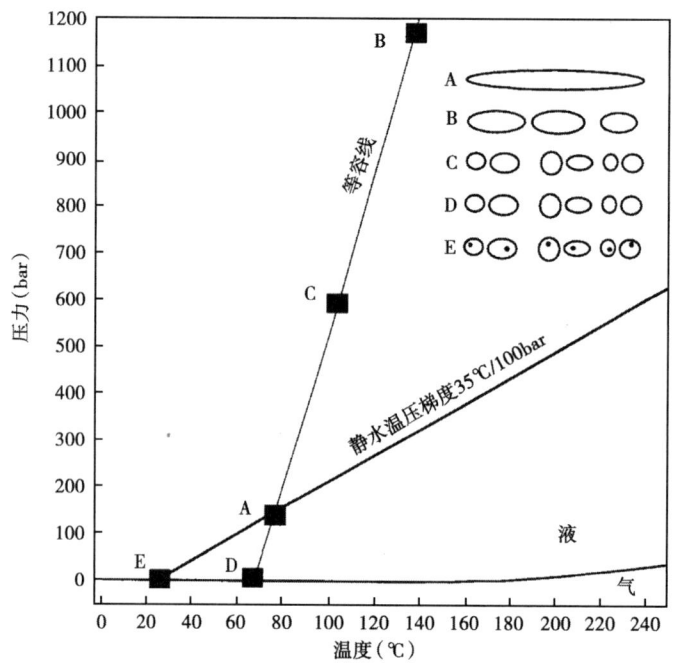

图 4-2 形成于埋藏条件下的纯水包裹体的 p—T 相图

指示了等容线和气液相界线；如果某流体包裹体在75℃（A点）捕获，随后由于埋藏温度升高至130℃（B点），包裹体仍为液相；如果在B点发生颈缩，在冷却至100℃（C点）的过程中再次发生颈缩，形成的新的包裹体与原始包裹体具有相同的密度；进一步冷却至68℃（D点），气泡可以成核，但在一般情况下不会成核，除非进一步冷却；一旦达到室温（E点），所有的包裹体均会出现气泡；每个包裹体具有相同的气液比和均一温度（68℃，D点），这也代表了原始包裹体的均一温度；颈缩效应对均一温度无影响

50℃。当然，更高的气泡比例会使均一温度的差别更大。可以想象，相变之后发生的颈缩作用将使包裹体的气液比高度不均一，从而造成包裹体的密度和均一温度千差万别，此方式形成的包裹体不能反映原始捕获信息。该类包裹体可以根据气液比高度不均一的特征（另外该类包裹体中气泡的压力与两相成岩体系例如渗流带中形成的包裹体也不一样）进行识别。相变之后发生的颈缩也可改变包裹体中子矿物的比例。常见的一个误解是把那些形态极不规则或具有结节的包裹体作为颈缩的证据，但实际上这类包裹体恰恰未发生颈缩。具平滑外形或具负晶形的包裹体也可能是由于颈缩形成的。此外，那些具不成熟形态的包裹体在其他相的成核之前可能就达到了目前的形态，在此情况下，包裹体的均一温度仍然有效，并代表了最小捕获温度。对包裹体研究人员来说，最重要的一点是确定颈缩作用发生的时间在相变之前还是相变之后。这只能通过同一流体包裹体组合中包裹体之间气液比和均一温度的变化来识别；换句话说，在同一生长带很小区域中的包裹体或同一微裂隙中的包裹体具有极不一致的气液比。

可能有人会问，在成岩环境中，相变之后的颈缩是否是种普遍现象，回答是肯定的。颈缩作用发生的程度受多种因素控制，例如包裹体原始的大小和形状、流体成分及温度史，而对多数被研究的流体包裹体而言上述因素未知，因此，在进行包裹体研究时考虑颈缩作用发生的可能性就显得尤为重要了。当然，如果包裹体未发生明显的颈缩，或颈缩发生时为单相，那么被研究的包裹体依然代表了原始成岩流体的信息。倘若颈缩作用发生时包裹体为两

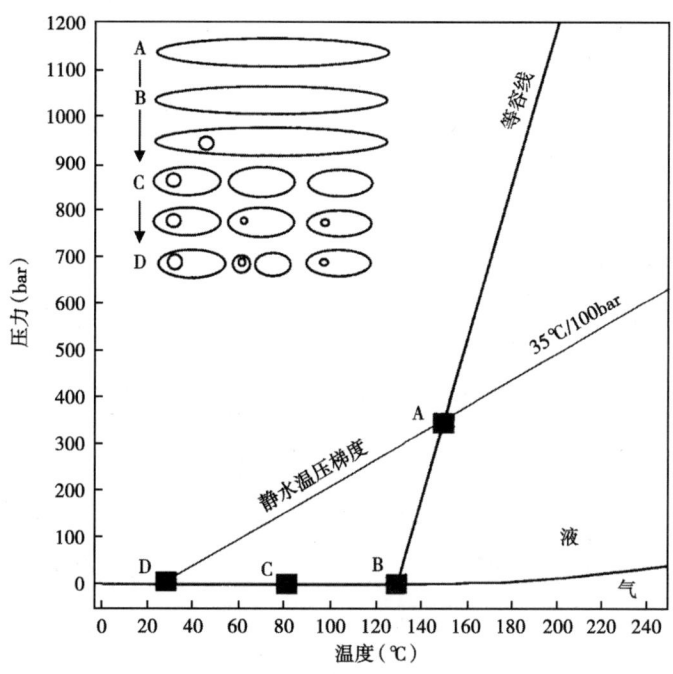

图 4-3 形成于岩石所经历的最高温度下的纯水包裹体的 p—T 相图

指示了等容线和气液相界线；如果一个流体包裹体在 A 点被捕获，随后由于抬升，温度降至 B 点，在此温度下将会出现稳定的气泡，但不会成核，直到向 C 点进一步冷却；冷却到 C 点气泡成核之后，包裹体可能发生颈缩形成数个新的包裹体，其中一个包裹体含有原始包裹体中的气泡；向 D 点发生进一步冷却，其他的纯液相包裹体中气泡可能成核；当流体包裹体冷却至地表温度（D 点），可能发生更多的颈缩，气泡可能从两个包裹体之间裂开；在 D 点，没有一个包裹体的密度与原始包裹体（A 点）相同；没有一个包裹体在 B 点均一，而是在较高或较低的温度下均一，这是因为包裹体的颈缩是在相变之后发生的

相或多相，那么颈缩形成的包裹体已经发生了改变，不能代表原始的成岩流体信息。在成岩环境中，这种现象发生的可能性很大，特别是对那些在最大温度时或成岩体系冷却期间形成的包裹体而言更是如此。上述现象可以通过图 4-4 进行说明：假设某包裹体是在最高埋藏温度期间（150℃）捕获的，然后仅需冷却 20℃ 即可与液相区—气相区界线相交；继续冷却将会克服亚稳态使气泡成核，不过此时的绝对温度依然很高（在此温度下包裹体的颈缩速率很快）。另一种情况是，假如包裹体形成时流体体系中饱含甲烷且包裹体形成于最高埋藏温度期间（即在泡点曲线上捕获的，图 4-5），随后的任何冷却都会将包裹体置于两相区，所以在温度相对较高时该包裹体中也将出现气泡。因此，面对沉积体系的研究，必须对颈缩作用是否影响了包裹体的相比例进行评估。

在许多成岩作用研究中，颈缩并不是不可逾越的问题。例如，可能在某样品的生长带中发现原生流体包裹体，由于相变之后的颈缩作用，包裹体的气液比已发生显著变化。这类包裹体可进行盐度或成分分析，而不适合用于均一温度分析，这是由于包裹体的密度已发生变化。尽管如此，可以研究相同地区的其他样品，甚至在同一块样品中寻找那些未发生过相变后的颈缩作用的包裹体，从而获得有效的均一温度。

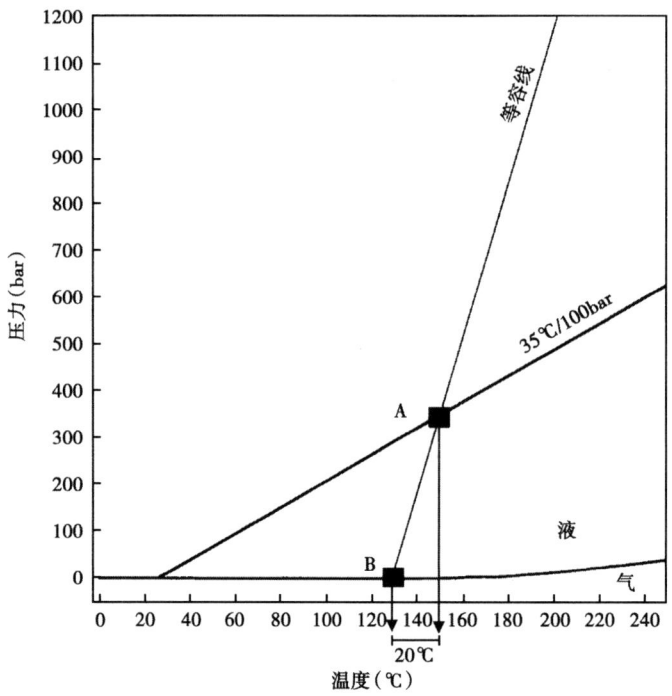

图 4-4 在最高埋藏温度期间捕获的包裹体的 p—T 相图

假设某包裹体是在最高埋藏温度期间（150℃，A 点）形成的，然后仅需冷却 20℃ 即可与液相区—气相区界线相交（B 点）；进一步的抬升期间，包裹体将会沿液相区—气相区界线发生变化；因此，对于成岩体系中的包裹体而言，需要对是否存在相变后的颈缩进行充分考虑

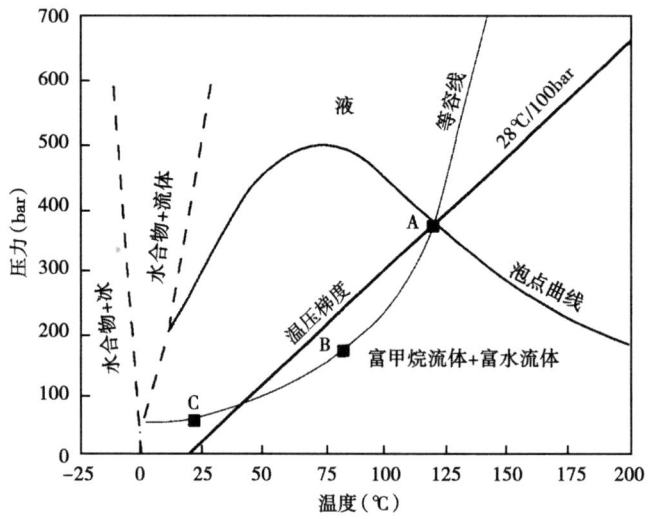

图 4-5 甲烷浓度为 3200mg/L 的水的 p—T 相图（据 Hahor，1980，修改）

该图展示泡点曲线；假设某包裹体形成于泡点曲线（甲烷达到饱和，A 点），然后发生抬升冷却（B 点和 C 点），包裹体依然位于两相区；因此，冷却期间发生的任何颈缩作用都是在气泡的存在下进行的

五、主矿物的重结晶

在成岩体系的低温条件下，矿物的重结晶显然需要能溶蚀矿物的流体介质，也就是说，重结晶是在流体的参与下进行的。Folk（1965）推断，流体膜可以穿过矿物晶体，在膜的其中一面新的矿物相发生沉淀，而在膜的另一面不稳定的矿物相发生溶蚀。Reeder（1993）对重结晶机制和流体膜的形态作了进一步的研究。流体膜可能与周围的流体压力达到平衡，并在某些程度上与周围孔隙流体在成分上达到平衡，这主要取决于通过流体膜的扩散以及局部孔隙流体成分的改变。因此，在不稳定矿物的重结晶作用过程中，流体膜可能会迎面遇上流体包裹体，这种情况下，原始的包裹体会打开并与流体膜中的流体达到平衡。如果重结晶作用发生之后包裹体的空腔依然存在，则流体包裹体记录了重结晶作用的信息而不是原始不稳定矿物的沉淀信息。上述这类包裹体从成因上来说依然是原生的，但它们只是记录了重结晶作用而不是原始矿物的沉淀。某些类型的重结晶作用会降低流体包裹体的代表性。Gaffey（1988）利用红外显微镜研究发现，在文石向方解石转化的过程中，水容易从晶体中释放出来。Goldstein（1986a）在 Belize 现代海水葡萄状文石中发现了大量可供研究的（即尺寸上足够大）流体包裹体。但在那些已发生重结晶且转变成方解石的古代葡萄状文石（二叠系 Capitan 组石灰岩和 Laborcita 组）中几乎不发育大的流体包裹体。尽管如此，不能排除在其他类似的样品中可能会有包裹体保存下来。

在成岩环境中，许多成岩矿物会遭遇重结晶作用。细致的岩石学和地球化学工作对于判别重结晶作用发生与否大有裨益。在自然界中普遍存在下述现象：文石重结晶形成方解石，高镁方解石重结晶形成低镁方解石，低镁方解石重结晶形成更稳定的低镁方解石，不稳定的白云石重结晶形成稳定的白云石，不稳定的铁白云石重结晶形成稳定的铁白云石，石盐重结晶形成稳定的石盐，石膏和硬石膏遭受多期脱水和再水化。Abegg（1990）研究了形成时间很早的白云石，发现其中的流体包裹体均一温度和盐度与该地层晚期经历的高温流体相同，并将该现象解释为包裹体形成于晚期重结晶期间。Wojcik 等（1992）通过背散射图像对砂岩中的铁白云石胶结物进行了研究，发现早期形成的矿物环带已在晚期铁白云石形成事件中发生了重结晶，许多原生包裹体都是在晚期的重结晶事件中形成的。James 和 Bone（1992）研究了相对较年轻的海水方解石，发现它们目前已在浅层地下水中发生了重结晶作用，在该过程中捕获了流体包裹体，它们记录了重结晶的信息。

但是，有人认为重结晶作用发生在相对封闭的体系中（Lohmann，1978）。倘若该机制确实存在，那么那些已发生过重结晶作用的矿物中的流体包裹体在成分上与原始捕获的流体应当不会有明显差别。Lohmann（1988）提出，高镁方解石胶结物在封闭体系中发生重结晶期间，矿物中的流体包裹体发生移动、包裹体中的镁发生聚集并在包裹体内形成微小的白云石同时伴随有低镁方解石的沉淀。低镁方解石是否是这种机制形成，重结晶形成的方解石中是否存在形成微小白云石所需的足够数量的包裹体，这些问题目前尚未得到证实。另外，还有人提出石盐在相对封闭的体系中发生重结晶。对发生过重结晶的粗晶石盐中较大的包裹体的化学分析显示，包裹体中的流体与原始沉积流体相同（Lazar 和 Holland，1988）。因此，重结晶作用可能发生在封闭体系中，在这种情况下，原始捕获的流体包裹体仅与主矿物反应而发生轻微的变化。

六、包裹体在主矿物中的位置

多数情况下，在成岩矿物中发现的包裹体的位置似乎就是包裹体初始捕获时的位置。在沉积环境中，包裹体在主矿物中做长距离移动的情况是非常罕见的。包裹体在主矿物中的移动是由于某种类似颈缩的机制造成的，但其驱动力并不总是相同。因此，包裹体移动速率的影响因素与颈缩类似。在成岩环境中，包裹体的移动方式值得探讨。沿同一愈合微裂隙分布的某些小的包裹体可能会发生合并，形成较大的包裹体（Lemmlein，1951），这种机制不会导致包裹体成分发生明显改变。在变质环境中，Swanenberg（1980）发现石英矿物中的包裹体沿偏离微裂隙的方向发生移动；其原因可能是沿指向晶体易溶区域的方向上存在应力（Roedder，1984）。Gerlach 和 Heller（1966）指出，由于晶体中存在的应力造成了石盐中的包裹体发生移动；Roedder 和 Belkin（1980）发现，如果存在异常高的热梯度并存在局部热源（例如具放射性废弃物的储存罐），石盐中的流体包裹体将朝热源方向移动。总体上，在正常的沉积成岩环境中，流体包裹体不会发生长距离的移动；次生包裹体的移动局限于裂隙面上，原生包裹体的移动局限于矿物生长带中。

七、主矿物的变形

含流体包裹体矿物的强烈变形会使包裹体打开并再次充填（Ypma，1963；Kalyuzhnyi，1971），该过程是流体包裹体再平衡的一种机制。假如我们想对那些存在剪切证据或存在变形双晶矿物中的包裹体进行研究，最好是对包裹体是否发生过再平衡进行评估。在对样品进行粗糙处理的过程中可能会产生裂缝。岩盐类的取心以及多数岩性的冲击式井壁取心过程中会产生裂缝，这些裂缝会对流体包裹体造成破坏（Roedder 和 Belkin，1981）。

八、包裹体捕获后发生的不可逆相变或化学变化

大多数高温成岩环境中形成的流体包裹体将会在随后的成岩作用历史中发生相变，某些甚至发生化学变化。冷却过程中发生的许多相变（例如气泡或子矿物的成核）可以在实验室中重现，然而有些不可以重现。在这些情况下，包裹体可能发生了某些变化，不能代表原始的捕获信息。

这种变化的一个实例是石油包裹体中固体有机质的形成。在石油包裹体中常见棕色的固体附着于包裹体壁上，这种固体沥青是从被包裹的烃类流体中沉淀而来。对包裹体加热的过程中，沥青不发生溶解，因此，包裹体中的石油与初始捕获时相比已发生了变化。需要注意的是，不要将这类沥青与石油包裹体中的其他有机固体混淆。例如，一个有机固体颗粒落在生长着的晶体表面，随着晶体的继续生长，由于颗粒对晶体表面的毒害作用，造成了流体包裹体的捕获；这一情况下，尽管有不溶固体有机质的存在，但流体包裹体的成分未发生变化。

其他的变化将对包裹体中的流体造成影响。众所周知，有些地下卤水中含有相当浓度的溶解有机分子特别是脂肪酸（Collins，1975；Carothers 和 Kharaka，1978），质量浓度可高达 4900mg/L（Hanor，1980）。现在有大量的证据表明，自然界中在 80℃ 以下发生的热脱羧反应使脂肪酸裂解形成甲烷和碳酸氢盐（Boles，1978；Carothers 和 Kharaka，1978，1980；Milliken 等，1981；Kharaka 等，1983，1986）。Hanor（1980）提出，这类组分一旦被捕获到包裹体中，随着时间的推移将会在高温下发生裂解，从而造成包裹体中甲烷含量的升高。该效应的重要性目前尚未被人们所认识，但许多研究（Baker 和 Goldstein，1990；Prezbindowski

和 Tapp，1991）揭示，多数盐水包裹体的均一温度低于其真实捕获温度。此外，许多成岩流体中初始溶解有机质的浓度很低，因此，原位生成的甲烷数量很少。然而，石油包裹体的原位裂解可能改变了某些石油包裹体的成分。

九、成核亚稳态

对于某些包裹体来说，根据其密度和成分，在室温下某种相应该出现而未出现的现象称为亚稳态。最常见的实例是气相或气泡未成核，这种现象在实验室中可重现。假如某盐水包裹体在100℃达到了均一（图4-6，点A），然后冷却，达到平衡条件后气泡通常不会立即出现；事实上，需要将包裹体在均一温度的基础上冷却几十摄氏度才会看到气泡成核。如果将该实例中的包裹体冷却几十摄氏度（图4-6，点B），其内压将遵循位于液相区—气相区之下的亚稳态等容线变化。所以，将包裹体冷却至均一温度之下，由于流体受到张力的作用（书中称为拉伸流体）而造成包裹体的内压小于0；将包裹体进一步冷却，作用于被拉伸流体上的驱动力变大直到将流体从包裹体壁上分离开来。此时在视域中会出现一个（有时会有多个）气泡，包裹体回到了液相区—气相区界线（图4-6，点C）。在同一个包裹体中，这种现象具有重复性，但由于动力学因素的影响，每个流程之间气泡成核的温度会有轻微差别。对于某些已在实验室加热至均一的流体包裹体，气泡的再次出现可能需要几小时甚至几周的时间。实际上，有时即使冷却几十摄氏度后气泡也不会再次出现。由于这种原因，如果在研究中需要气泡再次出现，那么在样品准备过程中或加热过程中不应使两相流体包裹体达到均一。另外，由于在自然界中存在成核障碍，许多在室温下应出现气泡的包裹体由于已保持了几百万年的亚稳态，现今在实验室中观察到的仍为纯液相。

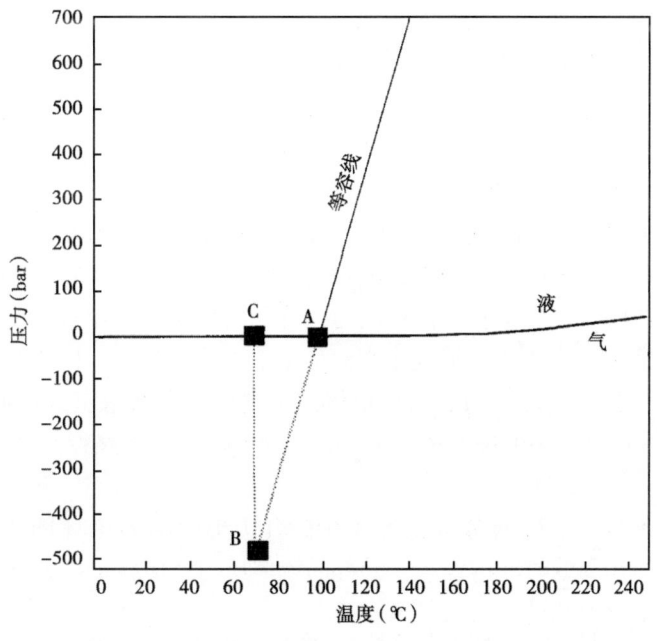

图4-6 纯水体系流体包裹体气泡成核的 p—T 相图

展示了气泡成核需要冷却的温度；假设包裹体在100℃（A点）达到均一，然后冷却，此时气泡不会立即出现；在向B点冷却的过程中，包裹体中的压力降为负值；当把包裹体冷却几十摄氏度之后，拉伸流体将最终从包裹体壁上脱离而形成一球形的气泡，然后包裹体回到液相区—气相区界线上的平衡状态（C点）

绝大多数在室温至50℃之间捕获的包裹体，由于亚稳态阻碍了气泡的成核，因此在室温下为纯液相。很少见到小于20μm的气液两相盐水包裹体的均一温度在40~50℃以下，造成这种异常的原因并非包裹体的密度决定了在39℃时不会出现气泡，而是由于亚稳态阻碍了气泡的成核。有时通过冷却至室温以下或长时间的冷却人为地让气泡成核。那些大个的（>50μm）盐水包裹体（尤其是蒸发盐矿物中常见）的均一温度可以在40℃以下，这是由于该类包裹体中的气泡较大，它们足以在低温下保存：在气泡和盐水流体的界面上存在作用于气泡表面的张力，气泡越小，张力越大，气泡越易破裂；相反，气泡越大，张力越小，气泡越易保存。

通过上述分析可以看出，对于具有特定密度的一组包裹体，包裹体的大小对室温下是否形成并存在气泡具有非常明显的控制作用。很常见的一种现象是，对于同一期包裹体（例如沿同一愈合裂隙分布或沿同一生长带分布），尺寸大的均含有气泡（且均一温度相同），而尺寸低于某个值的较小的包裹体均缺少气泡。这种情况可能暗示了那些小的包裹体为亚稳态，在室温下以拉伸流体的形式存在。这种效应对那些小（<3μm）而低温（<100℃）的流体包裹体影响尤为明显；相反，对于均一温度大于100℃的包裹体，即使那些可以分辨的最小的流体包裹体（约1μm）通常也会包含气泡。

将某些包裹体冷却，由于溶解度的变化，将导致子矿物（例如石盐）的沉淀。在同一期包裹体中，可能会发现其中绝大多数都含石盐矿物，且包裹体个体之间石盐与流体的体积比类似；那些不含石盐矿物的包裹体可能是由亚稳态导致，但流体对于石盐是饱和的。正常情况下，通过冷却包裹体可以使子矿物成核。

十、热改造再平衡

1. 过热作用对包裹体成分和密度的影响

在成岩体系中，随着地层的埋藏，岩石受到的温压将在静水温压梯度和静岩温压梯度间发生变化（图4-7）。但须记住的是，纯液相包裹体经埋藏受热后，包裹体内压将遵循不同的变化轨迹。例如，假设某包裹体（图4-7）是在地表条件下从纯水中捕获的（点A），随后因埋藏而经历了90℃左右的改造（点B），那么该包裹体将沿特定的等容线发生$p-T$变化（A—B路径）。由于主矿物周围的孔隙流体的$p-T$为静岩和静水温压梯度所限定的楔形区域内的某个值，而包裹体的$p-T$将沿等容线发生变化。因此，在持续埋藏受热期间的某温度下，包裹体内压将大于外部孔隙流体压力，这种内部超压随埋藏温度升高而升高。

假设某流体包裹体（图4-8）形成于高温环境下（点A），接下来受热，包裹体会沿着陡的等容线发生变化（A—B路径），这样也将产生类似的内部超压。在水—盐体系（图4-8中的A—B路径）和含溶解甲烷的水体系（图4-9中的A—B路径）中捕获的流体包裹体均会产生内部超压。

相反，包含或不包含甲烷的含水包裹体在抬升历史中的内压（图4-8和图4-9中的B—A—C—D路径）在多数时间内都小于外部的流体压力；但含甲烷的含水包裹体在近地表环境下的内压将高于外部孔隙压力（图4-9）。

过热作用也会引起石油包裹体的内部超压，但由于石油的等容线比水的等容线平缓，因此，超压的程度要比含水包裹体低（Burruss，1987a；图3-8）。其他类型的自然受热（例如森林大火、热流体作用、岩浆侵入作用）或样品在实验室内进行前处理或分析期间的受热也会造成包裹体内部的超压现象。

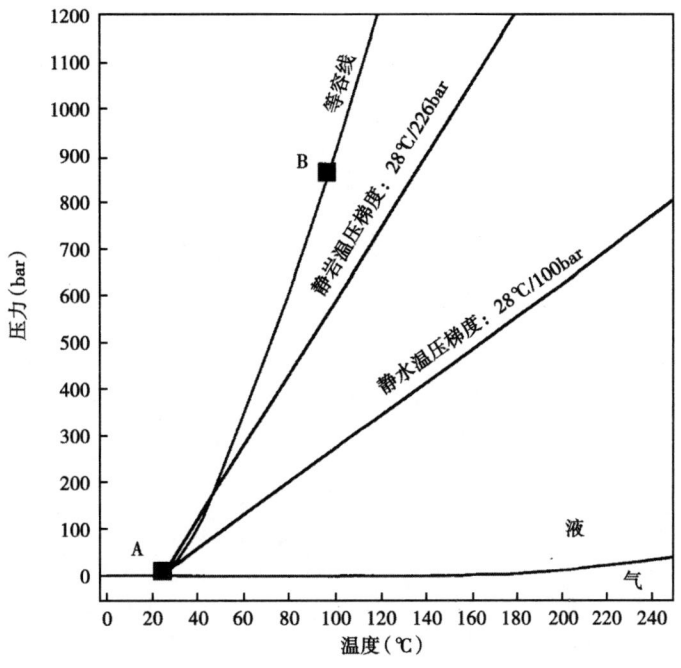

图 4-7　纯水的 p—T 相图以及静水和静岩温压梯度线

假设某包裹体在地表条件下形成（点 A），然后经历埋藏受热至点 B，在 B 点包裹体的内压将显著高于周围的静水压力和静岩压力

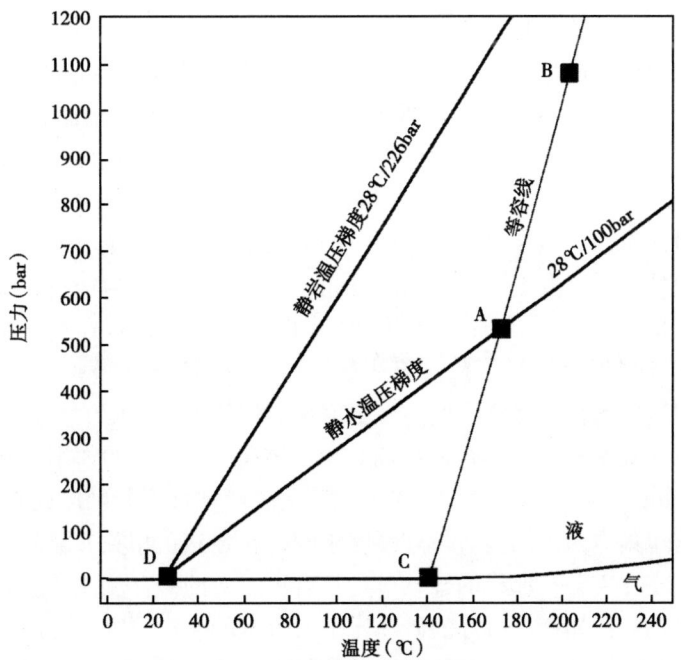

图 4-8　纯水的 p—T 相图

假设某包裹体是在沿静水梯度线的某个温度下（点 A）捕获的，然后经历埋藏受热，则该包裹体的内压将明显高于周围的静水压力；在 B—A—C—D 抬升冷却期间，当温度降至 A 点以下，包裹体的内压将小于周围的静水压力

45

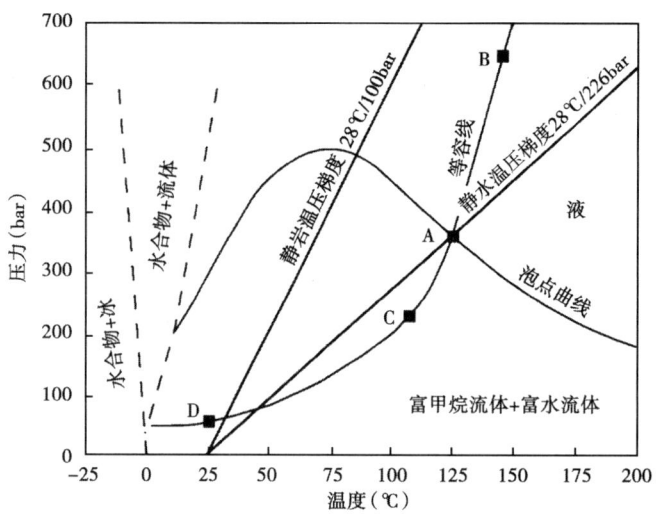

图 4-9 含甲烷的水的 p—T 相图以及静水和静岩温压梯度线（据 Hanor，1980，修改）

甲烷浓度为 3200mg/L；假设某包裹体是在沿静水梯度线的某个温度（A 点）形成的，然后发生埋藏升温至 B 点，在 B 点包裹体的内压将显著高于周围的静水压力；在 B—A—C—D 抬升冷却期间，当温度降至 A 点以下，包裹体的内压将小于周围的静水压力；但需要注意的是，当接近地表温度时，包裹体将再次出现内部超压

在某些特殊的情况下，即使不存在过热作用也会产生内部超压。例如，在静岩温压梯度线上形成的包裹体，后期由于压力降至静水压力而温度仍处于捕获温度，此时将会产生内部超压。在成岩体系中，该机制引起的超压现象尚未见报道。与过热现象引起的超压相比，该机制引起的超压对包裹体的影响相对较小。

如果主矿物的机械强度低，内部超压将导致包裹体体腔的拉伸（塑性变形引起的不可逆的膨胀）甚至爆裂以平息压力，这种现象有时会引起包裹体原始捕获流体的泄漏以及新流体的充填。因此，自然受热引起的超压将会导致包裹体的泄漏及再次充填、拉伸，统称再平衡。这种物理变化可能包括裂缝的产生和塑性变形。不稳定的裂缝生长（B. Tapp，1991）是再平衡的一种可能机制，但在自然界中相关的证据不多（A. Lacazette，1991）。不稳定裂缝的生长可能会使均一温度发生意想不到的升高，然而最高温度与均一温度之间的相关性分析（Baker 和 Goldstein，1990）与这一观点相悖。Bodnar 等（1989）观察发现，石英矿物中流体包裹体的颈缩（或形状的变化）与流体包裹体的拉伸存在相关性。一般来说，绝大多数因过热引起的包裹体的再平衡将会使均一温度偏离原始捕获温度。

某些矿物的机械强度高，有些则相对较低。矿物在一定压力的作用下储存流体的能力与其硬度有关。Turgarinov 和 Vernadsky（1970）对一系列具有不同硬度的矿物进行了加热实验，发现矿物抵抗包裹体内压的能力与其硬度之间存在强烈正相关。因此，可以想象像石英那类坚硬的矿物一定比方解石那样的柔软矿物具有更有效的储存流体的能力。主矿物的其他特征也具有重要影响，比如，具解理的矿物比不具解理的矿物更容易变形，有些矿物容易发生塑性变形（例如方解石和石英）而有些矿物则易发生脆性变形（例如白云石和长石；Prezbindowski 和 Tapp，1991）。位错密度和包裹体相对于晶格缺陷的位置或晶格的非均质性也影响着矿物抵抗内部高压的能力。

每个包裹体对过热作用的响应不同。某些包裹体可能容易而且会频繁发生再平衡，其他的则可能不发生再平衡。决定是否发生再平衡的参数包括主矿物的强度、过热的程度、围压、应力、流体的成分和 $p-V-T$ 性质、流体包裹体的生长方位及其在晶体中的位置。在包裹体受热期间，上述每个参数对包裹体的变化均有影响，造成均一温度异常离散。均一温度数据的离散性为我们识别那些发生过热改造再平衡的包裹体提供了最重要的线索。

拉伸将使包裹体体腔增大，同时包裹体中流体的密度降低（图4-10）。大量证据表明，该机制引起的包裹体再平衡确实存在（Bodnar 和 Bethke，1984；Reeder 和 Ward，1985；Ulrich 和 Bodnar，1988）。图4-10展示了自然界中的拉伸作用引起的后果。假设某流体包裹体是在埋藏温度为75℃（A点）时捕获的，如果捕获之后发生抬升冷却，那么该包裹体均一温度可能为65℃。然而，假如该包裹体捕获后又经过进一步的埋藏（埋藏温度为135℃，B点），在此情况下，如果包裹体的内部高压引起体腔的膨胀，那么包裹体中流体的密度将会降低，包裹体以后的变化将沿低密度等容线进行（C点）。假设该包裹体发生了抬升和冷却，它将在100℃时（D点）与液相区—气相区界线相交，均一温度将高于初始捕获温度。因此，埋藏期间包裹体的拉伸将导致其均一温度变高。

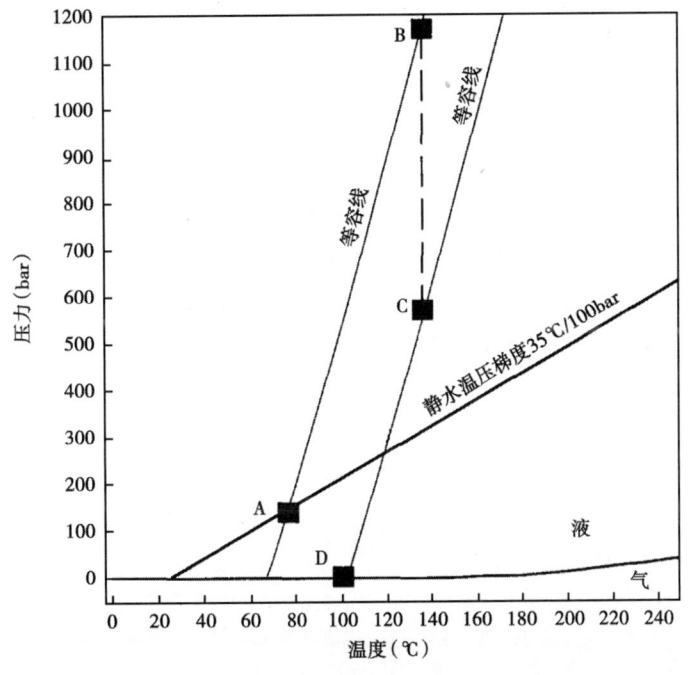

图4-10　发生拉伸作用的包裹体的 $p-T$ 相图

展示了纯液相流体包裹体在高于捕获温度的条件下发生的拉伸；假设某包裹体在A点（75℃）捕获，然后进一步埋藏，包裹体的内压将沿等容线发生变化，到B点后其内压将远高于周围的静水压力；如果该包裹体由于内部超压造成拉伸，其体积将增加，同时密度和内压将发生降低，这一事件可用由B点至C点之间的突降表示，以后该包裹体将沿新等容线发生变化；随着温度的降低，包裹体沿新等容线发生变化，在100℃左右与液相区—气相区界线相交（D点），因此包裹体的均一温度约为100℃；假如包裹体未发生拉伸，其均一温度仅为65℃

对于因过热作用而发生爆裂的包裹体而言，包裹体体腔与周围孔隙流体要么连通、要么不连通。如果存在贯穿晶体边缘的裂缝，则包裹体体腔将与孔隙流体连通，在裂缝愈合之前，包裹体中的流体极有可能在密度和成分上达到与周围孔隙流体一致，然后裂缝发生愈合。这种机制可使早期形成的原生包裹体中的流体发生完全改变。这种泄漏—再充填机制已得到经验研究（Goldstein，1986a，1988，1990）和实验的证实（Comings 和 Cercone，1986）。该机制的成因和结果可通过图4-11进行说明。假如某个水包裹体形成于地表条件下（点A），然后经埋藏受热达到110℃（点B），此时包裹体中的压力约为1.1kbar，而周围的静水压力仅为0.3kbar。高的内压使主矿物发生破裂，造成包裹体与周围孔隙流体相连通（点C），新的流体可能会进入包裹体体腔中。如果该包裹体体腔再次封闭，然后冷却，那么新形成的包裹体将沿新等容线发生变化，向下与液相区—气相区界线交于D点。该包裹体的均一温度约为95℃，远远高于初始捕获温度，而且成分上也与原始的捕获流体大不相同。倘若未识别出包裹体已经发生过再平衡，那么将会产生完全错误的解释；如果能正确判断出包裹体已发生再平衡，那么将会从这些包裹体中收集到埋藏流体的温度和成分信息。

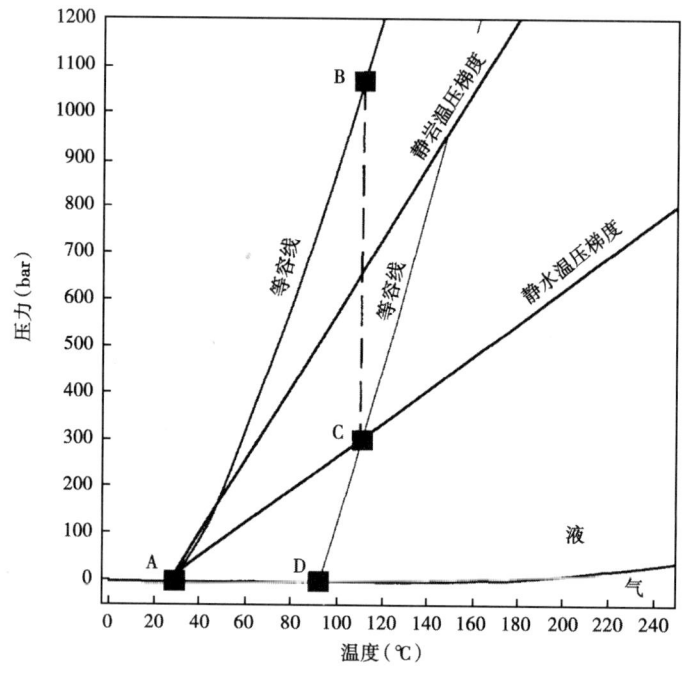

图4-11　发生泄漏—再充填的包裹体的 $p—T$ 相图

静水温压梯度为28℃/100bar，静岩温压梯度为28℃/226bar；假设某个流体包裹体形成于地表条件下（点A），然后经埋藏受热，流体包裹体的内压沿等容线上升至点B，此时流体包裹体的内压相对于周围的静水温压梯度过高；如果包裹体因高的内压发生爆裂，将会与周围的孔隙流体发生再平衡降至静水温压梯度的点C，因为包裹体爆裂后可以再充填周围的孔隙流体；包裹体再次封闭，然后冷却，新形成的包裹体将沿新的等容线发生变化（不同的密度以及可能不同的成分），与液相区—气相区界线相交于更高的温度点（点D）；该热改造再平衡造成流体包裹体均一温度升高，并且可能再充填新的流体

成岩环境中普遍存在流体包裹体的再平衡，再平衡将使原始捕获的包裹体发生改变。因此对于包裹体研究人员来说，正确判断流体包裹体是否发生过再平衡至关重要。目前尚无判断流体包裹体是否发生过再平衡的有效方法，但可以对流体包裹体发生再平衡的可能性以及再平衡对岩相学上有关联的包裹体是否具有影响进行评估。

2. 流体包裹体发生再平衡的可能性评估

有人可能会问，有没有判断流体包裹体是否发生过再平衡的方法，目前已有许多指示再平衡的岩相学标志，这些标志主要是从那些通过实验造成再平衡的流体包裹体中得到的，但这些标志可能未必会在古代样品中保存下来。例如，Reeder 和 Ward（1985）利用透射电镜对与发生过再平衡的流体包裹体相关的位错进行了识别；但是，这类位错可能是溶解—再沉淀（颈缩）发生的有利部位，因此随着时间的推移，某些位错将被破坏。此外，与流体包裹体相关的位错也不见得一定是热改造再平衡导致的，例如，位错可能是原始包裹体的捕获点。Roedder（1984）发现石盐中流体包裹体发生膨胀和形状变化的同时伴随有体积的变化。形状变化可能是个可逆的过程，最终将会形成具负晶形的包裹体。在古代样品中，由于不知道包裹体的原始形状，因此，无法判断包裹体是否发生过形状上的改变。Prezbindowski 和 Tapp（1991）预测，流体包裹体热改造再平衡形成的裂缝会使包裹体产生结节，并展示了某些古代样品中可能的实例。然而，在古代样品中，这种形状是否在包裹体初始捕获时就已存在，还是因颈缩作用导致，抑或是热改造再平衡的原因，我们不得而知。另外，这种结节是颈缩作用的有利发生部位，因此可能会被颈缩作用破坏掉。Swanenberg（1980）在石英矿物中发现了爆裂簇，即流体包裹体再平衡形成的次生包裹体。在上述所有实例中，爆裂簇是流体包裹体发生再平衡的最好证据，但这种现象在低级变质作用以下的矿物中尚未发现。显然，流体包裹体形态的变化并不能作为再平衡发生的证据。因此，对于包裹体研究人员来说，对再平衡的所有判别参数进行了解至关重要。

首先，主矿物的特征是决定流体包裹体是否发生再平衡的最重要因素。前文已经提到，有些矿物强度很高，其中的流体包裹体不易发生再平衡；而有些矿物强度很低，其中的流体包裹体容易发生再平衡。这一点已得到了实验和理论研究的证实。Turgarinov 和 Vernadsky（1970）报道了流体包裹体爆裂所需的温度与主矿物的硬度之间存在正相关（图 4-12）。从理论的角度讲，矿物抗变形的能力与其本身的抗拉强度和晶体学参数有关（Prezbindowski 和 Tapp, 1991）。因此，与刚性矿物

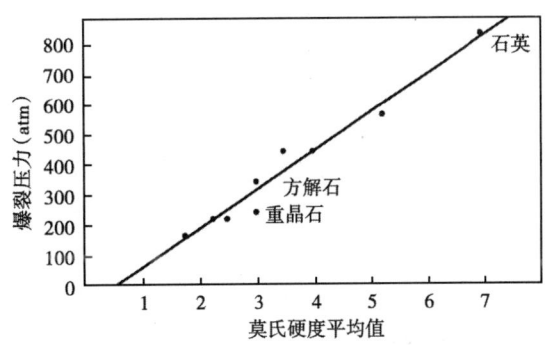

图 4-12　流体包裹体爆裂压力与主矿物硬度间的关系
压力数据的误差为±50atm；数据来自 Turgarinov 和 Vernadsky（1970）

（例如石英）相比，具有解理的软矿物（如方解石和萤石）抵抗流体包裹体再平衡的能力较弱。

流体包裹体的大小对再平衡的发生与否似乎具有强烈影响。实验数据表明，在其他参数相同的情况下，较大的包裹体更易发生再平衡。对石英矿物中流体包裹体进行的实验研究揭示，许多大的包裹体（直径约100μm）只能抵抗 500~1000bar 的压差（即包裹体内压减外部围压），而许多小的包裹体（直径约1μm）所能抵抗的压差则要大十倍（Leroy，1979；Bodnar 等，1989）。相反，Hall 等（1993）发现，在方解石中合成包裹体的爆裂温度与大小不存在相关关系。其他的研究发现，方解石中流体包裹体的大小对再平衡具有控制作用，较大的包裹体发生再平衡所需的内压要低得多（McLimans, 1987）。因此可以推断，对于同一期流体包裹体而言，较大的更易发生再平衡。

流体包裹体的形状是影响再平衡的又一重要因素。Bodnar 等（1989）报道了石英矿物中具负晶形的包裹体比那些形状不规则的包裹体具有更强的抵抗再平衡能力。McLimans（1987）也注意到了形状对方解石中流体包裹体的再平衡具有控制作用，但与大小相比，形

状的影响相对较小。根据笔者个人的经验，那些边缘平直或具有锋利边角的包裹体比那些球状或具负晶形的包裹体更易发生再平衡。此外，那些长轴与愈合微裂隙平行的流体包裹体可能容易发生再平衡（Burruss 和 Hollister，1979）。沿晶间分布的流体包裹体也可能容易发生再平衡（Roedder，1984），石英颗粒和次生加大边之间的包裹体也具有类似的特点。

Lacazette（1990）运用线弹性断裂力学理论对上述三个因素对流体包裹体再平衡的综合效应进行了研究。假如该研究是可靠的，那么其模型可用于多种矿物。根据断裂力学模型（图4-13），由于存在形状和大小这两个因素，流体包裹体的再平衡可能不需要压差。该模型中的形状参数包括：圆盘状、扁平的桶状、球状、无限长圆柱状。例如对于石英矿物来说，该模型预测具上述不同形状的、大的（10μm）低温流体包裹体的再平衡开始发生所需的有效内压为1kbar（对应3~4km的埋藏深度；见图4-7），此时那些10μm或更小的包裹体多数不会发生再平衡。随着进一步埋藏受热，不同形状的流体包裹体开始发生再平衡，而10μm大小的包裹体直至达到3.5kbar的有效内压才开始发生再平衡（对应的温度约为290℃，已达变质温度）。如果同一群包裹体中存在很小的包裹体（<3μm），那么这类小的包裹体开始发生再平衡所需的有效内压约为1.75kbar，具有特别稳定形状的包裹体可能直至有效内压为6kbar（对应的温度为485℃）方可发生再平衡。因此，在石英矿物中，除了那些最大的包裹体外，再平衡所需的温度极高。根据Lacazette模型，对于石英矿物中在成岩环境下经历过极高温度的、具不同形状和大小的流体包裹体，有些可能已经发生再平衡，但绝大多数未发生改变。

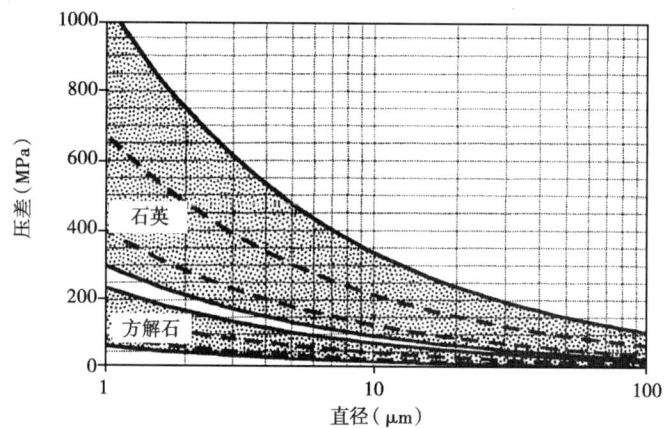

图4-13　不同形状和大小的方解石和石英中流体包裹体爆裂所需的压差（据Lacazette，1990）
各阴影区下方的实线为形状模型最软的部位爆裂所需的压差，各阴影区上方的实线为形状模型最硬的部位爆裂所需的压差，各阴影区中的虚线为形状模型中强度部位爆裂所需的压差，各阴影区以下无包裹体爆裂，各阴影区以上所有包裹体都会爆裂；曲线由形状因素界定，描述了每种给定形状的矿物中包裹体爆裂的压差和大小的关系；注意大小和形状对包裹体爆裂的控制作用

Lacazette模型也对软矿物（例如方解石）中流体包裹体的类似行为进行了预测，结果显示，发生再平衡作用所需的温度要低得多（即所需的压差也低）。有趣的是，在某些情况下，像方解石这类软矿物仍具有良好的保存包裹体的能力。对于大小为3μm的流体包裹体而言，Lacazette模型显示具有不成熟形状者开始发生再平衡需要的压差为300~400bar，而具有成熟形状者直到压差达到1.4kbar时才开始发生再平衡。因此，对于方解石中分布的一

群低温包裹体来说，要想使所有大小为3μm的包裹体发生再平衡需要的温度为140℃（对应的埋藏深度为4~5km）。因此在诸如方解石这样的软矿物中，即使包裹体受热程度远远高于其捕获温度，其中的某些包裹体可能仍未发生再平衡，要想使所有包裹体发生再平衡，需要极高的受热。因此，可以预料在经历过中等受热的方解石中既包含已发生再平衡的包裹体，也包含未发生再平衡的包裹体。

Lacazette模型的预测结果与文献中所报道的石英的实验数据（Leroy，1979；Pecher，1981；Bodnar等，1989；Hall和Wheeler，1992）具有很好的一致性，并且支持了石英中的流体包裹体发生再平衡需要极高的温度这一经验论断。目前已存在这方面的经验数据，在对成岩环境下石英矿物中流体包裹体的再平衡进行评估时可以参考。最近，Prezbindowski和Tapp（1991）结合已发表的石英矿物中的流体包裹体数据（Visser，1982；Haszeldine等，1984）指出，在埋藏深度和均一温度间的相关性方面，硬矿物比软矿物抗改造能力要稍强，这表明石英矿物中的流体包裹体在成岩环境下热改造再平衡所需的温度更高。Osborne和Haszeldine（1993）也揭示了类似的关系，北海地区石英加大边中流体包裹体的均一温度接近最大埋藏温度。由于对低温成因石英缺乏有效的约束，而且数据也不是以流体包裹体组合为单元进行统计的，很难对上述研究的意义进行评估；上述研究仅遇到了形成于高温环境且未发生后期改造的包裹体也是完全可能的。而Guscott和Burley（1993）从北海砂岩的不同成岩组构中分别获得了流体包裹体均一温度数据，数据显示相同成岩组构中包裹体的均一温度很集中，指示未发生再平衡。虽然有大量的实验、理论和经验数据不支持石英矿物中的流体包裹体在成岩环境中发生明显的热改造再平衡，但需要补充成熟的案例。目前最好的做法是，认为石英矿物中可能存在流体包裹体的再平衡，必须对所研究的每块样品进行评估。然而，根据笔者的经验，石英矿物中的流体包裹体在成岩环境下具有很强抵抗再平衡的能力。

Lacazette模型对方解石的预测结果与实验和经验数据极吻合。Prezbindowski和Larese（1987）及McLimans（1987）的实验清楚地揭示方解石中的包裹体只需少量过热即可发生再平衡，而其他矿物中的包裹体在受热程度很高的情况下也不发生再平衡。Hall等（1993）对方解石进行了过热实验，发现其中的包裹体未发生再平衡。对已知成因方解石的研究表明，其中所含的流体包裹体有些已经发生了再平衡，有些则未发生再平衡（Goldstein，1986a，1988，1990；Barker和Goldstein，1990；Prezbindowski和Tapp，1991；Wojcik等，1994）。对大量天然样品的研究清楚地表明，方解石中的某些包裹体即使在超过捕获温度100℃的条件下也不会发生再平衡。经过受热的方解石中的多数包裹体的均一温度很离散，有些冰点温度也很离散，这种现象的原因可能是有些包裹体未发生再平衡，而有些已发生过不同程度的再平衡。

白云石和似白云石（例如铁白云石）中流体包裹体的研究不像方解石那么详细。白云石中流体包裹体的特征与方解石中的可能很像，但白云石更易发生脆性变形，这一点与方解石有所不同。Prezbindowski和Tapp（1991）根据白云石中流体包裹体的均一温度与最大埋藏深度存在相关性，提出流体包裹体在受热过程中发生了再平衡。很多研究表明，即使在白云石的同一成岩组构中，流体包裹体的均一温度异常离散（Shelton等，1992；Wojcik等，1994），不过在这些研究中数据的离散性可以解释为初始捕获条件变化大，也可以解释为包裹体已经发生了不同程度的再平衡。有些研究假设白云石中流体包裹体发生再平衡，并认为均一温度数据接近最高受热温度（Tobin，1991）。其他研究发现白云石中流体包裹体未经历过热现象，同一生长带内流体包裹体的均一温度数据相当一致（R. Spencer，1993）。然而，

Stephens（1988）和 Goldstein 等（1991）对后期受热高达 150℃ 的低温白云石进行的研究表明，初始捕获的低温、纯液相包裹体已发生再平衡形成两相包裹体，均一温度和冰点温度数据很离散，但仍有约 10% 的低温包裹体保存下来，它们客观地记录了白云石的沉淀条件。因此，遇到白云石样品，最好对热改造再平衡的可能性进行评估。

萤石是成岩体系中一种常见的次要矿物。因为萤石是矿床中的重要矿物，所以目前已有大量的流体包裹体研究。对萤石中流体包裹体的过热实验表明，这是一种非常软的矿物，仅需很低的过热效应即可导致其中含有的流体包裹体发生明显的再平衡（Bodnar 和 Bethke，1984；Rowan 等，1985）。Roedder 和 Howard（1988）对萤石中流体包裹体的数据进行了报道，认为再平衡是造成数据离散的潜在原因。因此，进行萤石矿物中的流体包裹体研究时需要谨慎，必须对热改造再平衡的可能性进行评估。

石盐是成岩体系中最软的塑性矿物。Roedder 和 Belkin（1979）的过热实验表明，仅需 20℃ 的过热即可造成包裹体均一温度的彻底改变，缓慢的加热造成包裹体四周发生塑性变形，而最快速的加热（不具地质意义）可导致包裹体的爆裂。对石盐矿物进行加热将造成其中的流体包裹体发生明显膨胀，这种再平衡机制可以解释流体包裹体简单的塑性变形容易沿解理发生，而流体包裹体的再充填沿裂缝进行（Petrichenko，1973）。另外，对盐类矿物中的天然包裹体进行的研究发现，在室温下仍存在纯液相包裹体，且包裹体的均一温度与盐类矿物原始的形成条件相吻合（Lowenstein 和 Spencer，1990；Casas 等，1992；T. Lowenstein，1992），说明由于不存在明显的受热抑或是在盐体周围存在静岩压力阻止了包裹体的膨胀。因此，石盐矿物中的流体包裹体可以为古代卤水的演化提供有用信息，但前提是需要充分考虑热改造再平衡，并对数据进行评估。

重晶石是成岩环境中的一种附属矿物。Ulrich 和 Bodnar（1984，1988）对重晶石中流体包裹体发生再平衡的条件进行了实验研究，发现它是一种柔软的矿物，很低的内部超压即可导致包裹体的再平衡。因此，遇到重晶石样品，也需要对热改造再平衡进行评估。

硬石膏是成岩环境中的一种极常见矿物。对这种矿物来说，不仅要考虑因重结晶造成的流体包裹体再平衡，还要考虑热改造再平衡。Moore 和 Adams（1988）通过加热实验对硬石膏中流体包裹体的行为进行了研究，表明在 1atm 的外部压力下，流体包裹体在超过均一温度 5~55℃ 的条件下即开始发生再平衡。因此，也应当把硬石膏作为一种柔软的矿物看待，进行流体包裹体研究时需要对热改造再平衡进行评估。

除上文提到的矿物外，在成岩环境中还有许多包含流体包裹体的常见矿物，例如沸石、石膏、自生长石等；然而，对于流体包裹体在这些矿物中的行为知之甚少。遇到这类矿物时，最好的方法是认为热改造再平衡对流体包裹体具有影响，并以此为基础对流体包裹体进行分析。

第三节 流体包裹体再平衡的消退

在成岩环境中，包裹体一旦发生再平衡，之后内压的降低不能使再平衡发生消退。首先，在成岩环境中，该现象与断裂力学理论相悖（Prezbindowski 和 Tapp，1991）；更重要的是，众多研究已经发表的均一温度数据记录了样品经历的最高温度（Barker 和 Goldstein，1990；Prezbindowski 和 Tapp，1991）。显然，这些实例中涉及的包裹体并未再平衡至低温状态。这方面最好的证据是来自露头、钻井或矿床中的流体包裹体样品，它们未充填近地表的流体，而是充填了包裹体捕获时的成岩流体。目前未发现因内压降低造成包裹体再平衡消退的任何证据。

第四节 小　　结

　　流体包裹体是成岩流体的代表性样品吗？答案一般是肯定的。然而，如果没有本章所呈现的信息，新手们可能会对包裹体数据进行完全错误的解释。包裹体捕获时如果存在多种流体相是给我们带来的最大疑惑。相变之后发生的颈缩以及因过热造成的再平衡为数据解释带来了极大困难。因此，一个细心而敏锐的研究人员必须带着疑问进行天然样品的研究，并不断地寻找线索，以明确流体包裹体对原始成岩流体的信息代表程度。在本书的剩余部分将介绍流体包裹体代表性评估的有效方法。

第五章 流体包裹体研究的哲学

第一节 概　　述

将流体包裹体分析看作"黑匣子技术"是个重大的错误。流体包裹体研究不是人人都会做的事情——它需要科学的方法，首先需要提出问题，还有对可能结果的可想象的假设。这样的方法是必要的，因为很多情况下岩石中并不存在能用来回答问题的流体包裹体。所以，一个合理的方法是在流体包裹体研究的早期阶段就能识别出这样的困境，以防止浪费大量精力得出一堆毫无意义的数据。

笔者听过很多"恐怖"的故事，导师将几件样品交给学生、咨询者或下属，让他们作流体包裹体研究。当然，接受命令的人设想它一定是可能的，因为导师叫他这么去做，因此无论流体包裹体看起来如何，他们只是急切获得数据。这些研究者将几个月的时间投入到了流体包裹体研究中，而样品中可能根本不存在能够用于回答问题的合适的流体包裹体。例如，如果导师想知道一些自生矿物沉淀时的温度和盐度，下属们迫不得已在矿物中寻找原生流体包裹体，无论它们是否存在。下属们可能自欺欺人地认为包裹体一定是原生的（"导师不会让我误入歧途"），并花费几个月的时间去测定次生流体包裹体或者成因未知的流体包裹体，得出不能用于解答问题的大量数据。不幸的是，在文献中这样的数据很多，经过细心研究者们几年的艰苦努力后，这些可怜的研究才受到质疑。总而言之，流体包裹体研究中最常见的错误是关于包裹体的成因。因此，在进行流体包裹体研究之前，最重要的一点是记住并不是每批样品中都存在能够回答问题的流体包裹体。如果研究人员明确了这一点，在研究开始阶段就对流体包裹体的可行性持怀疑态度，那他们就不会浪费时间进行毫无意义的、甚至可能得出完全错误结论的研究。此外，研究人员需要牢记，在合理的地质和岩相学框架下进行流体包裹体研究非常重要。

第二节 流　　程

优质的流体包裹体研究应当遵循以下流程，不能跳过其中的任何一步。然而，当研究进程中有几个点且研究人员可以纾困时，则不必遵循每个步骤去完成研究，这是因为样品中存在的流体包裹体不适用于回答提出的问题，或者因为提出的问题已在前面的步骤中得以解答。步骤如下：

（1）任何流体包裹体研究的第一步是提出问题。任何一个需要收集流体包裹体数据的人必须明确知道为什么要作这项研究，必须紧紧围绕提出的问题进行研究。需要承认的是，说起来容易，做起来难。另外，笔者也明白，进行流体包裹体研究的原因可能更多的是来自导师、客户或者教授的敦促，而不是初学者或咨询者的初衷——但笔者恳请你保持这样的努力。笔者向读者们保证，进行盆地中的流体包裹体研究不是一个足够明确的问题。事实上，在如此宽泛的任务下，笔者认为收集到的任何数据都可能通过种种假设来解释，假设的数量甚至可能超过收集到的数据的数量——换句话说，大多数情况下数据毫无意义，更明确的问题可能是阐明孔隙型白云岩地层的成岩历史。笔者希望每个读者能够看到提出的问题之间的差异，提出恰当而又明确的问题是科学研究的基础，笔者不得不再次重申，它关系到流体包裹体研究的成败。这里要指出的另外一点是，进行流体包裹体研究需要满足一系列特定的条件，如果条件不满足，那么样品中就不存在回答问题所需的包裹体，这种情况下应果断放弃该项技术。对于仅仅读到这里的读者来说，可能还不明确这些特定的条件是什么，但是读完这一章，或者完整地读完本书，相信对此会有很好的了解。

（2）接下来是在野外工作和地层学研究的约束下选择样品。这一步看似简单，但往往是可遇不可求。对于随机收集来的岩石样品，即使经过价值几千美元设备几百个小时的工作，也不可能知道它的历史秘密。科学家必须设计一个参考框架，以获得正确的岩石或合适的样品。这需要在野外和岩心库中付出大量的精力，以最大程度地了解岩石经历的地质历史。如果缺少这样的框架，对流体包裹体数据的解释肯定会受到强烈的限制。遗憾的是，那些不了解基本地质背景的包裹体研究人员还没意识到他们因缺乏基本地质信息而造成的局限性。

（3）如果进行成岩作用研究，必须确定感兴趣的矿物的共生关系，以便将流体包裹体研究置于成岩共生框架中。完成这一步需要具有一定的光性矿物学和沉积岩石学基础。需要慎重的是，成岩作用是个随时间变化而变化的过程，因此，流体包裹体数据必须置于时间框架中以帮助解释成岩事件，而这只有在对成岩矿物和感兴趣的包裹体形成的相对时间有一个全面而彻底的认识后才能完成。这些需要花费大量的时间（根据项目的特点，可能是几小时、几天、几个月甚至几年），因为要想达到一定的可信度，须在显微镜下观察大量样品。

（4）下一步是确定流体包裹体的岩相学特征。观察的样品越多，找到能够解答问题的包裹体的机会就越大，就越容易选择合适的样品进行显微测温。在这一步中，细心的研究人员要确定流体包裹体的成因，以及它们与成岩共生格架的关系。同时，研究人员要观察和记录单个生长带或微裂缝中的流体包裹体气液比的一致性，从而评估捕获时的大致温度、捕获过程中流体相的可能数量以及出现再平衡的可能性。最后，可以采用压碎台和紫外荧光显微镜装置进行简单的成分确定。这一步完成之后，研究人员通常能够得到流体包裹体形成时成岩环境的大致范围，到了这样的程度，仅仅通过流体包裹体的岩相学特征即可对成岩环境进行有信心的预测。

（5）如果存在合适的流体包裹体，下一步就是进行流体包裹体显微测温。通过均一温度和冷却工作获得的成分数据，可以得到流体包裹体的密度信息。为了对流体包裹体显微测温数据进行有效的评估，要求特殊的数据收集方法：数据必须来自在岩相学特征上有关联的一组包裹体，例如单个生长带中的包裹体，或者某个次生包裹体面中的包裹体。因此，对于包裹体研究人员来说，最重要的不是集中于单个包裹体，而是集中于岩相学特征约束下的一群包裹体，以便对数据进行正确的解释。有知识并且细心的研究人员肯定先看平面和生长带，然后观察平面或生长带内单个的包裹体。在读完本书之后，大量收集随机选择的包裹体数据的日子应该会一去不复返——岩相学特征约束下的每组包裹体中的任何一个值都有它的含义，因此必定有特定的解释。

数据的多少取决于提出的问题和置信度，以及样品的性质和时间、经费等。基本上，如果研究人员确定哪些流体包裹体中含有问题的答案，且从中收集到的数据具一致性，这种情况下需要的数据量应当是最小的。但是如果数据的一致性差,或者对流体包裹体的代表性信心不足,这种情况下为了得到可靠的解释,数据量需要增加一到两个数量级。

(6) 最后,研究人员可能想通过更精细的分析技术确定流体包裹体的成分。有些方法为群体分析,有些方法为单个分析;有些方法会对包裹体造成破坏,有些方法则不会造成破坏。对于某个或某群包裹体通常可能综合运用几种技术以获得最完整的分析。但是正如前文解释的,我们的目的不应该是收集数据,指望天上掉馅饼。只有对岩相学特征和显微测温数据有一个彻底的认识后,这类复杂的分析才会变得有意义。遗憾的是,这一点通常被人们忽略。

因此,还有人对流体包裹体感兴趣吗?不妨想一下那成千上万个等着人们去发现的小精灵吧:

你能听见我吗?
我试图对你说些什么。
我知道你会爱上我,
当你爱上我时,
我会全部告诉你的。

如果你耐心、持之以恒和一丝不苟——请继续往下读!

第六章 流体包裹体岩相学

第一节 概 述

　　本章介绍成岩矿物中流体包裹体岩相学研究中的实用方法，并提供运用流体包裹体岩相学特征独立地进行成岩环境和热历史解释的模板。与其他岩相学研究类似，流体包裹体岩相学研究也需要特定的条件，在研究之前需要花大量的精力：针对性的取样、对样品进行处理以便用于镜下观察、显微镜的校正。流体包裹体岩相学与标准薄片岩相学的区别在于每一步都必须非常细致，否则将会妨碍获得有用的信息。幸运的是，读者们对这一点已深有体会。

　　对包裹体研究人员来说，另一个困难是记录流体包裹体的岩相学特征。这不是一个机械性的任务（想想上第一堂薄片鉴定课程时的样子吧），在一块薄片中可能包含成千上万个矿物晶体，这就需要明确研究目的。岩石学家可能主要关注矿物的产状、结构等，以便对岩石学特征进行描述；对流体包裹体研究人员来讲，道理是一样的，在一块薄片中可能包含上万个包裹体，记录每一个包裹体的特征是毫无意义也是不可能的。流体包裹体岩相学研究需要遵循特定的步骤，这正是本章所要介绍的。

　　正如薄片岩石学研究可以揭示地质历史中的许多问题那样，流体包裹体岩相学研究也可以达到这一目的。从流体包裹体岩相学特征中获得的信息有时简直出乎意料。研究者或勘探家从包裹体中得到的信息大部分可以通过岩相学本身实现——其他技术（例如显微测温）在解决某些问题时不是必需的。流体包裹体岩相学使用得当，将会对成岩环境进行有效的约束，因此，可以通过流体包裹体岩相学特征确定成岩环境。在某些情况下，关于后期热历史的信息也可以通过流体包裹体岩相学得到。然而，要想作出合理的解释，需要将岩相学观察结果置于一个信息框架中，本章也将对这种框架进行介绍。

　　最后，虽然本章将会介绍流体包裹体的特征，但需要牢记的是，要想使流体包裹体研究得到有地质意义的信息，必须对所观察的包裹体的地质背景进行了解。因此在多数情况下，需要将包裹体研究置于地质框架中进行，并注意野外和岩相学关系，这非常重要。

第二节 取样技巧

　　取样前需要明确包裹体研究的目的。有时我们想了解岩石经历的最高温度是多少，有时我们希望知道矿物沉淀时的温度和盐度，有时我们则对整个流体演化史感兴趣。因此，如何取样在某种程度上由研究目的决定。

　　其他因素也将影响取样方法：因时间引起的可能变化和因空间引起的可能变化。对于第一种情况，需要采集足够的样品以获得成岩矿物的共生关系，并确保其中含有包裹体；对于第二种情况，需要在足够大的范围进行取样，以获得空间变化信息。

　　还有最后一个非常重要的因素，关系到能否取到有用的样品，即所谓运气。我们很难知道大自然是否非常友好地捕获了我们所需的那些包裹体。采集的样品越多，成功的机会越大，然而成功也从来不是通过数量累积而来的。在某些研究中，圈定合适的包裹体之前可能需要浏览数十乃至上百个样品。有时我们可能找不到所需的包裹体，意味着遇到这种情况需要放弃流体包裹体研究。我们现在清楚了，每项研究中包裹体样品的数量是很难选择的，它一方面受时间和资金的限制，另一方面受实验材料和设备的限制。

总之，当研究人员决定进行流体包裹体分析时，需要明确几个重要问题：第一，样品所处的地质背景和成岩共生序列；第二，在特定的野外和岩相学框架中，样品可能的时空变化。

第三节 样品选择

那些在室内或野外经过明显过热改造的样品不适于进行流体包裹体研究。过热可以造成再平衡，或使两相包裹体达到均一温度点造成它们在室温下保持亚稳态，所以应当避免干燥方法不明的岩屑样品。另外，那些作过全岩分析或全直径分析的岩心多数都经过 110～230℃ 的受热，这一温度势必造成包裹体的再平衡，因此该类样品应该避免。作过孔隙度和渗透率测试的柱塞样也可能经历了类似的改造。被野火烘烤过的露头样品也要避免。经历过铸体灌注以及电炉烘烤的老的薄片不宜用作包裹体分析。经过冷场或热场阴极发光（Baker，1992）或扫描电镜烘烤的样品可能已经发生了变化。在对抛光薄片进行酸蚀染色的同时也可能破坏了里面的包裹体。

许多人想知道薄片（即常规薄片，译者注）能否用于流体包裹体研究，一般是不行的，但可以通过薄片对样品进行优选，从而选择最理想的样品进行包裹体研究。之所以不用薄片有如下原因：第一，在制作薄片的过程中可对样品造成破坏；第二，薄片本身很薄，一些较大的包裹体已被破坏掉了。因此，倘若在薄片中发现了流体包裹体，这意味着该样品比其他样品更可能包含研究工作中所需的包裹体。不过，薄片中包含大量的有用包裹体或薄片中一个包裹体都没有这两种情况是常见的，所以，即使在标准薄片中找不到包裹体，也并不意味着样品完全没有用——在制作并观察完较厚的岩石切片之前不要放弃。

第四节 用于流体包裹体分析的厚切片的制作方法

用于包裹体分析的切片有 3 种制作方法：解理片、快捷片、双面抛光片。对于每种方法，需要一个光滑的表面，从而使光通过该表面进入观察者的眼睛时不发生折射。需要时刻牢记的是，制作厚切片时应尽可能温和，避免对样品进行加热或机械改造。

一、解理片

最温和的方法是用锋利的刀片将切片沿矿物解理面剥下。这种方法对大的方解石、白云石、石盐、萤石和硬石膏晶体非常有效，不幸的是，有时采集不到足够大的并具有良好解理的样品。另外，这种方法将会使一些潜在的有用的成岩共生信息发生丢失。因此，解理片在有些情况下是有用的，但在多数情况下，这种方法得不到丰富的成果。

二、快捷片

之所以称作快捷片，是因为与双面抛光片相比，该类薄片制作起来快捷（而且成本低）。其制作方法与双面抛光片类似，只是不抛光。由于不抛光，为了观察快捷片中的包裹体，有时需在其表面滴上一滴与矿物折射率相匹配的浸油。浸油将矿物表面的凹坑填平，光线经过样品表面时不会发生折射，因此，样品表面的油膜起到了抛光的效果。需要说明的是，这种方法不需要油浸物镜。折射率为1.51的浸油对多数成岩矿物一般都是适用的，煤油适用于萤石，对某些碳酸盐矿物来讲，折射率为1.60的浸油可获得最好的效果。

在流体包裹体研究的早期阶段，快捷片可以促进工作的进展。应用此项技术，在短期并且花费较少的情况下可以观察大量的样品，增加了成功的可能性。

三、双面抛光片

双面抛光片在流体包裹体岩相学研究中不是必需的，但与快捷片相比，其光学效果更好。进行显微测温分析需要抛光的样品：升温或降温过程中油的折射率及物理性质会发生变化，因此快捷片表面的浸油在显微测温时将会失效。

双面抛光片的制作方法前人已作过介绍（Roedder，1984；Shepherd 等，1985），但对于沉积环境中的样品来说，尤其是那些很软的自生矿物或包含低温包裹体的自生矿物（Barker 和 Reynolds，1984；McNeil 和 Morris，1992），需要特殊的处理方法。样品的制作分5步：灌注、切片、磨平、抛光、镶片。下文将对其一一进行介绍。

1. 灌注

应当避免任何涉及热和（或）高压的灌注技术，而使用冷处理和真空灌注。在样品的表面覆上强力胶并放置一夜使胶水灌注到样品中，这样可以达到粘结的目的。如果岩样十分松散，则要多灌注几次强力胶直到样品表面变得平整（也就是说，所有孔隙都被充填了）。假设样品的均一温度高于250℃，则不能灌注胶水，这是因为多数胶水在200℃以上将会分解。

2. 切片

切片过程中应当避免由于热或者机械作用对样品造成的损害。有3种方法可以降低在切片过程中对包裹体的破坏：①用高速切片机切片时使用足够的冷却液；②使用低速切片机；③使用精密切片机，工作时刀片不会发生摇摆或跳跃。很多人在将岩样的一面切平并粘在载玻片上之后，使用第2种方法切样品的另一面。少量专业的实验室使用精密切片机。

3. 磨平

现在市场上可以买到所有的材料，如果样品的表面已经非常平整，那么抛光将非常快——5min 内即可完成。现在有两种磨平的介质，一种是金刚砂，其优点是价廉且耐用，缺点是其末端很锋利，在磨平过程中容易将大的碎片磨掉。因此，当使用这种产品时，重要的一点是将大的颗粒从待磨平的样品中剥离掉以防止它们刮擦样品表面。为了达到这一目的，最好使用稳定的水流，转速为 700~1000r/min 可达到最好的效果。松散细砂的缺点是必须要不断补充，并容易产生污染。

如果磨平得当，接下来的抛光将是件容易的事情。需要遵循的一个原则是不要用力压样品。通过观察手指末端的颜色可以达到合适的压力：当看到手指末端由粉红色变为白色即可。第一阶段的粗磨可以磨掉 0.5mm，第二阶段的细磨可以将刮痕消除。待肉眼看不到刮痕时，即可开始抛光。

4. 抛光

切片的两面均需要抛光。正如上文所说的，如果磨平的效果好，抛光很快就会完成。同样，抛光也有两种方法：一是将不同粒度的金刚砂放在绒布上进行抛光，二是使用粘好的金刚砂进行抛光，两种方法的效果都不错。近期市场上刚推出一款三维树脂胶合抛光产品，不会对样品造成破坏，耐用且价格相对便宜，使用该产品在 1~2min 内即可完成抛光。抛光过程中使用的压力和水流与磨平相同，但转速要快一些——1000~2000r/min。使用松散的金刚砂进行抛光时，施加的压力需要大一些以节省时间；但是这种方法对包含碳酸盐胶结物的砂样样品不适用，因为压力过大会导致样品产生凹坑，从而造成较软的成岩矿物抛光不理想。碳酸盐岩样品一般在 2min 内即可抛光完毕，不含碳酸盐胶结物的硅质胶结砂岩正常情况下 3 步之内即可完成抛光（10~6μm、3μm、1μm）。最难抛光的样品当属碳酸盐胶结的砂岩，如果想建立自己的抛光技术，千万不要以此类样品作为开始。

5. 镶片

样品的一面抛光完毕后，需将其粘在载玻片上（磨砂和非磨砂玻璃片均可使用）。在这之前重要的一件事情是用丙酮或洗涤液将样品表面的金刚砂和油清洗干净。镶片的方式有两种：一种是用可溶性胶水（显微测温时将薄片从载玻片上卸载下来），另一种是用环氧树脂（包裹体整个测试过程中薄片一直粘在载玻片上）。对于硬岩样品，一般要加热至 200℃ 以上，因此通常用第一种方法。目前市场上能买到很多种强力胶，它们多数能溶解于丙酮，但总会在样品表面有残留，因此，当薄片从载玻片上卸载下来之后，需要用蘸丙酮的纸小心擦几下以去除薄片表面残留的胶。对于沉积岩样品，由于样品很薄且容易散掉，一般需将薄片与载玻片粘在一起；这种方式在通常情况下不会对显微测温产生影响，因为大多数环氧树脂在 200℃ 不会熔化。

载玻片的厚度能引起受热梯度问题或光学问题的情况下，一种可行的方法是先将样品用环氧树脂粘在盖玻片上，然后将盖玻片用强力胶粘在载玻片上，这样可以用丙酮将载玻片分离开来，而样品仍与盖玻片粘在一起。

6. 切片的厚度

到现在为止，已将样品修整到合适的大小，磨平和抛光了一面并将抛光的一面粘至载玻片上。在用低速切片机将样品从载玻片上切下之后，将重复上述的步骤来处理样品的另一面。现在的问题是最终切片的厚度应该是多少，对于绝大多数沉积岩来说，答案是非常薄——不超过正常薄片厚度的两倍，为 40~60μm。有时对于非常细的或非常混浊的自生矿物来说，为了便于观察，切片的厚度不超过 35μm。如果在磨平过程中身边有显微镜，可以将样品作为快捷片来看待，滴上浸油进行观察，如果光线能轻易地通过并能够清楚地看到包裹体，那么该样品的厚度就达到要求了。

7. 抛光设备

笔者知道几个人对抛光设备使用得很好。成功的实验室一般都有一个或几个技术娴熟的工人，他们也是实验室使用抛光设备的固定人员。根据笔者的经验，对那些抛光设备使用人员不固定的实验室，一台设计优良的高速转盘将会发挥重要的作用。

第五节 显微镜装置

进行流体包裹体分析前要克服的最后一个技术问题是需要一台各个部件都已校正好的岩相学显微镜。常规的岩相学分析只需将样品置于载物台并聚焦就可以了，但对于流体包裹体特别是沉积矿物中的流体包裹体研究来说，这还远远不够：必须熟悉显微镜各个部件的校正方法，并对每一个部件进行校正直至能够看清包裹体为止。

一、标准偏光显微镜

下文的说明可以帮助研究人员使用标准偏光显微镜观察包裹体:

(1) 使用双镜筒显微镜。

(2) 配置 1.25×、15×或 16×目镜。

(3) 首先用 10×物镜浏览样品,然后用 40×或更高的物镜观察包裹体。岩相学显微镜上的所有物镜已被校正至适合于薄片,但薄片一般不适用于包裹体分析,与之相比,快捷片和双面抛光片更为理想,原因在前文已经阐明。厚切片由于不盖片,在用 25×以下的物镜观察时没什么影响,但在用 40×或更高倍数的物镜观察时,成像质量则要发生显著降低。这时在切片的上表面滴上浸油并加盖玻片将会提高观察效果。

(4) 必要时使用正交偏光。

(5) 观察碳酸盐或其他具有明显双折射矿物中的包裹体时,可以通过旋转检偏器、偏光片、载物台提高成像效果。

(6) 高强度石英卤素灯是目前最好的,但必须进行校正以达到最好的效果。大家时常抱怨显微镜效果差,这只是因为光源未校正好,此时可以看一下显微镜的使用说明书,将灯丝进行对焦和居中。

(7) 将聚焦照明装置调整到合适的位置会大大降低包裹体壁的反射,从而提高图像质量。载物台下方的聚光镜经常被用到,将其调整到合适的位置。调整的步骤可参考显微镜的使用说明书。这种方法俗称柯勒照明。

(8) 校正开始前将光圈开到最大,然后将光圈逐渐缩小直至所需的对比度。

二、流体包裹体显微镜

流体包裹体显微镜在许多方面与标准的透射光岩相学显微镜是相似的,只有几个地方显著不同。通常情况下要将 X-Y 样品台控制器装在载物台上以方便移动样品。另外,由于流体包裹体显微镜上要放置冷热台,因此需要用到长焦物镜和长焦聚光镜以使光线穿过冷热台对样品进行聚焦。上文所列的 8 条说明同样适用于流体包裹体显微镜。

再次重申,包裹体研究过程中对显微镜进行校正和优化非常重要(图 6-1)。

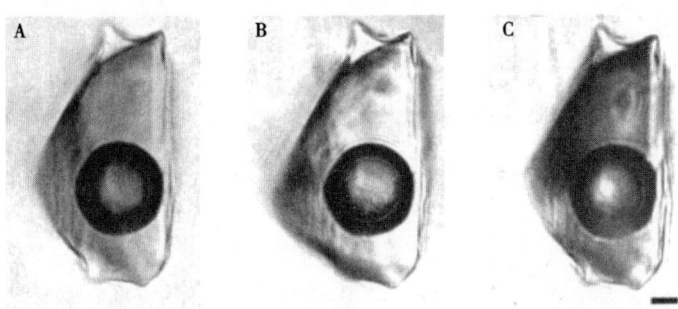

图 6-1 萤石中某气液两相盐水包裹体在室温条件下的一组照片

这组照片展示了不正确的显微镜校正所产生的差别;A—显微镜校正至最佳状态,可以看到包裹体和气泡之间对比鲜明,无暗色阴影;B—显微镜的光源不直,可以看到包裹体的左部具有暗色阴影,所有的包裹体的同一边出现暗色阴影是光源不直的标志;C—聚光器未对焦,可以看到包裹体的边缘非常鲜明且包裹体内部发黑,假如该包裹体小于 5μm,光线经过时由于衍射将会使其非常黑以至于不能分辨气泡,此时包裹体看起来就像一灰尘;比例尺为 7μm

三、重要配件

以下几个显微镜的配件在进行流体包裹体分析时可能会用到。

1. 双目镜头

其作用是将闭路电视或照相系统连接到显微镜上。将双目镜头与内置光束分离器结合是非常有用的，这样在用目镜进行观察的同时，光线可以进入到连接有照相系统或闭路电视的垂直管。

2. 瞬时荧光

荧光显微镜可以用来区分油气包裹体和盐水包裹体，Burruss（1991）对其原理进行过评述。对于沉积岩中的流体包裹体研究来说，这类装置是很有必要的，特别是在没有冷台的情况下（可以根据冷却过程中的行为对油气包裹体进行识别）。为达到最好的效果，荧光装置最好配100W汞灯并将其置于灯箱的中心部位聚焦，由稳定的直流电激发。此外，使用窄带（365nm±5nm）紫外光激发滤光片可以对荧光颜色进行观察（Burruss，1991）。但是，宽带蓝光激发滤光片的能量更高，包裹体发光更明亮，从而容易对包裹体进行定位。

3. 照相系统

对包裹体的各类特征进行拍照是非常必要的。由于这类装置非常昂贵，有人选择将自己购买的相机通过合适的转接器连到显微镜上，也能达到令人满意的效果。对于彩色照片或幻灯片摄影，若使用日光型胶片，则需通过蓝色滤光片（CB-12）对显微镜光源进行色彩校正；若使用灯光型胶片，则不需进行色彩校正。如果是黑白照相，使用绿色滤光片（545nm）可以大大增加对比度。本书中的许多显微照片在拍摄时使用的是宝丽来4X5型55P/N胶片和VG-9绿色滤光片。

4. 旋转针台

Anderson等（1992）介绍过一种自制的、低造价的旋转针台，它可以非常有效地观察流体包裹体的三维特征，从而更为精确地进行单个包裹体的体积计算。

5. 图像分析系统

Itard等（1989）介绍过一种图像分析系统，可以将包裹体及其不同的相态部分的几何形态数字化，从而进行体积计算。这一技术与旋转针台结合运用将在包裹体的气液比及压力计算时发挥重要的作用。

6. 压碎台

对于多数流体包裹体工作来说，完整的岩相学研究应当包括在室温下打开包裹体以确定其内压，达到这一目的的最简便装置是压碎台。流体包裹体研究人员首先将含有流体包裹体的矿物片置于流体介质中，使用压碎台在1atm下把矿物片压裂，以将包裹体打开，观察其气泡大小的变化。压碎台目前在市场上买不到，每个实验室需要自己制作。Roedder（1970）发表过关于压碎台设计的文献。此外，有一个简易压碎台的制作方案，它由3块玻璃片、胶和胶布（作为铰链）组成（图6-2），这些材料都是生活中常见的东西。根据此方案，可以在10min内制造出一个压碎

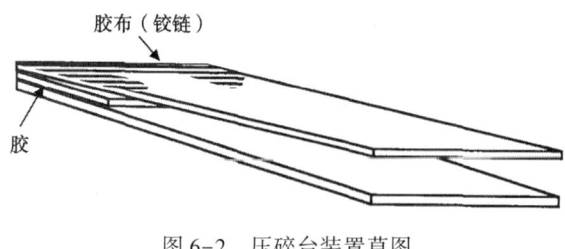

图6-2 压碎台装置草图
由3块玻璃片和胶布组成

台。若有足够的耐心，这种压碎台可以达到很好的效果，但它们也存在一个缺陷，即在进行压碎时产生的裂隙是随机的。

第六节　流体包裹体岩相学分析

需要解决的问题有了，样品已制作完毕，显微镜已校正好，成岩序列的关系已确定，现在到了流体包裹体岩相学研究的时候了。在对样品观察完毕并发现流体包裹体后，研究人员还需继续考虑以下问题。

（1）包裹体的成因，具体包括：
①岩相学上能够分得最细的、有关联的一组包裹体是什么（即划分流体包裹体组合）；
②这些包裹体对需要解决的问题有何意义。
（2）包裹体的成分。
（3）流体包裹体组合中包裹体气液比的一致性如何。
（4）包裹体的内压。

由于须观察的东西相对较少，流体包裹体岩相学分析在某种程度上比标准薄片的岩相学分析要简单。下文将对上述问题一一进行介绍。

一、开始

在包裹体观察开始前，对显微镜的状况进行检查并适当校正是一个好习惯。

开始寻找适合用于解决问题的包裹体。首先用10×物镜对整块薄片进行观察，随后根据需要逐渐切换物镜。由于碳酸盐样品具双折射，因此在研究这类样品时，有时需要打上正交光并将载物台旋转至合适位置。在总放大倍数为125~150×时，微裂隙和生长带应该能看清楚了。如果需要在更高的放大倍数下观察感兴趣的现象，则切换至40×物镜。若40×物镜为标准镜头（是否为标准镜头可以查看物镜距离薄片的距离，如果物镜非常接近薄片，则该物镜为标准镜头），在薄片上滴一滴浸油并盖片，可明显提高光学观察效果。对于所有的高倍物镜，须检查镜头上是否具备旋转环；若具备的话必须调整旋转环以达到最佳效果。如果在视域中发现了感兴趣的流体包裹体，用记号笔圈下来。其他的记录方式（例如素描、照相）也是需要的。随着计算机时代的到来，图片的电子存储将变得越来越方便。对样品继续观察，会发现更多的感兴趣区域，包裹体研究人员可通过以编制记录码对圈定区域的重要性进行排序（例如，在圆圈旁边标上数字，数字越大，表示该视域越重要）。

很多新手会在找包裹体的时候遇到困难；薄片表面的麻点和固相包裹体是造成困惑的原因。最好的方法是先观察一些肯定含有包裹体的薄片，例如花岗岩薄片或者具石英碎屑的砂岩薄片，这类样品中通常会含有大量的流体包裹体。一旦在样品中发现了包裹体，新手将会试图寻找500×放大倍数下能看到的最小的包裹体，并会有疑问：包裹体的识别标志是什么。接下来，新手将会观察那种单相包裹体（见图2-1），并将其特征铭记于心。最后，新手将学会首先聚焦于薄片表面，观察表面上的麻点（它们具有粉红色的边界）以及尘埃、脏污、油、树胶等（它们具有绿色的边界）的特征。接下来，包裹体研究人员将聚焦于表面之下，观察该位置包裹体图像的清晰状况。一般是聚焦越深，包裹体的图像越虚。那些靠近薄片表面的包裹体具有最清晰的图像，因此是最容易研究的。

新手一旦克服了初期的困难，并时刻想着前文所列的4个问题，在这种情况下观察流体包裹体将会是一件愉快的事情。因此，流体包裹体的岩相学研究可以成为研究某些基本地质问题的一种有趣挑战。

二、包裹体成因的确定

第一步是确定所发现的包裹体能否回答待解决的地质问题。比如，想知道胶结物的沉淀条件，则需要找原生包裹体；要辨认原生包裹体，需要搞清包裹体与矿物生长的关系。另外，为了避免多期成岩事件的干扰，需要单独考虑位于同一生长带或同一愈合裂隙中的那些包裹体。换句话说，流体包裹体分析需要具有能够辨别那些在同一时间或同一成岩环境下所形成的包裹体（例如在晶体的同一生长带或同一愈合裂隙中的包裹体）的能力。在本书余下的章节，笔者将岩相学上能够分得最细的、有关联的一组包裹体称为一个流体包裹体组合。所有想解决成岩作用问题的包裹体研究，必须在岩相学上划分流体包裹体组合。

三、包裹体成分的确定

找到了适合的流体包裹体，第二步需要落实流体包裹体的成分是否为盐水，这是因为石油包裹体具有与之完全不同的性质，解释起来要困难得多。对石油包裹体来说，某些在透射光下有颜色，但也有很多与盐水包裹体一样清澈透明。配有荧光装置的显微镜可以有效地区分盐水包裹体和油气包裹体：在紫外光或蓝光的激发下，石油包裹体有荧光，而盐水包裹体没有（Burruss，1981，1991；McLimans，1987）。此外，荧光的颜色与石油的API度有关（图6-3）。

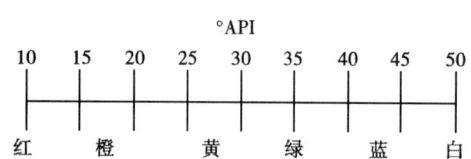

图6-3 在365nm紫外光激发下石油的荧光颜色与API度的对应关系（据Bodnar，1991）
由于荧光颜色受多种因素控制，因此该图仅供粗略参考

四、包裹体气液比的确定

从岩相学上确定一个流体包裹体组合内包裹体气液比的一致性是非常有用的一步。如果包裹体的成分是盐水，气液比信息将有助于确定成岩环境，并有助于对包裹体形成之后的热历史进行解释。另外，该信息可进一步用于对显微测温数据的解释。流体包裹体组合中包裹体的气液比分以下几类，它们具有各自的成岩意义：

（1）纯液相包裹体，如果确定它们不是亚稳态或相变之后的"颈缩"导致的，则它们可能形成于低温环境；

（2）气液比一致的、具有小气泡的气液两相包裹体；

（3）气液比基本一致的、具有小气泡的气液两相包裹体；

（4）气液比非常不一致的、有些具有大气泡的包裹体。

为了确定气液比的特征，显然首要的一步是划分流体包裹体组合。再次说明一下，一个流体包裹体组合是在岩相学上能够分得最细的、有关联的一组包裹体，这些包裹体形成于同一时间或相同的成岩环境。流体包裹体组合的一个最好实例是同一愈合裂隙中的一组包裹体。在一个生长带内识别流体包裹体组合并不是那么简单，这是因为即使是一个生长带也可能跨越了很长时间。此外，对于发生过重结晶作用的矿物（例如白云石），在同一生长带内相邻的包裹体可能是不同时间捕获的，时间上可能相差好几个百万年。对于这类样品，阴极发光技术在划分流体包裹体组合上具有重要的价值。

在显微镜下观察时,流体包裹体的大小、形状、方位以及包裹体中气泡的位置等因素会对包裹体气液比的二维观察效果具有明显影响,准确判断流体包裹体组合中包裹体气液比的一致性需要经验(图6-4)。因此,在一个流体包裹体组合中,需要选择那些大小、形状和方位相似的包裹体进行气液比对比。当然,可以将一个流体包裹体组合中的包裹体进行加热,测定其均一温度,用于检验镜下观察结果——这也是非常必要的。不过,一个稍有经验的流体包裹体研究人员通常能够对上述4种情况中的多数进行区分。第2类(气液比一致的、具有小气泡的气液两相包裹体)和第3类(气液比基本一致的、具有小气泡的气液两相包裹体)之间的区分很难,对那些经验丰富的包裹体研究人员来说也是如此。

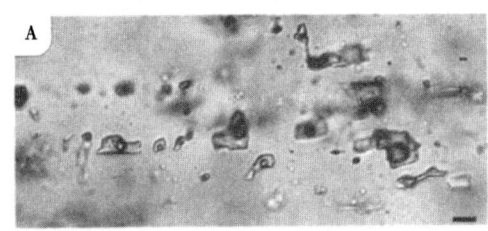 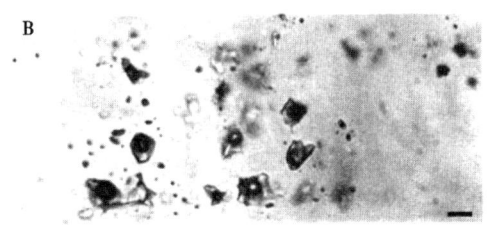

图6-4 石英矿物中两个独立的流体包裹体组合的显微照片

在某些研究者看来,每个包裹体组合中包裹体的气液比是不一致的,然而每个包裹体组合中包裹体的均一温度差别在 10~15℃ 以内,这意味着气液比实际上是非常一致的;在进行二维观察时,包裹体的大小、形状、方位以及包裹体中气泡的位置将会对气液比的观察结果产生重要影响;比例尺为 7μm

在进行岩相学研究的初始阶段,涉及寻找那些纯液相(缺少气泡)的盐水包裹体(见图2-1A)。这类包裹体跟固相包裹体区分起来可能很难。纯液相包裹体与大多数固相包裹体具有不同的凸起,与那些明显的气液两相包裹体具有类似的凸起和颜色。打上正交偏光并旋转载物台至包裹的晶体消光,许多固相包裹体将会出现明亮的双折射,流体包裹体与消光的晶体相伴随。进行显著的加热后(几十至几百摄氏度),纯液相包裹体会爆裂或体积增大导致再平衡,这两种情况均会使包裹体的外观发生变化:冷却至室温后,要么在包裹体中出现气泡,要么包裹体发生泄漏并重新充填空气。大多数固相或空的包裹体经过相同的加温后不会发生变化。Roedder(1992)总结了上述不同类型包裹体的区别方法。

识别出纯液相盐水包裹体后,必须确定它们是否代表了低温成因。纯液相包裹体通常以下列3种方式形成并保存下来:

(1)在50℃以下捕获的包裹体可以保存为纯液相包裹体。它们要么在室温或室温之下形成,因此在室温下是稳定的;要么在室温之上、50℃之下形成,从而导致在室温下具轻微的亚稳态。如果能排除其他机制,这类包裹体则记录了低温信息。

(2)纯液相包裹体可能由气液两相包裹体的颈缩机制造成。该机制形成的流体包裹体组合由具密切关系的气液两相包裹体和纯液相包裹体组成。

(3)具显著亚稳态的拉伸流体,捕获温度在50℃以上,其密度满足在室温下出现气泡的条件,然而由于某种原因气泡未成核。这类具显著亚稳态的包裹体的均一温度应高于50℃,不能与50℃以下形成的纯液相包裹体混淆,后者在室温下呈稳态或轻微的亚稳态。

如果能将颈缩和显著亚稳态这两个可能的因素排除,纯液相包裹体则指示了低温捕获条件。如果在一个流体包裹体组合中包含大量纯液相包裹体,而缺少富气两相包裹体和气液比显著不同的两相包裹体，那么可以排除颈缩的可能性。在某些体系中，根据流体包裹体的零星分布可以排除颈缩机制的可能。正如在第四章中的解释，一旦加热至均一，冷却至室温后许多流体包裹体可以在很长时间内保持为纯液相（Roedder，1967，1984；Meunier，1989）。绝大多数在50℃以下捕获的包裹体，在室温条件下为亚稳态或稳定的纯液相。某些在50℃以上捕获的包裹体（特别是那些个体较小者），由于表面张力效应导致成核困难，在室温条件下呈亚稳态的纯液相，这类具有明显亚稳态的纯液相包裹体不可用来解释低于50℃的成岩条件。因此，在碰到纯液相包裹体时，只有将明显亚稳态这一可能排除后，方可将其解释为低温成因。为了查明纯液相包裹体是否为高温包裹体（捕获温度高于50℃）的亚稳态所致，需要想办法使纯液相包裹体成核。将样品在冰箱中放置几日并控制温度避免包裹体结冰（R. Spencer，1989），或者在冷热台中进行长时间的冷却，可以促使亚稳态包裹体中气泡的成核。笔者发现，那些与伴生的气液两相包裹体具有相似大小的纯液相包裹体易于进行气泡成核。此外，显著亚稳态主要影响流体包裹体组合中那些个体最小和均一温度最低的包裹体。倘若满足以下条件，则可以判定纯液相包裹体不是亚稳态导致的，而代表了小于50℃的形成环境：①不存在相变后的颈缩现象；②试图将包裹体进行气泡成核但失败了；③纯液相包裹体的大小与气液两相包裹体相似。

上文的论述清楚地表明，纯液相包裹体的存在具有很强的指示意义。实践表明，很多新手们往往注重寻找具有暗色（有时是跳动的）气泡的包裹体，而忽略了那些纯液相包裹体。包裹体研究人员必须在流体包裹体组合中努力寻找纯液相包裹体。

此外，一些包裹体研究人员往往忽略了那些具有高气液比或富气相的包裹体（见图2-1B、C），并将其简单归因为抛光过程中拉伸、泄漏或破坏的结果。恰恰相反，跟纯液相包裹体一样，富气相包裹体可能指示了重要的成岩信息，即流体的不混溶。如果发现了该类包裹体，须明确它们是否代表了不混溶，这是因为下列的机制也可以形成富气相包裹体：相变之后的颈缩、样品制备过程中发生部分泄漏。

高温包裹体成核之后发生颈缩的识别证据在前文已经讨论过，这种现象最好的证据是流体包裹体组合中气相和液相的分布。通常情况下，成岩域中形成的高温盐水包裹体在冷却至室温后会成核，所形成的气泡的体积不超过包裹体体积的15%。因此，发生颈缩的包裹体的气泡的体积不会超过这个值。类似地，支持不混溶捕获的一个证据是包裹体中气泡的体积大到无法用颈缩来解释。其次，如果岩相观察方位合适的话，颈缩形成的富气相包裹体应该与贫气泡的包裹体相伴生。另外，与富气相包裹体紧邻的纯液相包裹体可能是相变之后的颈缩导致的，也可能是近地表低温条件下不混溶导致的。若富气相包裹体在室温下的内压为1atm，则它们代表了渗流带环境中捕获的空气，就可以将颈缩这一可能的因素排除。最后，颈缩形成的富气相包裹体中气泡的内压可能高于或低于大气压，然而在沉积体系中，不混溶现象不可能发生在无气体存在的溶液环境中（由于岩浆侵入活动而导致局部极端的高地温梯度情况除外），因此，气泡内压很低（接近真空）的富气相包裹体一般不是不混溶捕获的产物，而是高温盐水包裹体颈缩的产物。

因采样或样品处理不当造成的流体包裹体部分泄漏现象可以同颈缩和不混溶捕获现象轻易区分开来。那些发生过部分泄漏的包裹体，在实验室中有些可以观察到正在泄漏，这类包裹体在缓慢加热的过程中，由于液体的蒸发，气泡将渐渐变大。样品准备过程中发生过完全泄漏的包裹体，其空腔是开放的并可能被流体再次充填，但在加温过程中，可以观察到流体蒸发并从包裹体中逸出。

如果样品中存在气液两相包裹体，那么必须确定单个流体包裹体组合中包裹体气液比的相对一致性。在高温成岩环境中捕获的单一流体相包裹体，在室温下为气液两相，且气泡的大小不超过包裹体体积的15%，这类包裹体对应的均一温度小于225℃（Bodnar，1983）。像这类具有较低气液比的流体包裹体组合，需要对其进行细致观察以期查明包裹体的气液比是完全相同的还是基本一致的。正如前面解释的那样，由于包裹体的形态和大小在三维空间上的变化，使得我们很难从岩相学上对包裹体的气液比进行精确确定，通过测试其均一温度可以对包裹体气液比的一致性进行检验。

五、压力的确定

通过前文的论述可以体会到，在室温下确定包裹体中气泡的内压是流体包裹体岩相学研究中的关键步骤之一。首先，必须提醒那些对流体包裹体充满热情的研究人员，这一步骤可谓说起来容易做起来难，但从中获取的信息值得我们为此而努力。由于该步骤是一项非常辛苦的工作，因此没有必要对所有的流体包裹体组合都进行这项工作。在下列情况下，可以进行尝试：①压力的确定有助于解释气液比变化的原因；②压力的确定有助于评估流体包裹体的成分。

通过压碎分析可以在室温下确定包裹体的内压。压碎分析指在常温常压条件下打开包裹体，根据气泡大小的变化对气泡的内压进行半定量确定（Roedder，1970）。可以使用三片玻璃和胶布制作成简易冷热台（图6-2），或者根据Roedder（1970）的方法制作更精致的压碎台。将一小片矿物或双面抛光片样品（尺寸不超过1mm）置于压碎台上，并滴上浸油将样品包裹起来。压碎之前，在显微镜下用摄像机记录包裹体气泡的大小；然后进行压碎工作以使矿物产生裂缝而打开包裹体，通过摄像机记录这一压碎过程，从而记录气泡大小的变化；最后，通过玻意耳定律（$P_1V_1=P_2V_2$）计算气泡内压。在压碎过程中，内压接近真空的气泡破裂，内压为1atm（渗流带捕获）的气泡大小保持不变，内压为高压的气泡发生膨胀。对于成岩环境来说，气泡的破裂意味着包裹体是在高温下、从贫气体的溶液中形成的；气泡的膨胀指示了包裹体是从潜水面以下含有溶解气或不混溶气的高压环境下捕获的，虽然形成于高温成岩环境，这类含气的包裹体的$p—V—T$关系决定了在室温条件下也具有很高的内压。

六、岩相学关系的记录

记录流体包裹体与成岩共生序列的重要关系是流体包裹体分析的关键环节。照相和影像资料的打印在前文已介绍过，但要在整块薄片中记录包裹体的空间关系，上述两种方法意义不大。为了达到这一目的，需要进行素描。然而，快速而廉价的方式是按1:1的比例将薄片复印，在这一方面，彩色复印机的效果要好一些。另外，可以用缩微胶片打印机制作放大的黑白相片。照相或复印过程中需小心将薄片放正。上述方法可有效记录包裹体与成岩共生序列的关系，并对包裹体进行定位。

第七节　成岩环境的确定

利用流体包裹体的岩相学特征，无须进行显微测温，即可确定不同的成岩环境。下文将介绍流体包裹体岩相学特征模型，这些模型可作为不同成岩环境及后期热历史的判别标志。

本节所展示的特征不包括那些形成于50℃以上而具有明显的亚稳态或者发生过相变之后颈缩的包裹体。对于每种成岩环境，第一选择的是未发生过后期改造的流体包裹体，然后才是依次对经历过中等和严重热平衡改造的流体包裹体进行讨论。对于每种情况，流体包裹体的气液比和内压是成岩历史的判断标志。

一、渗流带

渗流带位于潜水面之上，该环境中存在水和空气（其成分可能发生了变化），压力为1atm。渗流带中发生的胶结和（或）裂缝的愈合作用可以捕获流体包裹体，由于该环境下的流体是非均一的，因此形成的流体包裹体气液比变化很大：既有纯液相包裹体，也有气液比非常不一致的气液两相包裹体（图6-5A；Goldstein，1986a；Barker 和 Halley，1988；Goldstein 和 others，1990）。在某些视域中，流体包裹体的气液比看起来可能是相似的，因此，需要对整个流体包裹体群进行观察，以更好地划分流体包裹体组合（Barker 和 Halley，1988）。渗流带中形成的气液两相包裹体为非均一捕获即同时捕获了两种不同相态的流体所致，将其升温至均一将得到异常离散的均一温度数据，这不能代表包裹体的捕获温度（Goldstein，1986a）。渗流带中存在富气相的包裹体是完全正常的，该类包裹体中气泡的内压约为1atm。

渗流带与其他成岩环境中形成的流体包裹体组合是不容易混淆的。虽然表面看来，渗流带中形成的流体包裹体组合与经历过相变后发生颈缩的高温液相区形成的流体包裹体组合可能是相似的，但是将包裹体压碎后，高温包裹体的气泡内压为接近真空（气泡破裂）至相对高压（气泡膨胀），而渗流带中形成的包裹体的气泡内压为1atm，将包裹体压碎后，气泡大小不变。

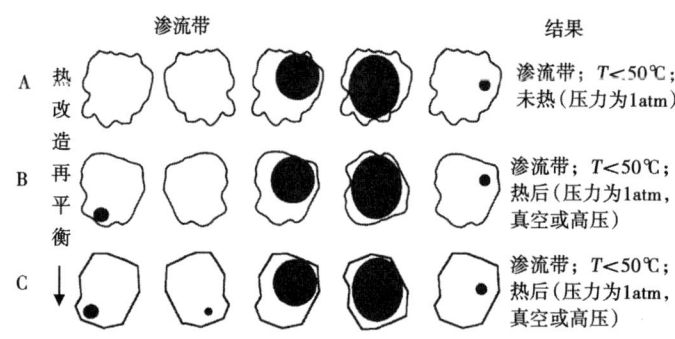

图6-5 渗流带形成的流体包裹体组合在室温下的气液比示意图

样品的大小和形态仅为示意性的；A—热改造再平衡之前的流体包裹体组合；B—发生中等程度热改造再平衡的流体包裹体组合；C—发生显著热改造再平衡的流体包裹体组合

渗流带形成的包裹体经历埋藏受热后，部分包裹体将发生再平衡，冷却到室温，所有流体包裹体组合的岩相学特征依旧可作为渗流带的识别标志（图6-5B）。升温过程中，纯液相包裹体和那些捕获最小空气气泡的包裹体可均一至液相，并产生很高的内压，导致某些包裹体发生再平衡，而那些最初就捕获了很大气泡的包裹体不会产生可导致再平衡的内压。对经历过后期埋藏受热的渗流带胶结物的研究表明，流体包裹体所记录的渗流带信息可以保存下来（Goldstein，1990）。对于纯液相包裹体，有些在受热之后能够保存下来，因此指示捕获温度小于50℃；有些则会在高温下发生再平衡，现今含有气泡。再平衡作用可使包裹体中气泡的压力接近真空或低于1atm或为高压（在高温下泄漏并再次充填所致），这类包裹体所提供的将是低温捕获之后所经历过的高温信息。富气相包裹体不会因后期受热而发生变化，气泡的压力为1atm，它们为渗流带捕获提供了强有力的证据。

如果渗流带中形成的流体包裹体经历过很高的温度，那么所有的纯液相包裹体将会发生再平衡而形成两相包裹体。虽然这一现象目前尚无记录，但这种可能是必须要考虑到的。尽管如此，流体包裹体的岩相学特征依旧可以作为识别渗流带的标志（图6-5C）。这是因为最终的流体包裹体组合由一些具有大气泡的包裹体以及通过再平衡而形成的、具有小气泡的包裹体组成。在这些包裹体中，气泡的内压范围为近于真空至高压，证实岩石经历过高温历史。包裹体总的气液比仍旧变化很大。压碎法研究表明，某些两相包裹体特别是那些富气相包裹体的内压为1atm，证实包裹体形成于低温渗流带。

二、低温潜流带

低温潜流带位于潜水面之下，出于本章对流体包裹体研究方法进行描述的目的，在此将低温潜流带定义为从潜水面至温度小于50℃的这一区域。在该区域中，孔隙流体仅包含单一的液相（虽然存在少量因脱气作用产生的CO_2和CH_4），因此，该环境中捕获的流体包裹体绝大多数为纯液相（图6-6）。全部由纯液相流体包裹体组成的流体包裹体组合是低温潜流带的识别标志（图6-6A）。

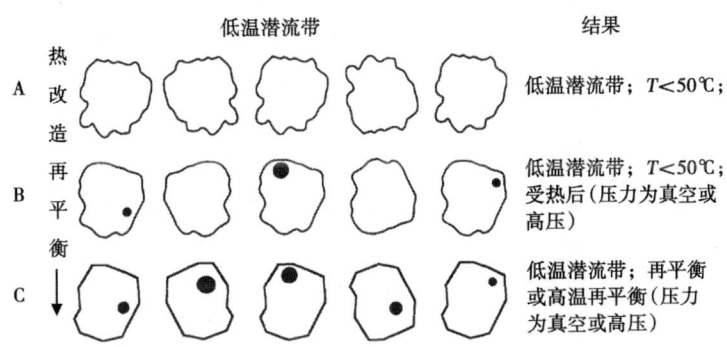

图6-6 低温潜流带形成的流体包裹体组合在室温下的气液比示意图
样品的大小和形态仅为示意性的；A—热改造再平衡之前的流体包裹体组合；B—发生中等程度热改造再平衡的流体包裹体组合；C—发生显著热改造再平衡的流体包裹体组合

部分纯液相包裹体经埋藏受热后可发生再平衡，形成气液比不太一致的两相包裹体，其他包裹体依旧为纯液相（图6-6B）。气液比的中度变化反映了再平衡强度的不同：由于再平衡形成的两相包裹体的气泡可以非常小，也可以达到包裹体体积的15%，气泡较大者经历的成岩温度及再平衡强度最高，气泡较小者经历温度和强度则要低一些。由纯液相包裹体及气液比不太一致的富液两相包裹体组成的流体包裹体组合是低温潜流带捕获，但后期经历过热事件的识别标志（图6-6B）。它们不会与其他成岩环境下形成的包裹体混淆，也不会与发生过颈缩现象的包裹体混淆，这是因为它们不具有像渗流带和颈缩所形成的那种高度变化的气液比。流体包裹体组合中保留的纯液相包裹体是低温环境的指示标志，而由于高温再平衡作用形成的两相包裹体，其内压要么近于真空、要么为高压（取决于包裹体中再充填的流体中的气体组分含量），不像渗流带包裹体内压为1atm。

进一步的受热有可能使纯液相包裹体全部发生再平衡（图 6-6C），形成由气液比不太一致的包裹体组成的流体包裹体组合。经过再平衡，气泡的压力要么近于真空，要么为高压。这类流体包裹体组合中由于不存在纯液相包裹体，因此将不能作为低温环境的判断标志。虽然这种现象目前尚未有记录，但可以预见的是，在那些经历过极高温度的地层中这种现象是存在的。

三、高温环境

在成岩体系中，温度达到 50℃ 以上需要较大的埋藏深度，该环境下流体通常为单一的液相。本章不涉及那些可能存在的高温不混溶体系。高温、单一流体环境下形成的包裹体经过抬升至地表，冷却后可产生小的气泡，气泡的体积小于包裹体体积的 15%。因此，该类流体包裹体组合中缺少纯液相或富气相包裹体（图 6-7A）。气泡的压力要么近于真空，要么为高压，这取决于流体中溶解的气体组分含量。相同环境下形成的流体包裹体具有一致的气液比，在实验室升温后应具有相同的均一温度。对于未发生再平衡的流体包裹体组合，通过对某些愈合裂隙中的包裹体进行研究，发现包裹体之间的均一温度差别不大；在同一生长带中，包裹体之间均一温度差别很小，尽管个别包裹体的均一温度可能会有偏离，但 90% 以上包裹体的均一温度差别在 10~15℃ 以内。造成包裹体均一温度不完全一致的原因可能是无法确定包裹体是否为同时捕获。因此，在同一生长带或同一愈合裂隙中分布的富液流体包裹体倘若具有完全一致的气液比（图 6-7A），就可以解释为包裹体是在高温环境中捕获的。既然流体包裹体的再平衡受多种因素控制，且这些因素对每个包裹体的影响也是不同的，从而造成包裹体的密度差别很大，因此，包裹体气液比的一致性是高温成岩作用的识别标志，这与其他成岩环境下的包裹体是不容易混淆的。

如果高温环境下形成的流体包裹体组合经过更高的受热后，某些包裹体将会发生再平衡，造成富液相包裹体的气液比变得不太一致（图 6-7B），包裹体的均一温度将会变得离散。气泡的压力要么近于真空，要么为高压，主要取决于原始的包裹体和再平衡的机制。这类流体包裹体组合与发生过完全再平衡的低温潜流带流体包裹体组合（图 6-6C）是区分不开的，这也是流体包裹体研究中的一个难题，但目前尚未发现经历过完全再平衡的低温流体包裹体组合实例，因此由此引起的不确定性不大。此外，可以借助其他岩相学特征对二者进行区分，例如，假设同一样品的同种矿物中存在早期和晚期两类流体包裹体组合，可以通过以下方法区分经历过再平衡的高温和低温流体包裹体组合：如果早期的流体包裹体组合中包含一些纯液相包裹体，而晚期的流体包裹体组合中仅包含气液比不太一致的富液两相包裹体，那么这一现象就可以排除晚期的流体包裹体组合是低温流体包裹体组合经过再平衡而形

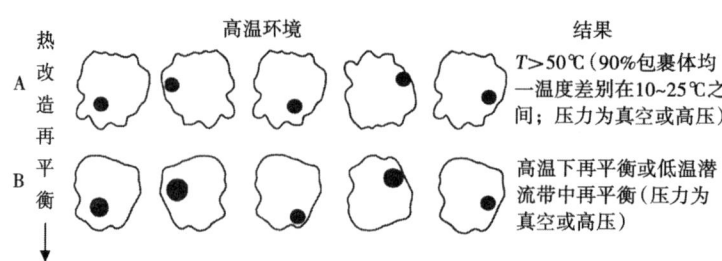

图 6-7　高温环境下形成的流体包裹体组合在室温下的气液比示意图

样品的大小和形态仅为示意性的；A—热改造再平衡之前的流体包裹体组合；B—热改造再平衡之后的流体包裹体组合

成的,而是高温捕获然后经历过再平衡的产物。

第八节 小　　结

　　大家可能清晰地记得第一次面对流体包裹体研究任务时的场景:没问题,坐下来看着气泡和冰的消失就好了。不用说,现在我们明白肯定不是这么简单。另外,我们也体会到:流体包裹体分析作为地质研究的一部分,有时候一上来就进行显微测温,目的是做完了事;现在我们明白,流体包裹体研究必须在建立了精细的成岩共生序列之后才能进行,这样方能解决问题。

　　本章介绍了流体包裹体岩相学研究中适用的方法。岩相学研究是进行显微测温、古温度—古压力计算以及进行其他测试分析的基础。倘若对岩相学关系缺乏清晰的认识,其他一切工作将毫无意义。因此,正如有经验的包裹体研究人员所说:"在从包裹体中采集数据之前,我们呼吁请将充足的时间和精力用到流体包裹体岩相学研究中。"

　　正如本节所描述的,第一步是进行样品准备和显微镜装置的校正。由于相关的材料和设备时刻在更新,因此笔者刻意将这些内容介绍得很简单。

　　很多读者对第一堂岩石学课上学习命名和描述岩石的情景记忆犹新,随着不断的实践和经验的积累,当面对所描述的岩石时,一系列的问题将自动在脑海中浮现。本书的读者今后也将经历类似的问题,但他们面对的不是岩石,而是可能包含着无数流体包裹体的薄片。假如样品已准备好,且自生矿物的共生关系已经明确,流体包裹体岩相学研究则按下列步骤进行。

　　(1) 校正显微镜;
　　(2) 检查样品的表面,必要时滴上浸油;
　　(3) 明确包裹体研究的目的;
　　(4) 明确哪些包裹体可以用于解决问题;
　　(5) 在10倍物镜下观察每块薄片,必要时用40倍物镜;
　　(6) 在40倍物镜下记录包裹体的大小和形态;
　　(7) 确定包裹体的成因;
　　(8) 划分流体包裹体组合;
　　(9) 利用荧光显微镜检查包裹体中是否含有烃类;
　　(10) 确定流体包裹体组合中包裹体的气液比:
　　①纯液相包裹体(不是亚稳态或颈缩造成的);
　　②相同气液比的两相包裹体;
　　③气液比不太一致的两相包裹体;
　　④不同气液比的两相包裹体;
　　(11) 利用签字笔圈定感兴趣的区域;
　　(12) 如有必要,利用压碎台进行测试,这点对富气相的包裹体很有意义:
　　①如果气泡破裂,$p<1atm$;
　　②如果气泡不变,$p=1atm$;
　　③如果气泡膨胀,$p>1atm$;
　　(13) 如有必要,记录岩相学关系。

就这么简单!

本章的最后展示了流体包裹体岩相学可为成岩环境研究提供强有力的证据,通过独立的岩相学研究,可以得到有关成岩环境中的明确信息。即使那些软矿物中存在的并在埋藏期间发生了再平衡的流体包裹体,依旧保留了原始的成岩信息。对该项技术有所了解后,你们将深刻体会到流体包裹体岩相学的威力。

第七章 流体包裹体显微测温

　　流体包裹体在加热和冷却过程中相变温度的测定称为流体包裹体显微测温。该项技术对于确定矿物的形成温度、岩石经历的热历史以及流体成分演化史具有重要的价值。流体包裹体显微测温以第三章介绍的相平衡为基础。在进行显微测温之前，应花费一定的时间和精力去观察、描述流体包裹体的岩相学特征。本章将阐述显微测温的方法和步骤，如果掌握了这些，就能确保成功而有效的流体包裹体显微测温研究。同时，本章对成岩领域中一些常见的简单而适用的流体体系的相变进行了介绍。

第一节　思想准备

　　正确解释显微测温数据的基础是按照严格的标准进行数据收集。对包裹体研究人员来说，预先知道这一点十分重要。在第三章中已对相平衡和相图的使用进行过详细的介绍。流体包裹体研究基于两个重要的假设（前提）：①封闭体系；②等容体系。然而，通过第四章关于流体包裹体代表性的论述，我们知道在沉积成岩环境中这两个假设未必总是满足：相变之后的颈缩以及自然受热引起的再平衡是常见的现象，如果存在这些现象，则假设不成立。第四章还指出，如果流体包裹体捕获期间存在两种不混溶的流体，则流体包裹体的成分不能代表成岩流体的总体成分。因此，由于自然界中发生的这些可以预测的过程，要么使包裹体中捕获的流体不能代表成岩流体，要么使包裹体的初始捕获信息遭受破坏。因此，流体包裹体显微测温数据的收集就变成甄别数据代表了什么；是否因不混溶捕获而导致数据完全错误；是否存在相变后的颈缩导致数据完全错误；是否代表了初始捕获之后的、较晚的温压信息。我们不能根据一个流体包裹体甚至大量流体包裹体对这些问题的答案进行评价。解释流体包裹体显微测温数据的唯一方法是确保数据来自同一个流体包裹体组合。所谓流体包裹体组合，是指岩相学上分得最细的、成因相关联的一组流体包裹体。这里的关键一点是，同一个流体包裹体组合内数据的不一致性提示研究人员注意潜在的再平衡、颈缩或不混溶捕获等因素对包裹体的影响。而同一个流体包裹体组合中不同大小和形状的包裹体数据的一致性则指示了下列信息：流体包裹体为均一捕获，满足封闭体系和等容体系两个假设。这些概念将在第九章和第十章中进行详细的讨论和阐述。本阶段至关重要的一点是，包裹体研究人员应意识到数据的收集应以流体包裹体组合为单元，而不是单个包裹体。首先，应努力划分单个次生包裹体面或单个生长带中的原生包裹体；然后，再收集单个流体包裹体组合内不同大小和形状的包裹体的数据；最后，将来自同一流体包裹体组合的所有数据作为被记录的流体包裹体组合的一部分。如果数据收集过程中不遵循这种方法，将无法对包裹体的代表性进行评估，换句话说，得到的数据完全不受约束，基本无法解释。

第二节 流体包裹体的选择

一、用于显微测温的流体包裹体组合的选择

在一块薄片中,通常包含成千上万个流体包裹体,必须从中将合适的挑选出来。正如第六章的论述,要选择合适的包裹体,必须明确要解决的问题是什么,解决该问题需要用哪类包裹体。在进行显微测温之前,显然要对所需的流体包裹体组合进行定位。最典型的流体包裹体组合实例是:单个愈合微裂缝中的所有包裹体以及岩相学上分得最细的、单个生长带内的原生包裹体。

如果能按照第六章介绍的方法对大量样品的流体包裹体岩相学特征进行观察,通常能够发现具有潜在意义并值得进行显微测温研究的流体包裹体组合,这是因为这类包裹体组合可以界定、可以记录,且主矿物的成因及其与共生矿物的关系明确。有经验的包裹体研究人员都知道,岩相学观察是流体包裹体研究中最刺激且最有收获的一步,而显微测温耗时且乏味。因此,通过观察样品、明确流体包裹体的岩相学特征后,基本就解决了挑选流体包裹体组合的问题。

在单个生长带内进行流体包裹体组合的岩相学识别并不总像定义单个微裂缝那么简单。例如,单个生长带可能经历了很长的生长时间,而微裂缝在很短的时间内即可愈合。因此,单个生长带内的包裹体测温数据可能不一致,因为在这种情况下,岩相学分辨率不能有效地划分流体包裹体组合。图 7-1A 展示了某胶结物中包裹体均一温度的分布模式。总体来说,宽的生长带内的包裹体的均一温度介于 54~95℃ 之间。如果将这些数据作为一个整体来看待,那么数据的范围、数据的平均值或众值将毫无意义,因为我们无法判断这些数据是由于热改造再平衡的原因,还是这些数据代表了胶结物生长过程中温度发生了变化。然而,当划分了流体包裹体组合之后,会发现每个组合内部的数据是一致的,表明数据的变化不是由于

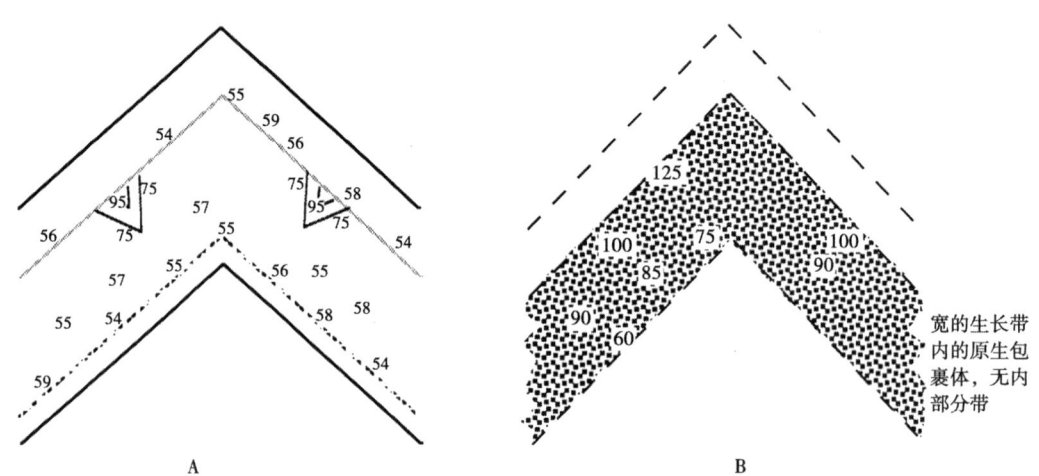

图 7-1 原生包裹体均一温度(℃)分布的假想模式图

A—均一温度数据的分布说明需要仔细划分流体包裹体组合,以确定数据的一致性程度并阐明数据反映的完整信息;注意,根据生长带可以对每个流体包裹体组合进行区分,每个流体包裹体组合内均一温度数据一致;展示了温度升高→降低→升高的变化趋势;B—均一温度数据的分布说明该流体包裹体组合记录温度上升的事件

热改造再平衡造成的，而是详细记录了均一温度随时间的变化：最初为54℃，然后持续上升至75~95℃，最后降低至55℃。图7-1B也说明了在生长带中划分流体包裹体组合时须谨慎，如果无法识别细小的生长带，那么流体包裹体组合可能记录了很多事件。图7-1B所示的宽的生长带内的原生流体包裹体，其均一温度范围很大。如果将这些数据作为一个整体来看待，我们无法判断它们是否发生过热改造再平衡，其平均值或众值毫无意义。然而，我们可以沿平行于生长的方向对显微测温数据进一步细分，在这个实例中，包裹体的均一温度由内而外发生一致的升高。这样，我们可以看到，均一温度随时间而升高的信息被保存下来。即使无法排除热改造再平衡，但有用的信息依然得以保存。因此，宽的生长带内捕获的原生包裹体可能记录了地质时期中很多不同的信息。从这类宽的生长带内收集的数据虽然可能极其不一致，但它们反映了矿物沉淀期间的条件变化。因此，当在生长带内划分流体包裹体组合时，应当尽力分得最细。

二、用于显微测温的包裹体的选择

在一个流体包裹体组合中，需要用于显微测温的包裹体的数量取决于以下因素：待解决的问题、研究所需的置信度、流体包裹体组合内包裹体气液比的一致性、显微测温数据的一致性、包裹体大小和形状的一致性。我们不应该仅限于测定最容易找到的那些包裹体。不同大小和形状的包裹体可能具有完全不同的成因（Wojcik等，1994）。对不同大小的包裹体都进行测定是至关重要的，不能局限于测定较大且容易观察的包裹体，也不能局限于测定较小的包裹体。由于较大的包裹体更易发生热改造再平衡，同一个流体包裹体组合中较大的包裹体相对于较小的包裹体可能具有更高比例的热改造再平衡。因此，流体包裹体组合中较大包裹体的显微数据往往有偏差。另外，流体包裹体组合内大小相似的包裹体可能具有非常一致的数据，这是由于具有相同大小和形状的包裹体对热改造再平衡的响应类似。因此，为了查明一个流体包裹体组合是否发生了再平衡，须选择多个具有不同大小和形状的包裹体进行显微测温。不能以包裹体太小为借口而放弃显微测温，这是因为即使大小为 $1\mu m$ 的包裹体，也可以通过循环测温技术确定其相变温度。

对于不同大小和形状的包裹体，其显微测温数据的一致性越好，所需的数据就越少。例如，在由不同大小和形状的包裹体组成的次生包裹体面进行测试的过程中，如果发现所有包裹体的均一温度在140~145℃之间，那么这些数据已经足够了；相反，如果发现一些包裹体的均一温度为100℃左右，另一些为110℃，其他一些为120℃，还有一些120℃时气泡仍未消失，对于这种情况，需要收集大量的均一温度数据，以有效地对数据进行解释。

初学者总是被两相的包裹体所吸引，这是由于该类包裹体容易寻找和测试。但正如第六章解释的那样，纯液相盐水包裹体具有极大的价值，我们不能忽略。此外，其他单相包裹体（见图2-1B）和富气相包裹体（见图2-1C）在显微测温过程中也必须进行仔细观察，因为该类包裹体的相变可能指示了某种特定的成分（例如 CH_4）、过程（例如不混溶或颈缩）或形成环境（例如渗流带）。

总之，需要从流体包裹体组合中收集足够的、具有不同大小和形状的包裹体数据，以证实数据具有一致性，或反映数据的变化。

第三节 需要测定的流体包裹体组合的数量

研究人员应该意识到来自每个流体包裹体组合的数据无非有下列三种情况，并结合每种情况进行解释：

（1）非常一致的数据；
（2）中度一致的数据；
（3）非常不一致的数据。

如果对每一个流体包裹体组合解释起来都有信心，那么其中的一个跟其中的一百个具有相同的意义。需要测定多少个流体包裹体组合取决于提出的问题及其需要的置信度、样品的特点、时间和经费。例如，考虑这样一个案例：方解石胶结物是低温成因还是高温成因。幸运的是，该方解石胶结物的生长带内发育原生包裹体，第一期生长带中不同大小和形状的包裹体均一温度为125～135℃。由此知道，该晶体中的这个生长带形成温度确实很高。但这个单一的生长带能否代表整个方解石晶体的生长情况——该流体包裹体组合内的包裹体也有可能是在晶体生长的最晚阶段捕获的。因此，合适的做法是测定该晶体几个较早生长带中的流体包裹体组合，以确保测试结果涵盖了所有的共生序列。测试结果可能是每个流体包裹体组合的数据都非常一致且均大于125℃，这样就可以确认该方解石晶体形成于晚成岩期。此外，如果问题涵盖了较长的地质时期（比如说，不是单期孔隙充填胶结物，而是孔隙经历的整个成岩流体历史）或是广阔的空间范围，这种情况下须测试足够的流体包裹体组合以记录完整的成岩事件。

第四节 分辨率要求

对于显微测温来说，相变温度测试的分辨率指温度间隔（例如0.1℃或1℃，5℃或10℃），在该温度间隔范围内，相变一定会发生。在数据收集过程中，这些间隔由仪器操作人员确定，测试分辨率（无论是0.1℃还是10℃）由研究人员根据具体的问题预先确定。对于某些研究需要很高的分辨率，对于其他研究粗略的测定可能就可以了。测试要求越粗略，获得数据的速度越快。因此，必须根据实际情况对每个研究项目进行取舍。例如，研究人员收集的均一温度数据的精度在0.1℃以内，而统计数据时柱状图的间隔为20℃，在这种情况下0.1℃的精度就毫无必要了，反而是在浪费时间。但如果想查明微裂缝或生长带中数据的变化，则需要很高的分辨率，一个相关的实例是查明单个生长带内包裹体均一温度的变化是热改造再平衡造成的还是生长带形成过程中温度变化造成的。因此，在进行研究之前，有必要根据研究目标确定包裹体测试的分辨率。

对于均一温度测试，笔者从未遇到盐水包裹体均一温度分辨率大于1℃的情况。但是对于冰点温度测试，0.1℃的分辨率是常见的；一个相关的案例是确定近地表流体的成因（如淡水、半咸水、海水和混合水）。纯淡水的冰点温度应为0℃；-0.2℃的冰点温度代表盐度为3.5‰的微咸水；正常海水的盐度大约为35‰，对应的冰点温度是-1.9℃；-2.1℃的冰点温度指示流体的盐度比海水高3‰，说明可能是由于轻度蒸发造成的，从而为判断沉积成岩环境提供有用信息。

然而需要承认的是，在流体包裹体研究开始时研究人员不可能总是知道分辨率的要求。

当你左右为难的时候，有两种比较合适的处理方法：①首先收集不太精确的数据（例如冷却过程设置1~2℃的间隔、加热过程设置5~10℃的间隔）作为尝试，随着研究的深入，研究人员可以发现低分辨率的数据完全可以接受，或者需要高分辨率的数据；②首先收集精度为0.1℃之内的数据以评估数据的趋势，完成了大量工作后，确定高分辨率数据是否有必要，如果没有必要的话就收集低分辨数据，但之前收集的数据对研究仍然有用。

第五节 材料和仪器准备

为了在最佳光学条件下高效收集显微测温数据，需准备双面抛光薄片，将冷热台置于校正过的显微镜上，研究人员须具有娴熟的冷热台操作技术。经过多年的发展，显微测温的设备问题已得到圆满的解决。为了避免潜在的问题，我们只需遵照已建立的流程进行操作就可以了。

一、用于显微测温的双面抛光薄片

双面抛光薄片的制作方法在第六章进行过介绍。需要重新强调的是，该类薄片需要进行严格的抛光至镜下观察看不到瑕疵为止，从而促进显微测温研究（图7-2）。矿床学和变质岩石学研究中需要的包裹体薄片的厚度要大于沉积岩石学研究中需要的包裹体薄片厚度（前者厚度≥100μm，后者厚度≤50μm），而且薄片底面抛光要求可能不像薄片顶面那么高。在成岩作用研究中，即使薄片较薄，薄片底面的抛光也非常重要，因为即使有胶水将底面与玻璃相连，但胶水的折射率未必与矿物相匹配，这将导致光线在凹点处发生折射或消失，从而降低流体包裹体的成像质量（图7-2B）。如果包裹体小于2μm，将严重影响到包裹体相变温度的观测。因此，在进行成岩作用研究时，建议对薄片进行双面抛光，至镜下观察不到图7-2A中的那种瑕疵为止。

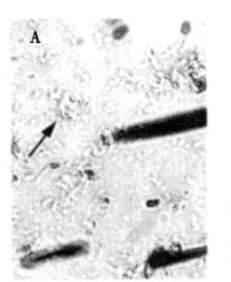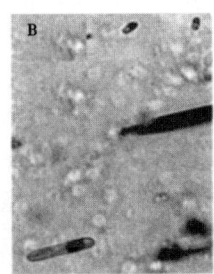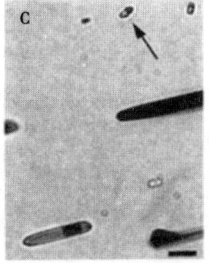

图7-2 抛光对光学效果的影响

A—石英上表面抛光不好，箭头指示瑕疵，在镜下呈粉红色；B—流体包裹体刚好位于抛光不好的石英上表面之下，如果下表面的抛光不好（如图A所示），即使上表面抛光很好，包裹体成像质量也不好；C—样品表面抛光好，无瑕疵，可以看到包裹体非常清晰，对比度高，在抛光合适、显微镜校正良好的状态下，包裹体都是这样的状态；箭头指示的包裹体长4μm，照片在室温条件下拍摄，比例尺为7μm

二、对显微镜的要求

显微测温对显微镜的要求和第六章流体包裹体岩相学中介绍的一样。唯一的额外要求是需要将包含包裹体的样品放在冷热台内而不是直接放在显微镜的载物台上。这需要在样品和物镜（上面）、样品和聚光镜（下面）之间存在一定的距离。因此，显微镜上放置冷热台后需要长工作距离物镜和聚光镜。另外，正如第六章所介绍的，样品测试前，须将光源、光圈、聚光镜调整至最佳效果。

使用长工作距离物镜和聚光镜时需要非常小心。首先了解冷热台的上下工作距离；然后尝试匹配各个物镜和聚光镜的工作距离；最后确定将使用的显微镜的类型——其光学系统的基本设计可能是下列类型之一：

（1）160mm 镜筒透镜校正；
（2）210mm 镜筒透镜校正；
（3）无限大色差校正。

为达到最佳光学效果，长工作距离物镜和显微镜光学系统相匹配是非常重要的。例如，100 倍 210mm 镜筒透镜校正，长工作距离物镜应在 210mm 镜筒校正光学系统的显微镜中使用；80 倍无限大色差校正，长工作距离物镜只能在无限大色差校正光学系统的显微镜中使用；40 倍 160mm 镜筒透镜校正，长工作距离物镜只能在 160mm 镜筒透镜校正光学系统中使用才能达到最好的光学效果。此外，为了使显微镜达到最佳分辨率，长工作距离聚光镜的数值孔径应该和长工作距离物镜一样；否则光路将不会聚集，从而影响沿包裹体壁的光学效果——这将使岩相学工作变得困难。市场上还有一些高倍（40×）长工作距离物镜，它们具有校正功能，能够对样品和物镜之间盖玻片（厚度 0~2.5mm）的光学效果进行物理调节。当使用冷热台时，由于样品上方将覆盖玻璃，因此笔者推荐使用这类物镜，当物镜调整到位，光学分辨率会得到很大提高。

三、冷热台

20 世纪 70 年代中期以来，市场上出现了几种冷热台，Roedder（1984）和 Shepherd 等（1985）已对此进行过详细的描述。在对沉积岩样品进行研究时，USGS 设计的对流冷热台得到了最广泛的应用，一是因为其精度高，二是容易进行循环测温——要想从小的（<7μm）包裹体中成功获得显微测温数据，必须采用循环测温技术。笔者能给新手们最好的建议是，第一次接触冷热台时，花费足够的时间阅读使用说明书，在对仪器进行校正以及测试样品之前，先找一些以前已测试过的、较大的包裹体进行尝试。首先从较大包裹体（>20μm）的均一温度开始，然后逐渐选择小的包裹体，直到能对 1μm 的包裹体进行均一温度测试。乍一听这些难以置信，但新手们应该明白，从光学上来说，对 1μm 的包裹体进行均一温度测定完全可能；但这需要练习、耐心和毅力，也需要操作者们对仪器进行全面的了解，从而有效地使用循环测温技术。另外需要明白的是，这项技术不是一天半天就能掌握的。接下来应该练习测定较大（>20μm）包裹体的冰点温度，然后逐渐练习越来越小的包裹体，最后达到轻易地对 3μm 大小的包裹体进行冰点温度测定。对 2μm 的包裹体进行冰点温度测试比较困难，而 1.5μm 的包裹体很少能测定冰点温度。

目前市场上有多种精准而稳定的温度测量装置，随着冷热台在其电子部件中采用了这些新的温度测量技术，因此，使用市场上可以买到的人工合成包裹体标样进行冷热台的校正非常简单。这些人工合成包裹体的相变温度是通过实验研究获得的，非常精确：

（1）纯 CO_2 开始结冰和冰完全熔化时的温度为 $-56.6℃$；
（2）纯 H_2O 开始结冰和冰完全熔化时的温度为 $0℃$；
（3）纯 H_2O 临界均一温度为 $374.1℃$。

每台仪器都有特定的标准化流程，这通常需要精确设置三个已知温度点（与前文提到的三个温度类似）。研究人员需要做的是对这三个温度点进行核实，以及确定在这些温度点之间和之外的范围内测试时仪器的精度如何。此外，在使用冷热台过程中，研究人员应该对纵向和横向热梯度进行评估。一个方法是测定人工合成包裹体，根据数据作等值线图，可以轻易地估算不同温度下的热梯度。

在前文的"分辨率要求"一节中，指出包裹体研究人员有时候可能希望测试精度达到±0.1℃，尤其当需要确定包裹体中捕获的是淡水、微咸水、海水或几种流体的混合水时。为确保得到如此精确的数值，需要比上述标准流程更为精确的步骤。在详细说明这个步骤之前，读者有必要了解包裹体测温中使用的几个术语：

（1）准确度是指测量温度与真实温度相符合的程度。

（2）精确度是指在不同实验条件下（比如收集同一个包裹体温度的测量值，但在每次测量之前把样品移掉，然后再装回冷热台中）温度测量值的重复性；

（3）重复性是指在相同实验条件下（如样品从未被移动）温度测量值的重现性。

由于在沉积学研究中在−3~0℃之间的温度范围内需要±0.1℃的准确度，对于未知的包裹体，须多次测定其冰点温度，且在每次测量前后，须测定人工合成纯水包裹体标样。首先确定每组数据的精确度，数据的误差可以通过计算得到。如此看来，获得单一的数据点需要很大工作量，在测试过程中是否需要±0.1℃的准确度，真的要好好评估。

第六节　显微测温准备

在准备显微测温的时候，很重要的一点是不能在实验室中对流体包裹体进行过度受热（即受热超过其均一温度）或冷却。在样品准备过程中，不能受到任何加热或冷却的影响，也不能在别的研究（例如阴极发光）中被加热，更不能蚀刻或染色。其他任何高于地下天然埋藏温度的受热或冷却将会严重影响到研究人员对包裹体显微测温数据的正确解释。需要再次说明的是，在进行显微测温之前应进行岩相学研究，以划分流体包裹体组合、确定包裹体的成因、估算气液比以及明确包裹体与矿物共生组合的岩相关系。在岩相学研究过程中，应当努力通过冷却（但不结冰）的方式使纯液相包裹体产生气泡。进行完岩相学研究后，研究人员应该会明确样品中是否包含可以解决实际地质问题的包裹体。

一、显微测温所需样品的尺寸

由于均一温度测试之前不能使包裹体过度受热，因此，在对某些包裹体进行测温过程中应当采取一些预防措施使其他有用的包裹体避免过度受热。换句话说，任何包裹体在测定均一温度之前不能加热至均一，或者均一温度测定必须在冷却之前。在加热或冷却过程中，包裹体相变的观察仅局限于一个或几个视域内。因此为了减少浪费潜在的有用包裹体，应将双面抛光薄片切割成小块，每块仅包含一个或几个感兴趣的视域。分割的目标是最小但容易操作，边长不大于5mm。在切割样品之前，应对重要视域的位置在草图上进行标定，以便记录视域与其他共生组合的关系。

在多数情况下，双面抛光薄片不从载玻片或盖玻片上揭下，这样玻璃片就作为基底将薄片黏在一起。可以用玻璃刀将其切割开来，或用金刚石取心仪将某些感兴趣的区域挖出来。最简单的方法是在薄片背后（玻璃片表面）用玻璃刀轻轻划一道直线，沿该直线将薄片放在桌子上，然后沿相反的方向压薄片的另一端将其整齐地分割开来。在样品的大小达到要求之前，这个步骤可能要重复多次。将切割出来的小片进行编号，并记录其原始位置。

二、首要步骤

对一个样品来说，加热和冷却的顺序谁先谁后是多年以来的困惑。通常情况下，加热应该在冷却之前。但遗憾的是在很多研究中，人们喜欢先冷却后加热。这对于成岩矿物中的流体包裹体来说非常不合理，一来由于冰的形成会导致包裹体膨胀而使气泡消失（可能不会再现，这样的话将无法进行均一温度测试）；二来由于冰的膨胀产生的压力可能使包裹体壁发生破裂或拉伸，从而使均一温度数据变得毫无意义（Lawler 和 Crawford, 1983；McLimans, 1987）。

第七节　均一温度测试

在流体包裹体研究中，对中等尺寸（7μm）或更大的盐水包裹体进行均一温度测试是一项非常简单的工作。加热过程中需要密切关注气泡消失的温度（相变的基本原理已在第三章进行过讨论）。如图 7-3 所示，在某些包裹体中，将会观察到气泡不断跳动。Roedder（1984）认为，极小的热梯度导致气泡的表面张力存在差异，使气泡的表面产生极快的流动，从而使气泡剧烈跳动。对于更小的包裹体来说，气泡的跳动可以使我们更容易地测定均一温度。因此，只要包裹体直径大于1μm，气泡的跳动很容易观察到，其消失的温度即为均一温度。然而，有些包裹体的气泡在加热过程中保持静止状态，或由于不明原因其位置永远不变，还有很多包裹体由于太小导致即使气泡在运动也难以分辨。经验表明，在成岩矿物中，仅有不到5%的流体包裹体能观察到气泡的消失。

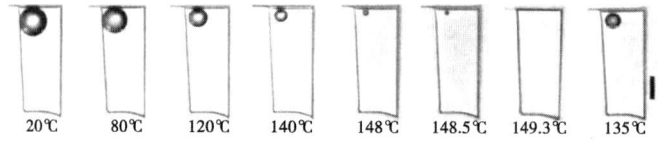

图 7-3　萤石中一个较大的包裹体在均一温度测定过程中的微观照片
该包裹体在 149.3℃ 达到均一，然后冷却至 135℃ 气泡突然再次成核；比例尺为 7μm

然而，有一个解决方法。沉积成岩领域中的很多包裹体通过循环测温技术进行均一温度测定。循环测温技术巧妙地利用了均一流体固有的亚稳态（即它不能使气泡重新成核）。包裹体加热到均一之后，通常需要冷却至均一温度以下几摄氏度到几十摄氏度，气泡方可再次出现。盐水包裹体需要冷却至均一温度之下的几十摄氏度气泡方可再次成核，因此循环测温技术为1μm大小的包裹体均一温度测定提供了有效而准确的方法。图 7-4 展示了循环测温的流程。将包裹体从25℃加热到125℃过程中气泡逐渐收缩，温度超过130℃后，气泡的观察将越来越困难，因此研究人员认为在130℃时气泡已消失（因为观察不到了）。此时研究人员重新设置指令使冷热台发生冷却，直至可以清楚地观察到气泡（125℃）。在这种情况下，气泡确实在125℃时重新出现，表明不需过度冷却，这意味着在130℃时气泡仍然存在，只是研究人员看不到而已。然后将包裹体加热到一个更高的温度点（135℃），一旦到达该温度点，立即转为冷却，使温度下降至能清晰地看到气泡（125℃），研究人员检查气泡在

125℃时是否重新出现。如果有证据表明包裹体在135℃时未达到均一，则将温度升至140℃，然后再次冷却到125℃。由于气泡在130℃时好像要消失了，研究人员不必密切观察加热—冷却过程（125℃→140℃→125℃）。研究人员需要检查的是气泡在125℃时是否出现，但研究人员这次意识到在125℃时未出现前面观察到的气泡，因此，怀疑包裹体在135～140℃之间真正达到均一。为了检验这一假设，将包裹体迅速冷却，并密切关注包裹体的变化，为了使包裹体清晰可见还要不停地对显微镜进行微调（由于温度变化快，显微镜的焦平面也要快速变化，保持包裹体在焦平面上是循环测温技术中最困难的工作）。最终，研究人员将看到气泡以黑点的方式即刻重新成核（突然出现），这是包裹体真正在135～140℃之间达到均一的最直接证据。因为包裹体为了克服亚稳态重新成核，需要过度冷却（至80℃），然而当包裹体仅仅加热至135℃，气泡未达到均一，因此在随后的冷却过程中不存在亚稳态现象，至125℃后气泡变得较大，研究人员可以容易地观察到。因此，通过循环测温技术，将该包裹体的均一温度限定在135～140℃之间，对于很多研究来说，这样的分辨率足够了。如果需要更高的分辨率，循环测温还是像上文一样的流程，但需要采用更小的温度间隔（有时可能需要0.1℃）。

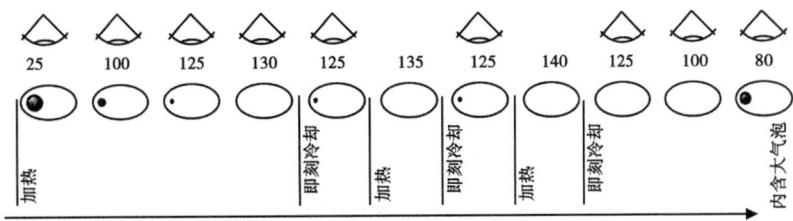

图7-4　通过循环测温技术测定均一温度过程中包裹体可能的变化示意图

上面的一排标志代表研究人员需要集中精神去看气泡；数据代表假定的温度（℃）；箭头代表循环测温过程中时间的推进；该包裹体在140℃时肯定达到了均一，因为到达这一温度后，需要过度冷却至80℃气泡才再次出现，因此，循环测温结果显示包裹体的均一温度介于135～140℃之间

为了使气泡重新出现，一些高盐度包裹体仅需很小程度的冷却。这种现象可能是由于高盐度包裹体具有更极性的结构，这意味着流体和包裹体壁之间的表面张力较小，使流体更容易（即需要较低的过度冷却）与包裹体壁脱离而形成气泡。对于较小的包裹体来说，气泡重新成核所需的过度冷却小于10℃，通过循环测温技术对均一温度进行限定确实是一项挑战。

再提醒一句：对同一薄片内的多个包裹体进行测温时，须特别小心，避免其他包裹体遭受过热（大于其均一温度）现象。例如，某包裹体（称为包裹体X）的均一温度为120℃，但在其他视域中还有另一包裹体（称为包裹体Y）需要测温，在对包裹体X进行均一温度测试过程中，包裹体Y可能会被加热至超过其均一温度。假设包裹体Y的均一温度为60℃，那么在120℃时将会产生几百巴的内压，这可能会引起拉伸或爆裂，从而使接下来的测试结果失去意义。此外，包裹体（特别是均一温度较低的那个）达到均一后，由于存在亚稳态，在室温条件下可能需要几年的时间气泡才会再次出现（Meunier，1989）。因此，在升温过程中，对所有感兴趣的包裹体同时进行观测很重要，首先测定均一温度最低的包裹体，然后逐渐测定均一温度较高的包裹体。测温完毕后，有必要对一定量的包裹体进行复测，以查证数据的重复性。在测温过程中，由于包裹体可能存在拉伸，因此后一次的测温结果可能偏高。

上文的讨论集中于单个包裹体的均一温度测试，但需要记住的是，假如数据不是从流体包裹体组合中采集的，那么均一温度解释起来就非常困难。假如流体包裹体组合具有相当一致的均一温度数据（90%以上的数据差别在10~15℃范围内），那么均一温度很好地代表了最小捕获温度；如果盐水包裹体中含有CH_4，那么均一温度接近捕获温度。均一温度也可以从油气包裹体组合中获取，其均一温度依然为最小捕获温度，但与盐水包裹体相比，油气包裹体的等容线很平，因此与真实捕获温度的差别很大。为了进一步解释均一温度数据，或进行压力校正，必须确定流体包裹体的成分。

第八节 低温相变测试

包裹体的高温相特征研究完毕并记录均一温度后，接下来需要在0℃以下进行研究。对盐水包裹体来说，低温相变温度为包裹体的成分（包括流体中的主要离子及其浓度）提供了有用的信息。包裹体的成分信息一方面有助于我们解释成岩环境，另一方面它为我们决定使用哪些相图来进一步解释均一温度提供了基础。对于包含CH_4或更复杂的混合气体的包裹体来说，低温相变温度可以帮助我们粗略确定气体的类型以及构建合适的相平衡，从而更好地确定捕获温度和捕获压力。

由于多数沉积卤水很复杂且流体包裹体很小，因此，一般不可能真正观察到盐水包裹体冷却过程中的很多相变，也不能总是识别出冷却过程中出现的固相。在冷却过程中能够相对精确测定的一个参数是冰的最终熔化温度（即冰点温度，T_m），该温度通常被用来解释盐水包裹体的总体盐度，但这需要一定的前提，因为许多盐水包裹体包含复杂而不确定的组分。由于包裹体中捕获的天然卤水的成分未知，为了利用冰点温度确定总体盐度，首先必须假设一个成分模型。成分模型可以通过包裹体的其他低温相变温度（例如初熔温度，T_e）进行粗略确定。接下来首先讨论一些貌似合理的成分模型，然后介绍低温相变温度的测试流程及数据的解释。

毫无疑问，沉积盐水流体在成分上十分复杂，包含多种比例和浓度的溶解盐类（总体盐度可能从0至大于30%），当然可能还包括多种溶解气体。不过，可以将流体划分为几种基本的类型，从而简化对流体包裹体成分的解释。新鲜的大气降水产生的地下水是最简单的，虽然可能包含各种组分，但其浓度很低不会对流体包裹体的低温相变产生显著影响。因此，这类流体最合理的模型是纯水端元组分。然而，当大气水在干旱、封闭的盆地演化时，其成分就不那么简单了，将会产生多种可能的卤水组分。这类大陆卤水在本书中不作介绍。海水是非常复杂的流体，可以发生浓缩，也可以因蒸发盐矿物的沉淀发生成分上的改变，或者由于淡水的加入而稀释。海水的阳离子以Na^+为主，其次为Mg^{2+}、Ca^{2+}、K^+；阴离子以Cl^-为主，其次为SO_4^{2-}。由于成岩体系中常见海水和似海水流体，因此可以将许多体系假定为海水成分模型。地下或地层流体很复杂，但可以被进一步分类，从而用于多种成分模型。石盐溶解产生的地下卤水以Na^+和Cl^-为主（Carpenter, 1978），因此可以使用H_2O—NaCl模型。然而大多数地层水的成分以Na—Ca—Cl为主（Dickey, 1969; Kramer, 1969; Collins, 1975），相对于海水来说，其Mg^{2+}、K^+和SO_4^{2-}含量较低。虽然地层水的成分变化很大，但不能排除大量的（甚至占主导地位的）Mg^{2+}、K^+、SO_4^{2-}，因此对很多地层水来说，H_2O—NaCl—$CaCl_2$体系是简单而有效的成分模型。最后，流体中可能溶解有气体组分（在深埋地层中可能以CH_4为主，某些地层中可能以CO_2为主），因此，在适当的时候可以考虑包含

CH_4 的成分模型。

总之，为包裹体中的流体选择合适的成分模型有两个理由。第一，成分模型越接近包裹体的真实组分，通过冰点温度换算的盐度解释越准确；第二，为了计算包裹体捕获时的温度和压力，气液相边界的位置和根据近似包裹体成分的流体体系构建的等容线的斜率非常重要。由于大部分沉积流体比理想成分模型要复杂，因此从这些模型中推断出的任何结论都有局限性。需要记住的是，任何解释都是近似的，因此应知道使用成分模型时产生的潜在误差。在很多实例中，合适的成分模型的选择已被证实是完全可靠的。

一、确定合适的化学体系

有时可以事先根据地质资料对成岩流体的成分进行推断，从而选择合适的成分模型。但通常情况下，这类信息不存在，因此，测定包裹体的初熔温度（T_e）并检查气体的存在往往很有帮助。

1. 冷冻前的准备

流体包裹体低温相行为研究中的最重要的准备工作是第六章所介绍的岩相学研究。在冷冻工作开始之前，一定要完成上一节所介绍的均一温度测试。此外，可能还需要作另一项准备：对纯液相包裹体进行拉伸使其产生气泡，原因是低温相平衡的解释需要气泡的存在。因此，为了使用相图，必须对纯液相包裹体进行人为处理使之产生气泡。某些纯液相包裹体在加热过程中由于存在拉伸，气泡将会成核，但这种情况很少发生。持续加热可使包裹体发生更有效的拉伸而产生气泡，最好的方法是将含有包裹体的薄片置于烘箱中过一个晚上。对于方解石来说，温度设置为 100~130℃ 比较合适，白云石通常需要 120~175℃，石英需要 200~250℃。这样的处理通常会使 10% 的纯液相包裹体发生拉伸，冷却后将产生气泡。有些包裹体可能发生爆裂，其他的可能保持原样。通过一晚上的加热，包裹体的成分似乎不会因扩散而发生改变。笔者对比过在冷热台上短期拉伸以及经过一晚上加热的包裹体，发现它们在低温相行为方面不存在差异。

2. 包裹体的冷冻

在初熔温度（T_e）测试过程中，首先需要将包裹体冷冻。对于包裹体的冷冻，为了克服冰成核的动力学障碍，冷冻温度必须明显低于冰的熔化温度。在化学文献中，流体将要冷冻之前的温度称为均一成核温度，它与盐度和压力有关（图 7-5）：盐度和压力越高，包裹体固相成核所需的过冷却程度越高（较高温度下可能存在非均一成核）。在流体包裹体中存在更多的变量，控制着成核温度。微观特征表明，包裹体的冷冻有时很明显，有时看不出来（图 7-6）。

在冷却过程中，盐水包裹体的气泡（如果不存在其他气体则其压力接近真空）由于液相的收缩会稍微变大，因大小变化或包裹体内部存在微小的热梯度，气泡位置可能会发生改变。发生冷冻后，有以下几个明显的特征：

（1）较大的包裹体（>10μm）可能会突然变黑（图 7-6B，1 号包裹体），这是因为光线穿过多个孤立的冰晶时发生了折射。

（2）气泡可能突然消失，这是因为冰的密度低于液态水，从而占据了气泡的空间。这种现象是否发生取决于包裹体的气液比和总体盐度：低气液比、低盐度将促进气泡的消失。因为低气液比意味着冰占据的空间少；相对于高盐度包裹体来说（它们在冷冻过程中可能形成诸如水石盐一类的高密度相而占据较小的空间），低盐度包裹体冷冻后将产生更多的冰。

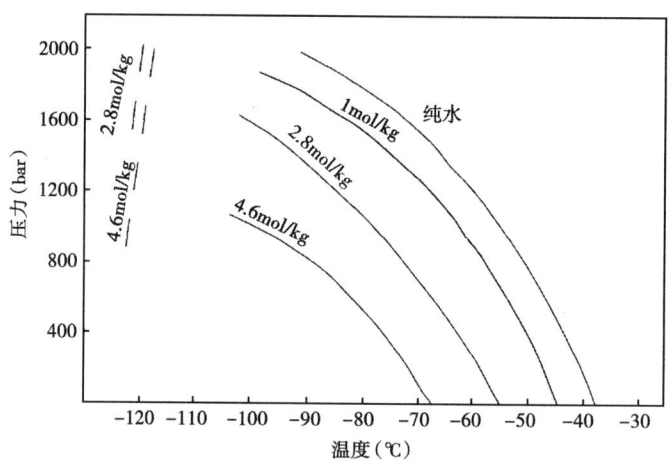

图 7-5 根据压力和成分（NaCl 浓度）绘制的均一成核温度图（据 Kanno 和 Angell，1977，修改）
实线表示不同浓度的流体接近冷冻时即冰将要成核时的温度和压力；虚线表示盐水溶液的玻璃化
转变温度（Glass Transition Temperature）

（3）气泡并非完全消失，而是发生体积（收缩，图7-6B，3号包裹体）或形状（图7-6B，2号包裹体）上的轻微改变，或发生位置的改变（图7-6B，2号包裹体）。通过简单地对比冷冻前后气泡的体积、形状和位置，这可能很难辨别；但在变化发生的一瞬间，辨别相对比较容易。因此在冷冻过程中，要密切关注包裹体的变化。冷冻可能以气泡突然变小、变形或气泡突然跳动为特征。正如上文提到的，包裹体盐度越高，越难以观察到气泡跳动，由于高盐度包裹体易形成高密度相（例如水石盐），因此在冷冻过程中体积变化较小。另外，包裹体越小，气泡跳动观察越困难。

（4）另一种可能是包裹体冷冻后形成透明的固相（图7-6B，2号包裹体）。该现象发生时，可以观察到上文所描述的气泡变形。包裹体冷冻形成固相后或轻微升温后，有时具有褐色、玻璃状的外观（图7-6B，3号包裹体）。一些研究者（Roedder，1984）将这些透明的固相称为玻璃体。对于其中的一些，通常察觉不到包裹体已发生冷冻，但在升温过程会发现一些马赛克状冰晶。当这种现象发生时，包裹体通常明显变黑，表明一定被冷冻过（图7-6C，2号和3号包裹体）。这种现象要么指示了某种流体的亚稳态，要么指示了固相的重结晶。

（5）对于室温下的纯液相包裹体，不可能观察到结冰现象。通常情况下，需要人为地使包裹体产生气泡。要想获得有效的初熔温度和冰点温度，包裹体中必须有气泡的存在。

（6）富气相包裹体在冷冻后仅会产生极少的冰，由于气泡很大，包裹体结冰时很少对气泡产生可以观察到的影响。对于该类包裹体，有必要将其冷却至液氮的温度（-196℃），这样有可能会看到一些特殊的相变，指示了气泡中包含除水蒸气以外的其他气体。

（7）在许多情况下，难以或不可能观察到结冰，但在加热时会发生其他相变，这指示包裹体确实发生过结冰现象。

3. 初熔温度

利用冷热台进行冷却和加热时，当发现包裹体冻结后，初熔温度是需要确定的下一个相变温度，该参数对于选择合适的成分模型具有重要意义。包裹体的初熔温度指一种固相彻底熔化时的温度。实际上，该固相须具有足够的数量才能保证显微镜下能够观察到初熔温度，但事实并非总是如此。例如，低盐度（<5% NaCl）H_2O—NaCl 流体将产生少量水石盐（见图 3-4，利用杠杆定律确定不同相的比例），因此初熔温度点上的熔化难以（通常不可能）观察到，对成岩矿物中很小的包裹体来说更是如此。因此，初熔温度的观测要求包裹体具有足够高的盐度或足够的大小（>10μm）。另一种方法是记录液体明显出现时（例如晶体轮廓清晰或晶体移动，图 7-6E）的最低温度（但该温度大于初熔温度），通过该信息足以确定合适的成分模型。例如，一些小至 3μm 的高盐度 Na—Ca—Cl 盐水包裹体在-40℃以下确实能观察到熔化现象。然而，在低盐度流体包裹体中熔化现象直到温度接近冰点温度时才变得明显，因此熔化的出现并不总是可以用来确定流体的成分模型。

成岩领域中大多数流体包裹体的初熔温度受溶液中主要离子的控制，因此，不同组分的流体具有不同的初熔温度（表 7-1）。理论上，初熔温度还受流体中溶解的、检测不到的微量组分的控制，因此，并不是所有的溶解组分都可以通过初熔温度反映出来。比如，考虑一下与石膏达到平衡的淡水：虽然人们认为石膏极易溶解，但事实上其溶解度很低，以至于水中溶解的 Ca^{2+} 和 SO_4^{2-} 数量对冰的初始熔化和最终熔化温度没有影响（均为 0℃）。显然，对于任何像石英、长石、方解石和白云石等溶解度更低的矿物来说，更是如此。

有一个重要的现象使初熔温度的解释更加困难：许多流体包裹体冷冻后将形成亚稳态组合，升温过程中这些亚稳态组合将先于稳定相组合开始熔化。因此，多数卤水都有一个稳定初熔温度和一个或多个亚稳定初熔温度。最近，对包含常见盐类的多种流体的亚稳定和稳定初熔温度进行了评估（Davis 等，1990），该项研

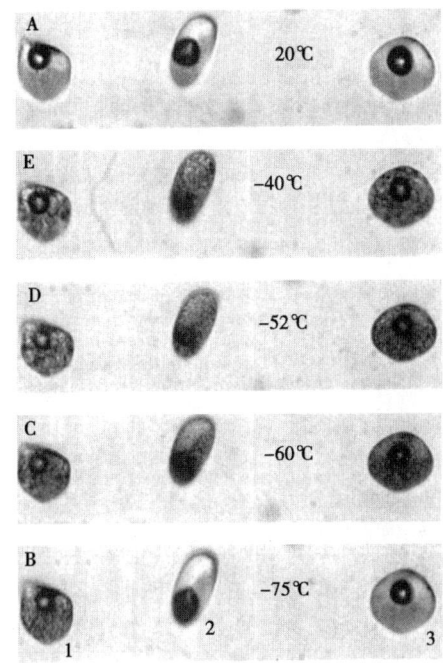

图 7-6　H_2O—NaCl—$CaCl_2$ 包裹体在冷却和升温过程中显示的不同特点

图中为同一条石英愈合微裂缝中三个人工合成的包裹体；1 号包裹体在-65℃时具有明显的马赛克状晶体，升温至初熔温度-52℃，基本没有变化，然而，升至-40℃时，晶体变得大且轮廓分明，显然大部分熔化发生在-40℃；2 号包裹体的冷冻大约发生在-75℃，该事件以气泡的突然移动和轻微变形为特征，在-60℃时出现明显的马赛克状晶体，但此时晶体看起来仍然很模糊，直至初熔温度-52℃模糊消退，在此温度下，一些晶体变亮，至-40℃时，晶体形态和边界变得非常清晰，表明熔化肯定开始发生了（另见图 7-17 中的 6 号包裹体）；3 号包裹体冷冻后变为褐色的固相，升温过程中立刻变黑、褐色加深，在-65℃时出现马赛克状晶体，但很模糊，在初熔温度-52℃时，晶体变得清晰，单个晶体的轮廓变深，一些晶体变亮，至-40℃时，晶体形状和边界变得更加明显；对于较大的包裹体（20~25μm），大部分研究人员认为明显的熔化发生在-40℃，这意味着初熔温度比该值更低

究对实验确定的初熔温度和亚稳定初熔温度，以及实际测试到的初熔温度进行了有用的对比，结果见表 7-1。其他常见组分的稳定和亚稳定初熔温度见表 7-2 和表 7-3。虽然表中列了很多数据，但需要记住的是天然流体的稳定和亚稳定低温相平衡十分复杂，这是由其复杂的成分决定的。例如，海水包裹体在冷冻过程中至少产生 6 种重要的固相（表 7-4）。为了确定复杂流体的详细成分，需要先识别固相，接下来确定其初熔温度，然后将初熔温度和相

套入到低温相平衡模型（Spencer 等，1990）确定包裹体的详细成分。对于很多高盐度、光学观察效果好的较大包裹体来说，这种分析是有可能实现的；但是对成岩体系中的多数包裹体来说，这种分析一般不可能实现。在这种情况下，要么假设一个成分模型，要么进行更精确的地球化学分析来确定包裹体的成分。在多数研究中，通过观测假设成分模型是有效的。

表 7-1 各种盐水体系预测稳定初熔温度、预测亚稳定初熔温度和实测初熔温度一览表

体系	初熔温度（℃）		
	稳定	不稳定	实测
$NaCl-H_2O$	-21.2	-28	-21.2~-21.1；-35~-28
$NaCl-CaCl_2-H_2O$	-52	-70	-53~-47；-85~-70；-90
$NaCl-MgCl_2-H_2O$	-35	-55~-37；-80	-40~-33；-50~-45；-80~-70
$NaCl-KCl-H_2O$	-22.9	-28	-23.4~-23
$NaCl-CaCl_2-MgCl_2-H_2O$	-57	—	—

注：数据来自 Davis 等（1990）。

表 7-2 常见的氯化物盐水体系数据表（据 Crawford，1981，修改）

溶解盐类	初熔温度（℃）	共结组分	固相	矿物名称	光学特征	固相熔化关系
—	—	—	H_2O	冰	无色六边形；折射率：$\varepsilon=1.313$ $\omega=1.309$	0℃；一致
NaCl	-21.2	23.3%NaCl	$NaCl \cdot 2H_2O$	水石盐	无色单斜晶系；折射率1.416	+0.1℃；不一致
			NaCl、冰	石盐、冰	无色立方体；折射率1.544	—
KCl	-10.7	19.6%KCl	KCl、冰	钾盐、冰	透明—黄色立方体；折射率1.490	—
$CaCl_2$	-49.8	30.2%$CaCl_2$	$CaCl_2 \cdot 6H_2O$、冰	南极石、冰	无色六边形；折射率：$\varepsilon=1.393$ $\omega=1.417$	+30.08℃；不一致
$MgCl_2$	-33.6	21.0%$MgCl_2$	$MgCl_2 \cdot 12H_2O$	—	—	-16.4℃；不一致
NaCl—KCl	-22.9	20.17%NaCl、5.81%KCl	—	—	—	—
NaCl—$CaCl_2$	-52	1.8%NaCl、29.4%$CaCl_2$	—	—	—	—
NaCl—$MgCl_2$	-35	1.56%NaCl、22.75%$MgCl_2$	—	—	—	—

表 7-3 常见的非氯化物盐水体系数据表（据 Crawford，1981，修改）

溶解盐类	初熔温度（℃）	共结组分	固相	矿物名称	光学特征	固相熔化关系
NaBr	-28	40.5%NaBr	—	—	—	—
KBr	-11	31.5% KBr	—	—	—	—
Na_2CO_3	-2.1	5.75%Na_2CO_3	$Na_2CO_3 \cdot 10H_2O$	天然碱	白色单斜晶系；折射率：α=1.405 γ=1.440	+32℃；不一致
$NaHCO_3$	-2.3	5.8% $NaHCO_3$	$NaHCO_3$	苏打石	白色单斜晶系；折射率：α=1.377 γ=1.583	—
Na_2SO_4	-1.2	3.85% Na_2SO_4	$Na_2SO_4 \cdot 10H_2O$	芒硝	无色单斜晶系 折射率：α=1.394 γ=1.398	—

表 7-4 海水冷却阶段各种固相出现时的温度、实验数据和模型计算对比表（据 Spencer 等，1990）

固相	实验结果	模型计算结果
冰	-1.921[a]	-1.924
芒硝	-8.2[b]	-5.90
水石盐	-22.9[b]	-22.84
钾盐	-36[b]	-34.25
$MgCl_2 \cdot 12H_2O$	-36[b]	-36.82
南极石	-54[b]	-53.64[c]

注：a 数据来自 Fujino 等（1974）；

　　b 数据来自 Nelson 和 Thompson（1954）；

　　c 为不含硫酸盐体系中的计算数据。

4. H_2O—NaCl 成分模型

H_2O—NaCl 流体体系的初熔温度为-21.2℃，根据此温度选择该体系进行包裹体冰点温度的解释。对于沉积环境中的很多低盐度包裹体，这个简单的观察很难实施。在很多天然流体中除 NaCl 外，还有许多其他成分，因此 H_2O—NaCl 成分模型仅用于大致估算总体盐度，而不能提供流体真实盐度和准确成分的信息。如果准备冷冻包裹体并在-21.2℃观察初熔现象，那么应使用 H_2O—NaCl 模型。如果固相在-30℃那么低的条件下就开始熔化，则强烈指示包裹体中的离子主要为一价阳离子，同时也验证了选择 H_2O—NaCl 体系的合理性（表7-1），因为 NaCl 流体比 KCl 流体更为常见。对初熔温度解释以气泡的存在为前提，因为初熔现象与最终熔化现象一样，对压力具有依赖性（图 7-7）。

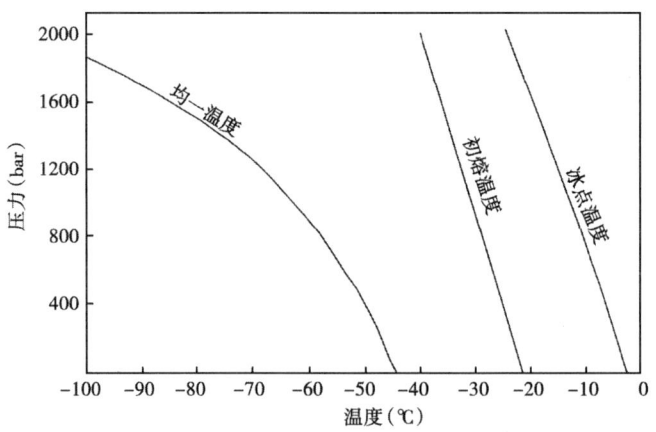

图 7-7 压力对 1mol/m³NaCl 溶液冰点温度、初熔温度和均一温度的影响示意图
（据 Kanno 和 Angell，1977，修改）

5. H_2O—$NaCl$—$CaCl_2$ 成分模型

若想在-52℃±5℃的条件下观察初熔现象，应采用 H_2O—$NaCl$—$CaCl_2$ 模型——沉积卤水的常见组分之一。低温下可能的亚稳定初熔事件见表 7-1。如果在-52℃时未见初熔现象，但在-40℃以下存在确切的熔化（图 7-6），那么包裹体可能含有二价阳离子（Ca^{2+} 和（或）Mg^{2+}）。由于 H_2O—$NaCl$—$CaCl_2$ 是沉积卤水最可能的组分，因此该模型适用于假设。-40~-30℃之间的初熔温度难以解释。

除最终熔化温度和初熔温度外，如果能确定中间相的熔化温度，那么就可以将 H_2O—$NaCl$—$CaCl_2$ 模型进行最大程度的扩展以计算包裹体的盐度。然而，为了进行有效的解释，必须要对中间相的熔化进行可靠的识别，如果没有比冷热台更灵敏的设备（例如激光拉曼），这是非常困难的。此外，冷冻过程中通常形成亚稳态组合，这使事情变得更加复杂。根据笔者的经验，即使对成分已知的人工合成的包裹体（>20μm），依然没有100%的把握辨别出中间相的熔化事件。因此，应带着疑问的眼光使用中间相的熔化温度。

6. 海水成分模型

如果根据地质信息知道包裹体中的流体来源于海水，在这种情况下要使用海水成分模型。在近地表环境下形成的、与海相成因岩石有关的成岩矿物几乎都可以认为是从含海相成因盐类的流体中沉淀而来。这些成岩矿物包括从海水中直接沉淀的胶结物、从蒸发海水中沉淀的矿物、从海水和淡水的混合水中沉淀的矿物以及从包含海水盐类或气溶胶的流体中沉淀的矿物。运用海水模型的合理性可以通过岩相学和地质学方法识别海水胶结物进行验证。例如，可以根据切割关系识别海相胶结物，如果海相沉积物中的胶结物被剥蚀面（硬底、海相削截面、内碎屑边缘）削截并被更多的海相沉积物覆盖，那么这类胶结物极有可能形成于海水中。在许多粘结岩中，充填在孔隙中的胶结物被裂缝和水成岩墙切割，而这些岩墙和裂缝又被海相沉积物充填，表明胶结物形成于海相环境。如果海相沉积物的孔隙先被胶结物部分充填，然后再被海相外部沉积物充填，且后者分布于胶结物的顶端，那么胶结物也可能为海相成因。另外，如果胶结物中存在海洋生物钻孔，那么该胶结物也可能形成于海相环境。如果通过岩相学特征确定胶结物为海相成因且胶结物中包含原生包裹体，只要矿物未发生过重结晶，那么包裹体中很可能含海水流体。在这些情况下，选择海水模型进行冰点温度解释是合理的。

与海相沉积物具密切关系的蒸发盐矿物或根据地球化学数据证实的海相成因矿物中的原生包裹体，可使用演化的海水模型。

以上讨论的实例具备可靠的岩相学证据来选择海水模型，但在很多情况下这种确切的证据不存在。通常可能只有地层学和沉积学证据说明胶结物形成时处于海相环境，或有其他地质学证据说明胶结物形成于埋藏之前，在淡水/海水混合区可能存在这种情况。因此，假设流体来自海水对于正确模拟成岩体系非常重要。选择 H_2O—$NaCl$ 模型和选择海水模型（海水的冰点温度是-1.9℃）计算的盐度绝对差是 2.7‰（相对差值约为 8%），这种差值在地质上值得注意。例如，测试的冰点温度为-1.9℃，如果采用 H_2O—$NaCl$ 模型，计算得到的盐度为 32.3‰，小于正常海水盐度，这样就可能错误地解释成混合水；如果采用海水模型，计算得到的盐度为 35‰，为正常海水。这些潜在的差值对一些研究可能看起来很小，但对于解释特殊环境中的地质作用影响非常大。因此，如果有确切的地质信息表明可以使用海水模型，十分之几摄氏度的冰点温度差异就具有重要的地质意义，数据如何解释完全取决于选择的模型。

目前已在盐度 0~60‰、冰点温度-3.1~0℃ 的范围内对不同盐度海水的冰点下降度（Freezing Point Depression）进行了校正（图 7-8）。

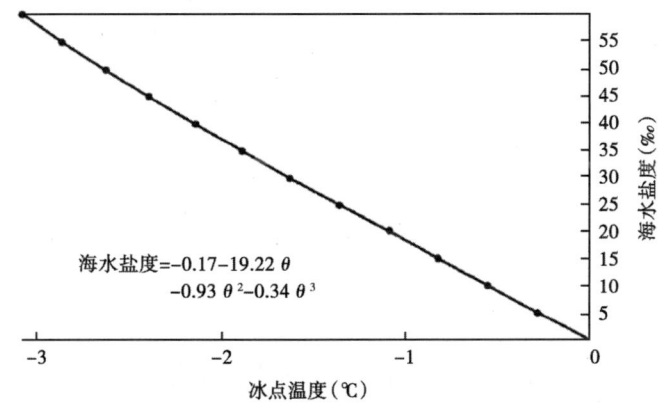

图 7-8 根据 Lyman 和 Fleming（1940）的数据构建的海水冰点下降度
其中 θ 代表冰点温度（冰点温度低于 0℃），该模型仅适用于微咸至小于 2 倍海水盐度的包裹体

7. H_2O—$NaCl$—CH_4 成分模型

众所周知，地层水溶解有大量 CH_4，因此，一些盐水包裹体中的气泡以 CH_4 为主。如果有证据表明包裹体中含大量 CH_4，那么应采用 H_2O—$NaCl$—CH_4 模型。CH_4 的存在可以通过包裹体压碎过程中产生大量有机气泡或通过将包裹体冷冻来验证。在-182.5℃ 熔化的固相很有可能是 CH_4，因为该温度为 CH_4 三相点温度。有时候冷冻阶段会产生固相甲烷水合物，这也是 CH_4 存在的标志。在计算捕获温度和捕获压力时，H_2O—$NaCl$—CH_4 体系应用具有极大的价值，因为与不含 CH_4 的流体相比，含 CH_4 盐水流体的气液相界线所处的压力位置要高得多。然而，使用该模型计算盐度并不是很重要，因为 CH_4 对冰点温度的影响相对较小。Hanor（1980）评估了 CH_4 对盐水包裹体冰点温度的影响，值得注意的效应有两点：在冰点温度下的包裹体内压以及在冰点温度下包裹体的部分组分形成水合物。对于第一点，

富含CH_4的盐水流体包裹体在室温下具有很高的内压（见图3-7），但随着包裹体的冷冻，从气泡中游离出大量的CH_4，从液相中游离出一部分水形成固相天然气水合物，从而导致包裹体内压有所降低（但内压依旧明显高于相同温度下不含CH_4的盐水包裹体）。由于冰的熔化发生在高压条件下（因CH_4的存在），因此冰点温度将会下降（图7-7），但下降值远远小于1℃（Hanor，1980）。Collins（1979）的研究表明由于水合物中螯合了水，导致流体包裹体的盐度升高，但根据Collins关系以及CH_4组分的存在，这一效应似乎不太重要（Hanor，1980）。对于富含CH_4（天然体系中CH_4浓度通常为1%（mol））、盐度为20%（wt）NaCl的包裹体，由于水合物的形成使盐度升高约1%（wt）；而对于CH_4含量相似的、具有海水盐度的包裹体，上述效应造成的盐度升高值仅为0.2%（wt）。因此，即使盐水包裹体中CH_4含量很高，对冰点温度也只有很小的效应。不过，当我们使用海水成分模型时，这一效应就值得注意了，在此情况下，造成的盐度误差高达15‰——对于某些研究可能是无法接受的。因此，对于含有可检测浓度的CH_4的盐水包裹体，在通过冰点温度计算盐度时，不宜使用纯水成分模型或海水成分模型。

8. H_2O—NaCl—KCl—$CaCl_2$ 成分模型

对于小至2μm的包裹体，其冰点温度可以通过下文介绍的循环测温技术获得。然而由于成岩矿物中的包裹体通常小于5μm，大多无法检测其中的气体或初熔温度。因此，在没有信心确定初熔温度或无法获得成分的情况下，通常使用H_2O—NaCl成分模型进行冰点温度解释：盐度以NaCl当量盐度表示，反映了溶液中溶解盐类的浓度。事实证明这一选择非常合理，因为大多数地层流体以NaCl或NaCl—$CaCl_2$为主，且不同体系之间共析面的对比结果表明偏差很小（图7-9）：NaCl、NaCl—$CaCl_2$、$CaCl_2$曲线基本上相互重叠，最大偏差仅为2%（wt）；$MgCl_2$和KCl同H_2O—NaCl曲线之间的最大偏差分别为6%（wt）和4%（wt），但在盐度较低的情况

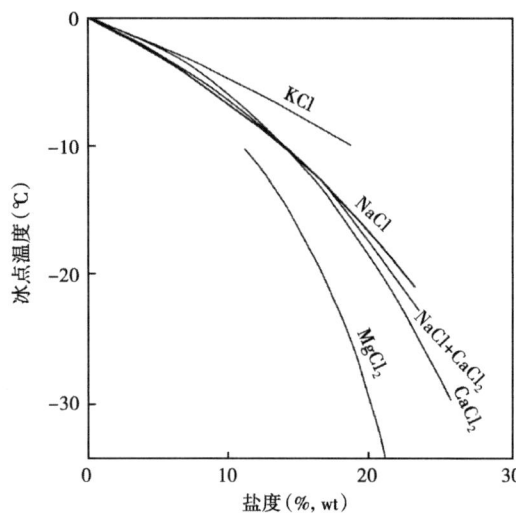

图7-9 不同盐水溶液冰点温度和盐度对比曲线
（据Crawford，1981，修改；参考Oakes等，1990）
NaCl+$CaCl_2$ 混合溶液中，NaCl/（NaCl+$CaCl_2$）= 0.6

下，偏差减小。此外，正如上文解释的那样，含量低于检测限的CH_4对其影响相对较小。因此，在缺乏成分信息时使用H_2O—NaCl成分模型对小的流体包裹体进行冰点温度解释在很多情况下是可以接受的。然而，若能通过化学分析或低温相变温度对流体包裹体中主要离子成分进行确定，可以获得更加精确的盐度数据。

9. 其他未知组分的影响

选择的任何成分模型仅为近似值。天然流体中其他组分（但检测不到）的影响在评估时依旧按照上文中介绍的原则：对于除海水外的任何成分模型，影响很小。如果选择了海水成分模型，在冰点温度解释过程中可能会受到包裹体中CH_4或其他离子的影响而产生较大的误差。

二、H_2O—NaCl 体系的低温相特征

在实际观察和测试过程中，可以将第三章介绍的低温相行为（见图 3-4）进行拓展。图 7-10 为重新绘制的 H_2O—NaCl 体系相图，实际流程见下文。

1. 初熔现象的识别

H_2O—NaCl 盐水流体包裹体的初熔温度是冻结的包裹体回温过程中第一次出现气泡的温度。在初熔温度下，水石盐发生分解并发生熔化形成液相（图 7-10）。在某一种固相彻底消失之前，包裹体将一直保持在初熔温度点。初熔现象通常很难识别，且难度随包裹体尺寸的变小（<10μm）和盐度的降低（<5%）而加大。学习观测初熔温度的最好方式是利用 SYN FLINC 生产的具有共结组分（Eutectic Composition）的包裹体标样进行练习，其固相彻底熔化的温度为-21.2℃。图 7-11 展示了盐度为 10%（wt）的 H_2O—NaCl 人工合成包裹体在冷冻—回温过程中的变化；图 7-12 以微观照片的方式展示了具有共结组分的包裹体的类似变化过程。两个包裹体均冻结为透明的固相；随着回温，在-25℃时隐约出现了马赛克状晶体；在初熔温度以下的 1℃，包裹体中的许多晶体变亮，通常称为橘皮结构（Orange Peel Texture）（图 7-11D、E 和图 7-12E、F），这是初熔现象正在发生或即将发生的特征。这些明亮的晶体很可能是水石盐。一种相（冰或水石盐）的彻底消失可能是瞬间的，通常表现为包裹体显著变亮（对于水石盐在初熔温度下的彻底分解，请对比图 7-11E、F）。但对于沉积领域中的许多小包裹体来说，橘皮结构和显著变亮都观察不到。对于这种情况，能做的最好的事情是注意包裹体中仅剩下一种固相时的温度——初熔温度一定低于该温度。但在包裹体非常小（<5μm）、盐度很低（<5%（wt）NaCl）的情况下，这也是不可能的。

2. 低于共结组分的盐度

对于 1 号包裹体（图 7-10）和盐度低于共结组分（23.2%NaCl）的其他 H_2O—NaCl 包裹体，在所有水石盐彻底分解之前其温度将保持为初熔温度，在此温度下包裹体包含气相、冰以及液相的共结组分（图 7-11F）。

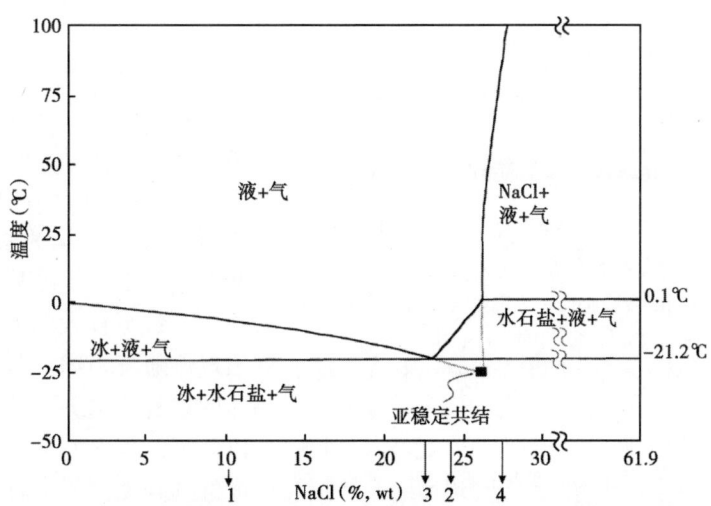

图 7-10 低盐度 H_2O—NaCl 体系的低温 T—X 图（据 Crawford，1981；Roedder，1984；Hall 等，1988）

图中的每一个点都处于气泡平衡压力下；1 号包裹体展示的温度为冰点温度；2 号包裹体展示的温度为水石盐的最终熔化温度；3 号包裹体展示的是冰和水石盐的最终熔化温度；4 号包裹体展示的是石盐的最终溶解

一种情况是初熔现象发生在亚稳定的初熔温度下。如果包裹体冷冻过程中形成不平衡的石盐、冰和气泡组合，回温过程中在亚稳定初熔温度下（预测为-28℃，但-35℃时可能观察到；Davis 等，1990）亚稳定组合中将形成液态水。在亚稳定初熔温度下，由于额外的热量，所有的石盐可能发生溶解，在-28℃时包裹体中仅剩下冰。倘若是这种情况，冰将在-28~21.2℃之间熔化（图7-10）。还有另外一种情况，回温速率过慢时，在亚稳定初熔温度下形成的液态水与石盐发生反应形成水石盐（Crawford，1981；Davis 等，1990）。如果所有的石盐与水反应形成水石盐，那么包裹体将在稳定初熔温度下发生平衡熔化。亚稳定熔化100%不会重现，这可作为亚稳态行为的证据，高温熔化事件实际上发生在稳定初熔温度下，而不是亚稳定初熔温度下。

将温度升至初熔温度点以上，包裹体中将包含冰、卤水和气泡（图7-10和图7-11F）。冰晶逐渐显现出低凸起，通常为圆形，缺乏很好的晶面（图7-11F—I）。在许多小包裹体中，冰可能一点也看不到。随着温度的升高，在共析面上出现更多的流体，更多的冰发生熔化而对卤水进行稀释（图7-10）。由于冰的熔化，气泡将逐渐变大（卤水的密度比冰高）。在回温过程中，冰晶易发生重结晶形成一个或数个较大的晶体；较大冰晶的出现伴随着小冰晶的收缩和消失。晶体的这种生长现象是冰的典型特征，以此可以与水石盐进行区分。随着温度继续升高，冰将继续熔化并稀释卤水，最后冰将彻底熔化（图7-11I—A），卤水回到初始组分。

第三章中已经提到，最后一块冰

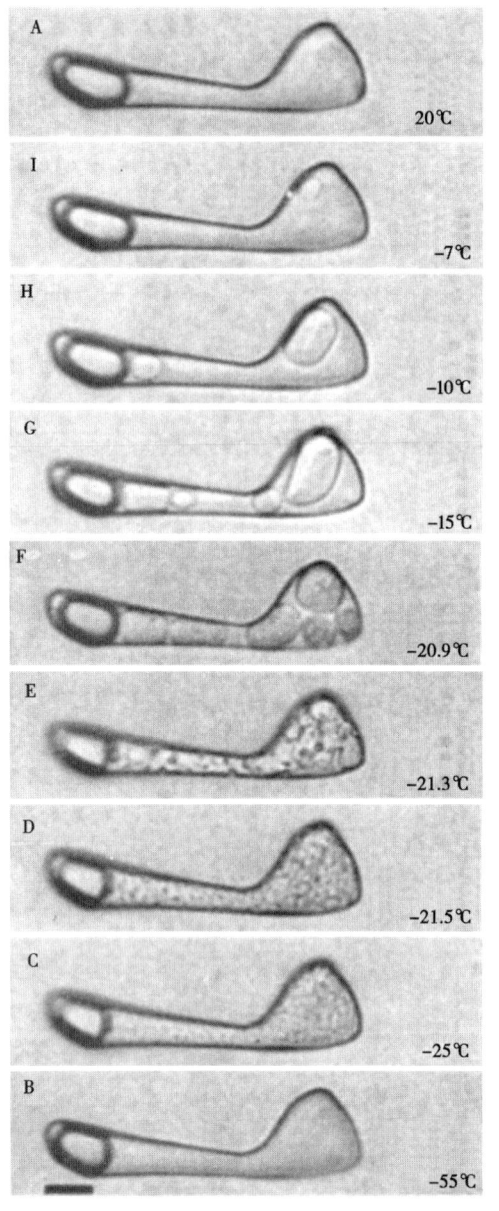

图7-11　盐度为10%（wt）NaCl 的人工合成 H_2O—NaCl 包裹体在冷冻/升温过程中的变化

A—室温；B—在大约-55℃，包裹体被冻结，形成透明的固相，注意此时气泡比照片 A 中的要小；C—在-25℃，晶体开始发生熔化；D—在-21.5℃，晶体轮廓很明显，一些晶体比另一些要明亮；E—在初熔温度点之下0.1℃，随着明亮晶体（水石盐）开始消失，冰晶的大小开始发生变化（小冰晶变成了大冰晶）；F—在初熔温度点之上0.3℃，所有水石盐发生分解，包裹体明显变亮；G—在-15℃，只剩下4块冰晶；H—在-10℃，尚有2块冰晶；I—在-7℃时，还剩1块冰晶，在-6.6℃时冰晶彻底熔化；比例尺为 $7\mu m$

晶完全熔化的温度叫作冰点温度，有时也称作最终熔化温度或冰点下降度。这三个术语一般指的是同一个温度，但冰点温度更为明确，因为它特指最后一块冰晶的熔化温度而不是其他相的熔化温度。对于沉积领域中的绝大多数包裹体来说，通常观察不到最后一块冰晶的熔化，因此需要使用循环测温技术来确定冰点温度。

1) 循环测温技术

加热过程中，随着冰的熔化，由于液态水占据的空间少于固态冰，气泡将变大。在冷冻过程中，冰晶的生长通常将气泡挤到包裹体壁上并使之变形。在不能观察到冰的情况下，这一特点可以作为冰存在的依据：冷冻过程中如果出现冰核，那么更多的冰将围绕冰核生长，逐渐使气泡变形。如果不出现冰核，则必须将包裹体过冷却直至其冻结，这时气泡会突然跳动。气泡的这种瞬间移动与冰缓慢生长过程中气泡的收缩、移动或变形是完全不同的现象，可以作为冷冻过程中不存在冰核的证据。通过一种特殊的流程可以反复引起气泡的特别反应，这样可以指示冰是否存在。这一流程称为循环测温技术，通常用于有效确定自生矿物中流体包裹体的冰点温度。

在冰晶的最终熔化观察不到的情况下，只能使用循环测温技术确定包裹体的冰点温度。包裹体冷冻后，应该初步快速地升温从而确定气泡大小、形状和位置发生变化的大致温度。这种现象不一定指示冰晶的最终熔化，但它提供了包裹体内部发生变化的大致温度，该温度接近循环测温的初始温度。例如，升温过程中在$-5\sim0$℃之间气泡发生跳动和（或）变大和（或）变得明显，那么循环测温的初始温度应设置为-5℃，并假设冰点温度高于该温度。在初始快速升温之后，在进行下一个冷冻程序之前，务必将温度升至0℃以上以确保所有的冰已熔化。

随着快速升温，研究人员对冰点温度有个初步的估计，然后将包裹体重新冻结并按图7-13A进行循环测温。具体流程如下：

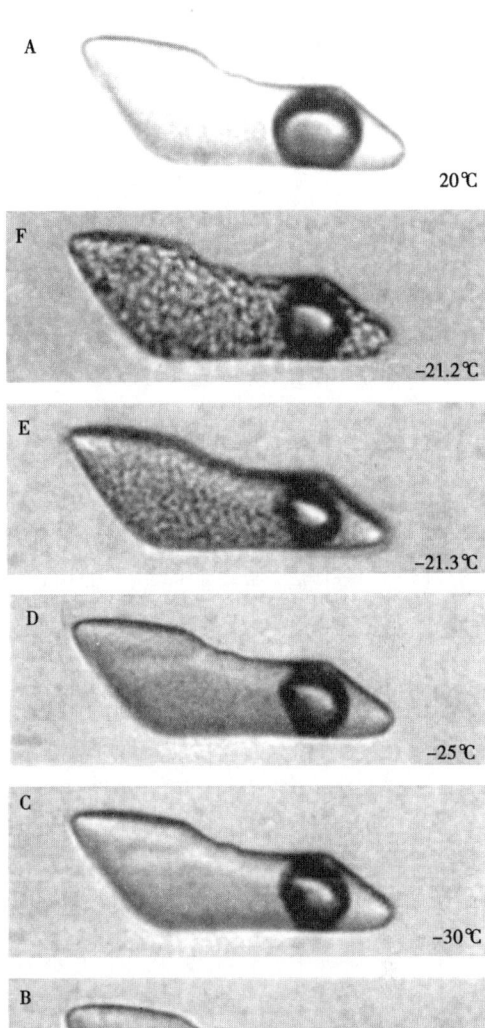

图7-12 具共结组分（盐度为23.2% NaCl）的人工合成 H_2O—NaCl 包裹体在冷冻/升温过程中的变化

A—室温；B—包裹体冷冻至大约-70℃出现明亮的固相，注意气泡发生了变形；C—升温至-30℃，除气泡稍微有点变形外，无任何变化；D—在-25℃，开始出现模糊的晶体边界；E—在-21.3℃，晶体轮廓变得明显，有些晶体变亮；F—在初熔温度，出现清晰的橘皮结构，接着包裹体变亮，在该温度下，一切都很清楚；比例尺为7μm

(1) 将冻结后的包裹体快速升温至设想的冰点温度以下，在升至更高的温度之前，记录气泡的形状、大小、位置和温度。

(2) 缓慢升温至气泡与第一步中相比有所变化。

(3) 当气泡有了轻微变化后，立即降温并密切观察气泡；如果气泡继续变形，或气泡变得更小，或气泡逐渐移动（需要注意：这种现象在没有冰存在的情况下，如果在存在热梯度或大小变化的情况下也可以发生），那么假设在到达的最高温度下冰依旧存在，并继续升温。

(4) 将包裹体升温至比第二步中更高的温度（根据期望的分辨率，可选择0.1℃、0.5℃或1℃），接着降温（第三步）。

(5) 如果气泡出现第三步中的那些变化，则重复第四步至更高的温度；然后重复该流程直至观察到步骤6中出现的现象为止。

(6) 如果降温过程中，气泡未出现收缩或变形（或移动），那么冰很可能在第四步中的最高温度范围内发生了熔化。

(7) 确认冰完全熔化的一种方法是将包裹体继续冷冻并观察包裹体的突然冻结现象（气泡跳动）。如果存在这种现象，则可以确认冰已经在第四步中发生熔化；如果不存在这种现象，那么在第四步中冰依旧存在，这时应重复第四步至更高的温度，直到第六步和第七步的现象出现为止。

上文的流程可以确定冰点温度的区间。在此过程中可将温度间隔设置得更小，以获得更高分辨率。图7-13A所示的循环测温实例中，冰点温度介于-3.5~-3.0℃之间。

许多包裹体由于冰的缓慢生长导致观察不到气泡的变化，能观察到的唯一现象是因包裹体瞬间冻结造成的气泡快速跳动。在此情况下，需要用第二种循环测温技术确定冰点温度，具体方法见图7—13B和下文：

(1) 将包裹体快速冷冻并注意观察由于包裹体被快速冻结造成的气泡跳动（即成核温度），在后续流程中，该温度是一个重要的参考温度。

(2) 将包裹体快速回温，寻找气泡快速跳动或形状、大小变化等任何现象。如果存在上述现象，那么将发生这些现象时的温度假设为冰点温度；如果在快速回温过程中不存在上述现象，则假设冰点温度为-10℃。将包裹体加热至0℃以上以确保冰完全熔化，然后快速将包裹体再次冷却至第一步的成核温度，观察包裹体的再次跳动。

(3) 将包裹体升温至第二步确定的温度之上并将该温度数据记录下来，立刻再次冷却至成核温度。

(4) 如果气泡在该温度下不跳动，则说明在上一步中冰仍未完全熔化，冰点温度一定高于第三步达到的最高温度。重复第三步至更高的温度点（根据需要的分辨率比第三步高0.1~1℃），如果气泡还是不跳动，则继续重复第三步，直至气泡跳动。

(5) 如果气泡在先前确定的成核温度点发生跳动，则说明冰在第三步的最高温度点已完全熔化。如果这是第一次循环（即尚未进行第四步），那么该温度依旧不能限定，在第二步的预测温度之下5℃或更低点重复第三步；如果这不是第一次循环（即第四步已进行过两次或更多次），那么冰完全熔化所发生的温度区间应该刚好位于第四步到达的最高温度点以下。

再次说明，循环测温技术用于限定最后一块冰完全熔化时的温度区间，在此过程中冰是观察不到的。上文介绍的两种方法均须对包裹体进行过度冷却以克服冰晶成核的动力学障碍。

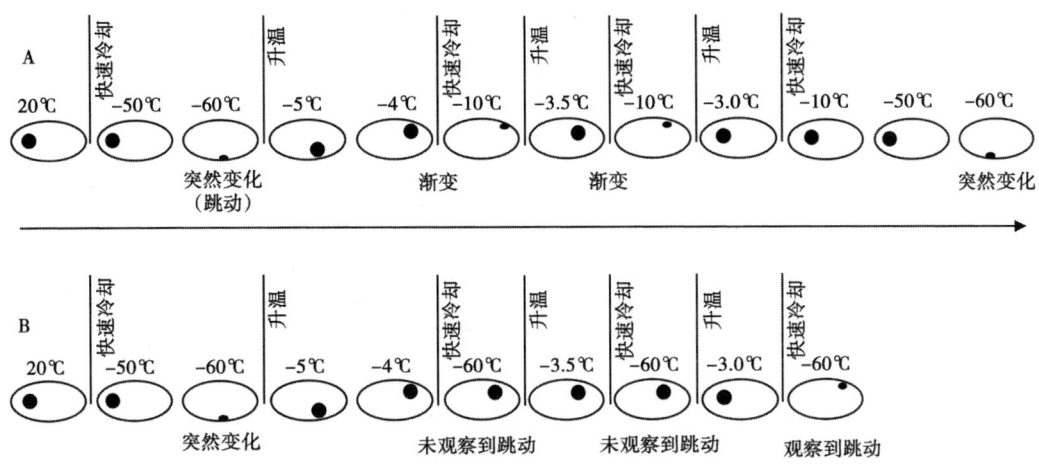

图 7-13 用于确定成岩矿物中小包裹体的冰点温度的循环测温技术示意图

箭头指示时间的变化;在进行循环测温之前,研究人员需要先快速将包裹体冻结(观察气泡的跳动)和升温(最低速率为 3℃/秒),直至气泡发生快速变化;此处介绍的实例中,在约-1℃时发生了某些变化,因此将循环测温的初始温度设置为-5℃。A—快速运行后,包裹体被迅速冷却和重新冻结;然后快速回温(设备使用的最快速率)到-5℃,不能高于该温度,记录-5℃时的气泡特征;然后缓慢回温,在-4℃时可以看到气泡变暗,这可能是由于包裹体内的冰正在熔化,光线变亮的缘故,其他可以经常观察到的现象包括气泡变大或移动;在-4℃温度点迅速降温,随着包裹体被冷却至-10℃,可以观察到气泡逐渐变小并有变形,这意味着在-4℃时冰依旧存在,随着温度的降低冰逐渐生长,生长着的冰使气泡发生变形或降低了气泡的成像质量(假如冰在-4℃彻底熔化,那么须将包裹体冷却至-60℃才会冻结);接下来回温至比-4℃更高的温度点(本实例选取-3.5℃),到-3.5℃后,再次快速冷却,可以观察到气泡与上个流程具有类似的变化;每次循环至更高的温度点,将会有更多的不可见冰晶发生熔化;在降温过程中冰晶的数量越少,冰在生长过程中就有更多的机会推动气泡并使之变形,因此,随着循环测温的进行,气泡的变化越来越大;在本实例中,温度达到-3.0℃,然后冷却至-10℃的过程中气泡未发生变化,说明冰在-3.5~-3.0℃之间已彻底熔化,将包裹体过冷却至-60℃才见到气泡的跳动证实了这一点,因此,冰点温度介于-3.5~-3.0℃之间。B—有时因包裹体的形状或气泡位置的缘故,在冰的熔化或再生长过程中观察不到气泡的变化,利用图 7-13A 介绍的方法无法确定包裹体的冰点温度,在这种情况下,每次循环须将温度降至气泡跳动的初始点;如果未观察到跳动,则说明冰未彻底熔化,将包裹体回温至-60℃以上;在接下来的升温循环中,将温度设置更高,至-3.5℃后,冷却至-60℃,未发现气泡跳动(即-3.5℃时冰未彻底熔化);接下来回温至-3.0℃,并再次冷却至-60℃,在该温度点发现气泡跳动,这意味着冰在-3.0℃已彻底熔化;由于冰在-3.5℃时未彻底熔化(根据上一次循环的结果),因此最后一块冰晶熔化的温度介于-3.5~-3.0℃之间

2) 缺少气泡的包裹体的冷冻流程

缺少气泡的盐水包裹体的低温相变温度不能用来解释包裹体的成分,因为应用相平衡的前提是包裹体中存在气相。正如第六章解释的那样,由于低温(<50℃)、亚稳态或颈缩等因素可能造成气泡不存在。但对于成岩矿物中的低盐度包裹体来说,将其冻结后,由于冰的密度小于液态水,气泡可能被完全占据。冻结后没有气泡的包裹体在回温过程中,初熔温度的确定将会变得困难。然而在初熔温度点,包裹体中含有大量的冰,后者对包裹体施加了明显的压力,内压升高使初熔温度降低(图 7.7),但由于内压未知,初熔温度的下降值不可预测。因此,初熔温度的解释以气泡的存在为前提。缺少气泡的包裹体升温至初熔温度点以上,冰发生熔化,从而稀释卤水并降低内压(冰熔化后体积减小)。在某一点,大量的冰已发生熔化,内压已明显降低,足以使气泡成核,但这种现象并不总是发生。可能的路径有两

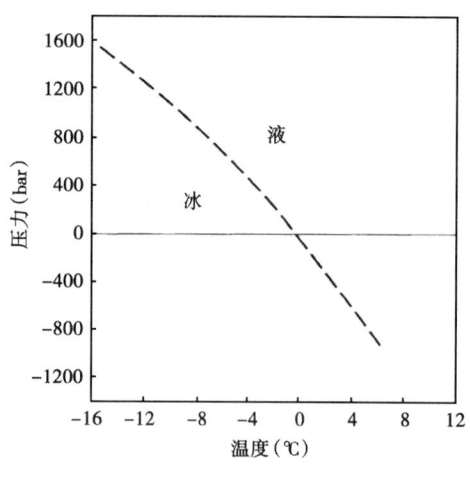

图 7-14 纯水体系的冰—水平
衡图（据 Roedder, 1984）
注意压力对冰熔化温度的强烈控制

种：气泡成核和气泡不成核。对于第一种情况（气泡成核），相平衡可以解释，冰点温度可以用来计算包裹体的总盐度；对于第二种情况（气泡不成核），升温过程中冰继续熔化，随着越来越多的冰发生熔化，压力越来越低，由于气泡仍未出现，因此流体处于张力（负压力）环境。压力越低，冰点温度越高，在负压力下，冰在0℃以上仍旧可以保持稳定（图7-14）。在负压力下、稳定熔点以上存在的冰叫过热冰（Superheated Ice），Roedder（1967）曾报道过这种现象，并对包裹体研究人员进行过提醒。2~6℃的过热是常见的。过热冰最终熔化后将产生一个较大的气泡。这种冰点温度不能用于解释盐度。为了利用冰点温度得到有效的盐度，要求在冰点温度之下的温度点包裹体中必须存在气泡。

对于在重要相变发生期间不存在气泡的包裹体，有时可以人为地使之产生气泡，从而获得有意义的初熔温度或冰点温度。室温下的纯液相包裹体在冷冻期间可能会产生气泡，原因有两个：一是因冷却而产生的流体热收缩，二是因包裹体冻结造成的包裹体体积膨胀。由于冰的可压缩性极低，因此石英矿物（刚性矿物）中的纯液相包裹体在冻结后体积可以增大。另一种方法是将纯液相包裹体在实验室中加热，人为地进行热改造再平衡（拉伸）使其体积增大。难度最大的是室温下呈两相，但在冷冻过程中气泡消失的那类包裹体，为了使之产生气泡，有以下两个技巧：一是包裹体冻结后，缓慢回温，在可能的冰点温度以下的温度点上恒温几分钟，如果幸运的话，气泡将会出现；二是进行多次冷冻/回温循环，这样可能有10%的几率使包裹体中出现气泡。如果上述两种方法无效，则将包裹体加热至均一温度以上使其体积发生膨胀。

在进行人为处理的过程中，如果包裹体发生泄漏，则其成分已经改变。因此，使用上述方法产生气泡过程中，最重要的一点是进行反复的冷冻/回温循环并关注包裹体的气液比变化。如果在后续的循环中气液比发生变化，则可能指示了包裹体发生泄漏，盐度已发生变化并失去了代表性。为了进一步证实盐度已发生变化，再重复冷冻流程。若冰点温度发生变化，则强烈指示在泄漏过程中盐度已发生变化，冰点温度数据无效。

3）H_2O—NaCl 体系冰点温度的解释

根据初熔温度证实为 H_2O—NaCl 体系，并获得冰点温度数据后，可以对包裹体的盐度进行计算。H_2O—NaCl 体系已经得到了很好的校正，冰点温度与盐度具有非常高的可靠性。最常用的计算公式来自 Potter 等（1978）。Bodnar（1992a, b）利用 Hall 等（1988）的数据，对冰点温度和盐度之间的换算公式进行了修正，计算精度高于±0.05%（wt）NaCl：

$$盐度（\%, wt） = 0 + 1.78\theta - 0.0442\theta^2 + 0.000557\theta^3$$

其中 θ 为冰点温度绝对值，单位为℃。该公式的计算结果见表7-5。

表 7-5 有气泡的包裹体盐度和相对应的冰点下降温度（$\Delta\theta$）关系表（据 Bodnar，1992）

FPD \ 盐度（%，wt） $\Delta\theta$	0	0.1	0.2	0.3	0.4	0.5	0.6	0.7	0.8	0.9
0	0	0.18	0.35	0.53	0.71	0.88	1.05	1.23	1.40	1.57
1	1.74	1.91	2.07	2.24	2.41	2.57	2.74	2.90	3.06	3.23
2	3.39	3.55	3.71	3.87	4.03	4.18	4.34	4.49	4.65	4.80
3	4.96	5.11	5.26	5.41	5.56	5.71	5.86	6.01	6.16	6.30
4	6.45	6.59	6.74	6.88	7.02	7.17	7.31	7.45	7.59	7.73
5	7.86	8.00	8.14	8.28	8.41	8.55	8.68	8.81	8.95	9.08
6	8.71	9.34	9.47	9.60	9.73	9.86	9.98	10.11	10.24	10.36
7	10.49	10.61	10.73	10.86	10.98	11.10	11.22	11.34	11.46	11.58
8	11.70	11.81	11.93	12.05	12.16	12.28	12.39	12.51	12.62	12.73
9	12.85	12.96	13.07	13.18	13.29	13.40	13.51	13.62	13.72	13.83
10	13.94	14.04	14.15	14.25	14.36	14.46	14.57	14.67	14.77	14.87
11	14.97	15.07	15.17	15.27	15.37	15.47	15.57	15.67	15.76	15.86
12	15.96	16.05	16.15	16.24	16.34	16.43	16.53	16.62	16.71	16.80
13	16.89	16.99	17.08	17.17	17.26	17.34	17.43	17.52	17.61	17.70
14	17.79	17.87	17.96	18.04	18.13	18.22	18.30	18.38	18.47	18.55
15	18.63	18.72	18.80	18.88	18.96	19.05	19.13	19.21	19.29	19.37
16	19.45	19.53	19.60	19.68	19.76	19.84	19.92	19.99	20.07	20.15
17	20.22	20.30	20.37	20.45	20.52	20.60	20.67	20.75	20.82	20.89
18	20.97	21.04	21.11	21.19	21.26	21.33	21.40	21.47	21.54	211.61
19	21.68	21.75	21.82	21.89	21.96	22.03	22.10	22.17	22.24	22.31
20	22.38	22.44	22.51	22.58	22.65	22.71	22.78	22.85	22.91	22.98
21	23.05	23.11	23.18							

注：FPD 为冰点温度绝对值（℃）；$\theta=\text{FPD}+\Delta\theta$。

3. 高盐度组分

1）水石盐的最终分解

盐度高于共结组分但低于石盐饱和度（23.2%～26.3%NaCl；图 7-10 中的 2 号包裹体）的包裹体，其低温相变特征与盐度为 10%NaCl 的包裹体（即图 7-10 中的 1 号包裹体）相似，只有一点不同：高盐度包裹体的最后熔化事件是水石盐的分解，而不是冰的熔化。这一点至关重要，因为水石盐的分解温度与冰的熔化温度可能相同，即从初熔温度至 0℃。因此，为了对相变温度进行正确的解释，必须准确识别最后熔化的固相是水石盐还是冰。水石盐的折射率为 1.416、冰为 1.313、液态水为 1.28～1.33（表 7-2），因此与冰相比，水石盐的凸起要高；然而这种差异并不总是很明显。区分水石盐和冰的最好练习方法是使用 SYN FLINC 公司生产的具共结组分的标样。图 7-15A、B、C 展示了具共结组分的人工合成 H_2O—NaCl 包裹体经过 $-24℃ \sim -20℃$ 的循环后产生的大晶体。在图 7-15A 中，大而暗的晶体为冰，小而亮的晶体为水石盐。在显微镜下，冰呈粉红色，水石盐呈绿色。另外，在冷冻循环过程中，冰的生长速率比水石盐快得多（这是非常重要的区分标志），并快速占据了多数空间，留给水石盐的生长空间很少。但回温过程中随着冰逐渐熔化，水石盐逐渐生长变大，如图 7-15B 和图 7-15C 所示，可以看到冰晶呈圆形，而水石盐具有很好的晶面并具高凸起。图 7-15D 为达到 NaCl 饱和的、含立方体状的石盐子矿物的人工合成 H_2O—NaCl 包裹体，注意照片上方石盐晶体与包裹体壁的界线几乎看不出来，这是由于石盐的折射率与石英主矿物相似。将石盐—石英界线与水石盐—石英界线（图 7-15B、C）相比，可以发现后者很清晰。一旦掌握了水石盐的鉴别特征，即使是在 $3\mu m$ 大小的包裹体中也不会认错。在小包裹体中（$<7\mu m$），水石盐对升温和降温的响应很迟缓，这是最好的鉴别特征。

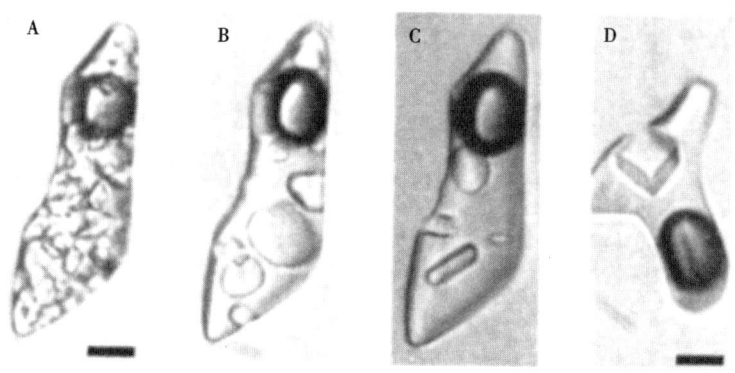

图 7-15 石英矿物中人工合成 H_2O—NaCl 包裹体的显微照片

展示了冰、水石盐和石盐的区别；A—具共结组分的包裹体经过快速降温/升温循环后，可以看到冰晶呈圆形，大而暗，水石盐小而亮；B—与 A 为同一个包裹体，但经过多次循环，水石盐晶体变得较大并能看到晶面，与冰和石英明显不同；C—与 B 为同一个包裹体，显示有一块冰晶和三块水石盐；D—包裹体中的石盐子矿物，可以看出石盐和石英之间的界线不明显，这是因为两种矿物的折射率相似，接触面上通常有一层液体膜；比例尺为 $7\mu m$

在前面实例中，需要将包裹体过冷却以克服成核动力学障碍。包裹体冷冻后，气泡可能逐渐变大。当包裹体最终冻结后，它变化很快并显现出上文描述的类似特征。唯一的不同是高盐度包裹体冷冻后，其中水石盐与冰的相对比例较高（见图 3-4，水石盐与冰的相对比例通过杠杆法则获得）。因此，高盐度包裹体在冷冻过程中，气泡不消失而是变形，这与前文介绍的低盐度包裹体不同。在回温过程中，初熔事件的识别方法与低盐度包裹体类似，但由于存在冰的快速、彻底熔化，更易观察（特别是较大的包裹体）。在初熔温度点，一些水石盐发生分解形成卤水。初熔事件完成后，额外的热量使温度升高，期间包裹体中仅包含水石盐、卤水和气泡，水石盐逐渐分解直至最终消失，在此过程中卤水浓度逐渐升高。成岩矿物中的包裹体通常很小（$<7\mu m$），精确确定水石盐的最终分解温度通常是不可能的。由于水石盐的生长和分解对温度的反应很迟缓，因此需要缓慢地升、降温，并控制好温度条件。在实际工作中，包裹体研究人员真正需要确定的是最后消失的固相是冰还是水石盐。如果是水石盐，那么盐度介于 $23\% \sim 26\%$ NaCl 之间。根据笔者的经验，确定高盐度包裹体的冰点温度不需很高的分辨率。另外，有了经验后，区分水石盐和冰将变得十分容易。

另外一个问题是有些高盐度包裹体不形成水石盐，而形成石盐，这从相图中可以看出来。在这种情况下，最后消失的固相不是-21.2~0.1℃之间的水石盐，而是沿亚稳定曲线熔化的冰，温度介于-28~-21.2℃之间（图7-10）。在实际工作中，如果发现冰的熔化发生在如此低的温度下，依然可以将盐度解释为23%~26%（wt）NaCl。

与低盐度体系一样，对水石盐最终熔化温度的有效解释也是以低压下体系中存在气泡为前提。如果最终熔化时包裹体的内压为负压（由于未形成气泡），水石盐的最终熔化温度将受到影响（Adams和Dibson，1930）。同样，在初熔事件期间未形成气泡也将影响到初熔温度。

在水石盐的最终熔化温度可以精确确定的情况下，这一温度可以用来解释流体包裹体的盐度。根据$H_2O—NaCl—KCl$体系的低温相平衡研究（Sterner等，1988），可以获得水石盐熔化温度与盐度之间的换算关系式：

$$盐度（wt\%NaCl）= 26.28708872+14.80771966\psi$$

其中ψ=水石盐的最终熔化温度（℃）/100。该公式得到的结果与实验数据很接近，平均偏差为±0.1%（wt），最大偏差为±0.23%（wt）。有气泡存在的条件下，该公式可用于$H_2O—NaCl$体系（水石盐的最终熔化温度为-21.2~0.1℃）。

2）共结组分的最终熔化

对于具共结组分的$H_2O—NaCl$包裹体，如果存在气泡，那么所有的熔化均发生在-21.2℃（图7-10中的3号包裹体）。最初冷冻时的特征与上文讨论的特征一致，见图7-12。在冷冻过程中，气泡略有变大，必须过冷却才能达到成核温度。达到成核温度后包裹体瞬间冻结，表现为气泡的突然跳动。在冷冻过程中气泡可能会消失，在这种情况下，随后回温过程中在相变之前气泡必须重新成核，否则相变温度没有意义。在回温过程中，可以观察到前文介绍的亚稳定初熔现象，但到达稳定的初熔温度后（-21.2℃），所有的冰发生熔化，所有的水石盐发生分解。由于水石盐分解速率较慢，在初熔温度点恒温一段时间很重要。如果存在大冰晶和（或）水石盐的生长，体系对温度的响应将很慢，初熔温度可能会很高。

3）石盐子矿物的消失

盐度大于26.3%（wt）的包裹体（图7-10中的4号包裹体）在0.1℃以上通常包含石盐子矿物（图7-15D）。石盐溶解的温度可以用来确定包裹体的盐度。根据相平衡理论，需要在石盐完全消失的瞬间出现气泡，但在气泡不出现的情况下仅会使计算出的盐度稍低。对石盐子矿物进行明确的识别，必须将它同别的子矿物例如钾盐区分开来。石盐是个等轴立方体矿物（表7-2），具有与石英类似的折射率，因此通常看不到石英—石盐界线（图7-15D），这是一个有效的鉴别标志。在冷冻期间，石盐容易形成水石盐，而且溶解度随温度变化很小，这一点与钾盐不同。在快速过冷却、冻结、回温阶段，包含石盐子矿物的包裹体将在亚稳定初熔温度点（-28℃）开始熔化。Roedder（1984）认为，随着缓慢冷冻，或将包裹体快速冻结但随后升温超过-28℃，在温度低于0.1℃时由于液体和石盐发生反应，因此水石盐可能会缓慢结晶出来。水石盐甚至会环绕在石盐周围造成上述反应终止。将包裹体缓慢加热，当温度上升至0.1℃，水石盐将会熔化形成新的石盐。在这种情况下，含石盐子矿物的包裹体会发生一个有趣的变化：冷冻导致盐水和包裹体壁反应形成水石盐，腐蚀包裹体壁（Davis等，1990）。

如果包裹体在室温下含有石盐子矿物,且包裹体中的流体为纯 NaCl—H_2O,那么其盐度最少为 26.3%NaCl。一些包裹体(主矿物不是石盐)在室温下相对石盐达到过饱和,但由于存在成核问题石盐未发生沉淀,这种情况下可以进行冷却以促使石盐的形成。如果存在石盐晶体,使用冷热台像测定均一温度那样对包裹体加热使石盐溶解可以获得更加明确的包裹体成分信息。在 Nacl 冰点温度下,根据石盐在水中的溶解度数据,可以计算包裹体的盐度。由于气泡中的水很少,因此无须校正(Hall 和 Sterner,1992)。根据石盐溶解温度计算盐度的公式如下(Sterner 等,1988):

$$盐度(wt\%NaCl) = 26.242 + 0.4928\phi + 1.42\phi^2 - 0.223\phi^3 + 0.04129\phi^4 + 0.006295\phi^5 - 0.001967\phi^6 + 0.0001112\phi^7$$

其中 ϕ 为石盐的溶解温度(℃)/100。该公式得到的结果与实验数据很接近,平均偏差为 ±0.11%(wt),最大偏差为±0.31%(wt)。

三、H_2O—NaCl—$CaCl_2$ 体系的低温相特征

使用 H_2O—NaCl—$CaCl_2$ 体系进行包裹体数据的解释,首先要通过包裹体的初熔温度证实为该体系。然而,该体系仅为成分模型,溶液中可能还包含其他成分。关于包裹体的冷冻和熔化流程在这一章的前面部分已有描述,这里不再重复。然而,H_2O—NaCl—$CaCl_2$ 包裹体在冷冻和熔化阶段形成特殊的亚稳定和稳定相,本书将作概要性的介绍。同其他体系一样,须将 H_2O—NaCl—$CaCl_2$ 包裹体过冷却至冻结,冰成核的主要依据是气泡突然跳动。图 7-6 展示了人工合成 H_2O—NaCl—$CaCl_2$ 包裹体的三类冻结。

1. 体系的识别

包裹体冻结后,必须仔细观察初熔温度以识别 H_2O—NaCl—$CaCl_2$ 体系。初熔温度的观察很困难,与包裹体的大小和冻结方式有关。如果包裹体冻结后为透明或褐色的固相(图 7-6A、B,2 号和 3 号包裹体),回温过程中,在初熔温度之下十几摄氏度通常可以看到模糊的马赛克状晶体(图 7-6C,2 号和 3 号包裹体)。这些模糊的马赛克状晶体可能指示了固相的重结晶,也可能指示了液体的出现。该结构的最重要识别标志位于稳定初熔温度点,表现为一些马赛克状晶体变亮(图 7-6D,2 号和 3 号包裹体),通常将其称作橘皮结构。有些包裹体的橘皮结构很明显,但有些冻结后形成马赛克状晶体的包裹体,通常观察不到橘皮结构(图 7-6 中的 1 号包裹体)。然而,当温度到达初熔温度之上,许多包裹体中出现形态和边界良好的晶体(图 7-6E):通常要记录这一温度,因为它指示熔化肯定已经发生了,初熔温度一定位于该温度之下。出于实用性考虑,包裹体研究人员唯一需要观察的是在-40℃左右出现了形态和边界良好的晶体,以证实流体为 H_2O—NaCl—$CaCl_2$ 体系。记住,这仅为一个成分模型,其中可能还包含其他类型的离子特别是二价阳离子。

H_2O—NaCl—$CaCl_2$ 包裹体在到达初熔温度之前将生成亚稳定组合(Davis 等,1990;Spencer,1990),例如:①气泡+冰+石盐+$CaCl_2 \cdot 4H_2O$;②气泡+冰+石盐+南极石。在升温过程中形成第①类亚稳定组合的包裹体,其亚稳定初熔温度预计为-70℃(实际观察结果见表 7-1),此时部分冰熔化成水,并与 $CaCl_2 \cdot 4H_2O$ 反应生成 $CaCl_2 \cdot 6H_2O$(南极石)。随着温度继续升高,石盐与水反应形成水石盐,包裹体中形成稳定的组合。对于第②类亚稳定组合,在-52℃左右南极石分解形成稳定的络合物。该体系的详细信息和稳定相特征的实际观察结果见表 7-6。

表 7-6 达到石盐饱和的 H_2O—$NaCl$—$CaCl_2$ 包裹体熔化特征的解释（据 Davis 等, 1990）

熔化特征	温度（℃）				解释
	0.12mol/kg	0.75mol/kg	1.8mol/kg	2.9mol/kg	
清晰的暗色玻璃状固体	—	—	$-85 \sim -75$	$-90 \sim -80$	亚稳定 $CaCl_2$ 水合物初熔
柱状固体变粗	—	—	$-70 \sim -60$	$-70 \sim -50$	冰熔化和重结晶
不透明的包裹体变亮、气泡出现	$-53 \sim -47$	$-56 \sim -50$	—	—	稳定 $CaCl_2$ 水合物初熔
最后一块透明的柱状晶体彻底熔化	$-35 \sim -23$	$-50 \sim -35$	—	$-36.7 \sim -36$	冰点温度
最后一块具双折射的晶体彻底熔化	$-0.1 \sim 0$	$-1.4 \sim -1.2$	$-5.0 \sim -4.4$	—	水石盐彻底熔化

注：表中 0.12mol/kg、0.75mol/kg、1.8mol/kg、2.9mol/kg 为 $CaCl_2$ 的摩尔浓度。

2. 稳定的相平衡

将流体包裹体冻结产生稳定的组合（气泡+冰+水石盐+南极石），稳定的初熔现象发生在 -52℃ 左右，此时南极石发生分解。通过相图（图 7-16）可以看到在回温过程中包裹体的变化路径。在 -52℃（图 7-16，点 A），初熔现象发生，南极石全部分解，此时包裹体中包含气泡、水石盐、液体和冰。继续升温，溶液成分沿共析曲线（A—B）发生变化，由于水石盐的分解和冰的熔化，共析曲线将冰+液体区和水石盐+液体区分隔开来。如果包裹体的盐度足够低，那么冰（而不是石盐和水石盐）将是最后熔化的相态。下一个事件是最后一块水石盐晶体的分解温度（图 7-16A、B 中的点 B）。中间熔化温度很重要，它与流体包裹体中 $CaCl_2$ 和 $NaCl$ 的相对数量有关。这些反应发生之后，包裹体中只剩冰、液体和气泡。继续升温，冰逐渐熔化并稀释残留卤水，但 $NaCl/CaCl_2$ 比例不变。最终，最后一块冰发生熔化（图 7-16B，点 C）。冰点温度必须与中间熔化温度结合来确定流体包裹体的盐度：通过在冰+液体区寻找 $NaCl/CaCl_2$ 比例线（根据中间熔化温度确定）与冰点温度等值线的交点（图 7-16B，C 点）确定盐度（在本实例中，盐度为 18%$NaCl + CaCl_2$）。

如果根据初熔温度小于 -40℃ 选择 H_2O—$NaCl$—$CaCl_2$ 体系，并能确定水石盐的中间熔化温度，可以使用图 7-16 中的相图确定包裹体中 $NaCl/(NaCl+CaCl_2)$ 比值及总盐度。利用相图确定的 $NaCl/(NaCl+CaCl_2)$ 比值的精度值得质疑，这是因为相图是以实验数据为基础绘制的。Oakes 等（1990）利用 Yanatieva（1946）的数据绘制了这些相图，以构建冰/水石盐共析曲线，并通过在冰+液体区添加新的数据（表 7-7）构建了等温线。Oakes 等（1990）指出，在图 7-16 实例中水石盐的最后分解温度为 -25℃，使用他们自己的数据得到的 $NaCl(NaCl+CaCl_2)$ 比值为 0.7，但使用 Yanatieva（1946）的数据得到的 $NaCl(NaCl+CaCl_2)$ 比值为 0.53。因此必须意识到，根据 H_2O—$NaCl$-$CaCl_2$ 体系的低温相变对包裹体成分进行解释的误差很大程度上与人们对该体系相平衡的认知有关。

如果盐度足够高，那么包裹体中最后熔化的固相不是冰，而是水石盐。在初熔温度点（-52℃），南极石仍旧分解，水石盐和冰依旧沿冰+液体/水石盐+液体共析曲线熔化（图 7-16），但冰比水石盐先熔化完毕。冰彻底熔化后，包裹体将进入水石盐+液体区，最终水石

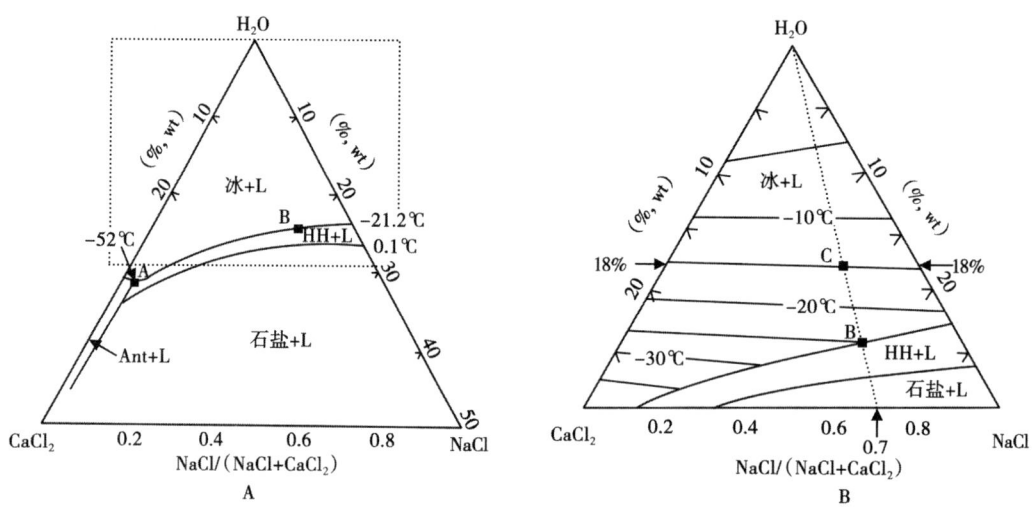

图7-16 H₂O—NaCl—CaCl₂ 体系的相平衡

L=液体，Ant=南极石，HH=水石盐；A—据 Crawford（1981）修改，数据来自 Yanatieva（1946）；B—图 A 方框部分的放大，据 Oakes 等（1990）修改，使用 Oakes 等（1990）的等温线和 Yartatieva（1946）的共析曲线

盐彻底熔化。假如包裹体盐度更高，石盐将是最后消失（溶解）的固相。南极石依旧在初熔温度点彻底分解，剩下水石盐、冰、液体和气泡；接着水石盐和冰沿冰+液体/水石盐+液体共析曲线发生熔化，当冰彻底熔化后，包裹体进入水石盐+液体区；然后，随着水石盐的分解和石盐的形成，进入水石盐+液体/石盐+液体包晶区（Peritectic）；最后进入石盐+液体区，石盐逐渐溶解（Vanko 等，1988；Oakes 等，1992）。

表7-7 不同 NaCl/（NaCl+CaCl₂）比例盐水溶液（包裹体）的冰点温度与盐度关系表（据 Oakes 等，1990）

NaCl/（NaCl+CaCl₂）	θ（℃）	盐度（%，wt）
1.00	0	0
	1.84	3.08
	2.03	3.40
	5.42	8.45
	6.98	10.48
	9.22	13.11
	10.27	14.25
	12.49	16.46
	12.86	16.78
	14.91	18.57
	16.91	20.18
	19.17	21.80
	20.64	22.80
	21.48	23.34

续表

NaCl/(NaCl+CaCl$_2$)	θ(℃)	盐度(%, wt)
0.593	0	0
	1.70	3.13
	2.06	3.77
	3.01	5.32
	4.05	6.92
	5.19	8.50
	5.21	8.54
	6.02	9.58
	7.08	10.88
	8.10	12.05
	9.10	13.10
	10.03	14.03
	11.02	14.96
	12.19	16.00
	13.24	16.89
	14.08	17.55
	15.14	18.36
	17.04	19.69
	19.06	21.02
	21.02	22.19
	23.23	23.41
	23.28	23.43
0.195	0	0
	1.55	3.18
	2.03	4.09
	3.37	6.34
	4.40	7.87
	5.05	8.75
	6.00	9.95
	7.02	11.13
	8.09	12.27
	9.02	13.18
	10.04	14.12
	11.13	15.06
	11.97	15.75
	13.96	17.22
	16.09	18.65
	18.07	19.82
	20.36	21.08
	22.01	21.94

续表

NaCl/(NaCl+CaCl$_2$)	θ(℃)	盐度(%, wt)
0	0	0
	1.42	3.13
	2.08	4.42
	3.68	7.09
	4.06	7.64
	5.21	9.16
	6.02	10.15
	6.03	10.20
	7.06	11.35
	8.08	12.39
	8.42	12.64
	9.08	13.34
	10.98	14.83
	11.62	15.46
	12.03	15.72
	13.50	16.77
	14.21	17.31
	15.30	18.04
0	16.02	18.42
	17.80	19.46
	19.32	20.19
	19.64	20.40
	20.78	20.97
	21.12	21.16
	21.97	21.56
	23.08	22.04
	24.02	22.41
	25.23	23.01
	25.25	22.95
	26.08	23.37
	27.06	23.73
	27.08	23.73
	27.21	23.78
	27.22	23.82
	28.08	24.16
	28.98	24.44
	30.16	24.89

续表

NaCl/(NaCl+CaCl$_2$)	θ(℃)	盐度(%, wt)
0	32.09	25.52
	32.13	25.56
	34.07	26.17
	35.72	26.69
	36.03	26.78
	37.07	27.08
	38.08	27.39
	39.03	27.66
	39.83	27.88
	40.80	28.14
	42.16	28.50
	42.89	28.68
	43.15	28.71
	44.00	28.97
	44.77	29.16
	45.64	29.37
	46.55	29.58
	46.66	29.61
	48.28	29.94
	49.37	30.23
	50.14	30.39
	50.51	30.46
	51.20	30.59
0.796	0	0
	1.71	3.03
	2.01	3.54
	3.05	5.20
	4.01	6.68
	4.55	7.43
	4.94	7.97
	4.98	8.09
	6.12	9.57
	6.13	9.56
	7.03	10.69
	8.84	12.78
	10.12	14.12
	11.00	14.98

续表

NaCl/（NaCl+CaCl$_2$）	θ（℃）	盐度（%, wt）
0.796	11.91	15.81
	13.32	17.05
	14.19	17.79
	15.19	18.58
	16.05	19.25
	17.03	19.96
	18.01	20.65
	18.99	21.30
	19.00	21.31
	20.05	21.99
	20.96	22.56
	22.13	23.25
	22.48	23.63
0.393	0	0
	1.59	3.12
	2.04	3.88
	2.10	4.02
	3.18	5.84
	4.22	7.40
	5.46	9.08
	6.94	10.88
	8.06	12.10
	9.16	13.24
	10.06	14.09
	11.11	15.04
	12.06	15.84
	13.00	16.60
	14.02	17.37
	15.32	18.30
	16.95	19.39
	17.03	19.41
	19.36	20.85
	21.22	21.87
	23.21	22.96
	25.07	23.85
	26.93	24.71

续表

NaCl/（NaCl+CaCl$_2$）	θ（℃）	盐度（%，wt）
0.169	19.99	20.86
	22.11	21.94
	24.05	22.85
	25.98	23.70
	28.02	24.54
	30.08	25.34
	30.21	25.39
	32.11	26.09
	34.03	26.75

注：θ 为冰点温度绝对值。

3. 实际观测

识别和确定该体系组分的一个重要问题是能否观测到相变。为了评估该问题，笔者获得了石英矿物中具不同成分的人工合成 H_2O—NaCl—CaCl$_2$ 包裹体（由 M. Sterner 提供），这些包裹体在合成过程中采用了与 Haynes 等（1988）同样的实验条件。下文描述的内容可以指导天然包裹体中的相变观测。包括相变识别的精度、解释的局限性、进行有效观察的技巧。

盐度约为 23% NaCl+CaCl$_2$ 的包裹体在过冷却过程中，可以观察到两种类型的冻结现象：气泡突然跳动但保持透明和气泡突然跳动并变黑（包含细晶物质，图 7-6、图 7-17）。多数情况下，包裹体在 −85～−52℃ 之间被冻结，但一个盐度较低的样品（约 11% NaCl+CaCl$_2$）在初熔温度点之上发生了冻结。

冻结后，在远远低于稳定初熔温度时，一些包裹体中出现马赛克状结构（图 7-17）。这是由于晶体或玻璃状物质的重结晶（Roedder, 1984）、流体中亚稳定相的结晶（Davis 等，1990；Spencer 等，1990）造成的，容易与稳定初熔温度混淆。记住，稳定初熔温度以橘皮结构为特征（大约出现在 −52℃），随后有液体出现，在一些包裹体中这两种现象都能清楚地观察到。在笔者研究的许多包裹体中，在接近初熔温度时（通常在初熔温度之上几摄氏度），熔化现象变得很明显。我们必须对 −40℃ 以下发生的熔化进行正确识别，以证实选择 H_2O—NaCl—CaCl$_2$ 模型的合理性。正如在图 7-17E 中看到的，在 −40℃ 时熔化很明显，表现为晶体形态和界面完好。

在中—低盐度包裹体中，接下来彻底分解的一个相为水石盐。水石盐分解后只剩下冰。最后一块水石盐分解后，包裹体将变亮，根据该现象确认水石盐的熔化温度。但正如图 7-17 所示，即使对于很大的包裹体（10μm，对比图 7-17F、G 中的 1 号包裹体），这一现象通常不是很明显（图 7-17G，6 号包裹体），仅表现为突然变亮（图 7-17F、G）。在许多小于 10μm 的包裹体中是否能观察到这种中间熔化现象，笔者确实无法预测。值得指出的是，识别熔化的固相是否为水石盐往往并不容易。对于图 7-17G 中的包裹体，笔者无法识别中间熔化事件中发生分解的固相类型。可以使用循环测温技术对中间相进行分离或放大以促进岩相学研究。如果能够观察到变亮事件末期的温度，应将其记录下来，该参数对于指示包裹体的成因具有重要意义。在对人工合成流体包裹体进行分析过程中，笔者发现在

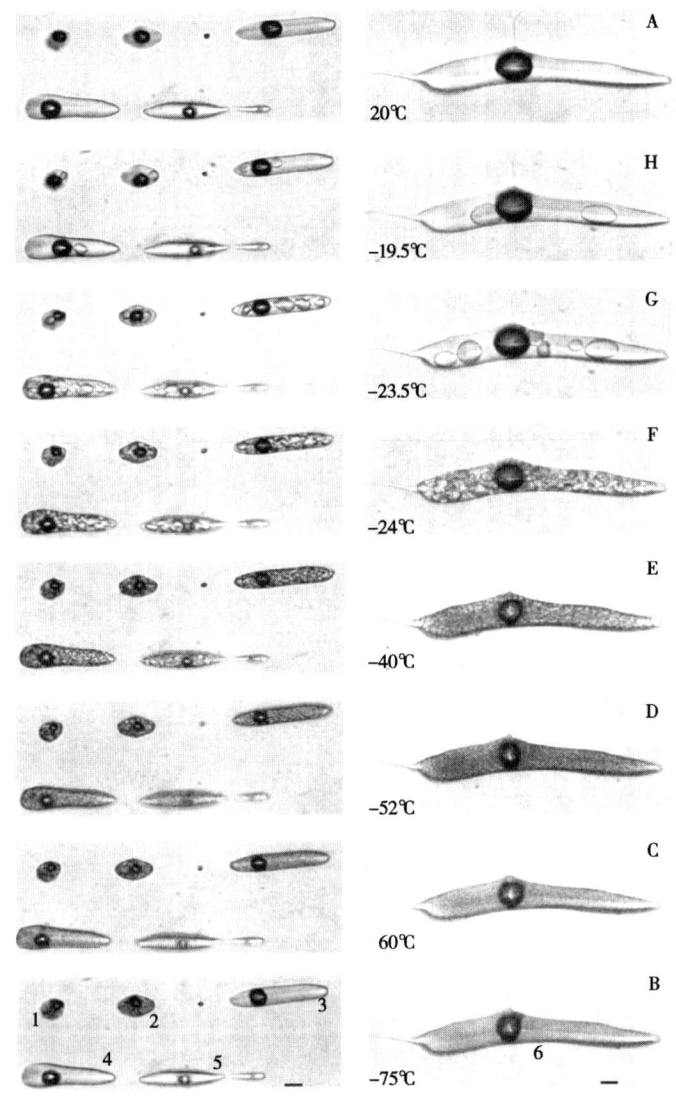

**图 7-17　石英矿物同一条愈合微裂隙中 6 个人工合成的 H_2O—NaCl—$CaCl_2$
包裹体在冷冻/回温过程中的微观照片**

A—室温。B—在-65℃,1号和2号包裹体首先冻结,形成马赛克状晶体;其他包裹体在大约-75℃时冻结为透明的固相,在冷冻过程中6号包裹体具有微弱的马赛克状结构。C—缓慢升温(5min)至-60℃,3~6号包裹体中出现马赛克状结构,但看上去很模糊;1号和2号包裹体未发生变化。D—在稳定初熔温度点(-52℃),所有的马赛克状晶体看上去很清晰,一些晶体明显变亮,这种现象叫作橘皮结构,表明达到初熔温度点。E—至-40℃,晶体具有明确的形状和边界,因此在-52℃时研究人员怀疑包裹体发生熔化,至-40℃应该确信这一点。F—在-24℃时,发生了更多的熔化和重结晶,圆状而清晰的晶体为冰,它们是通过小冰晶的逐渐生长形成的,其他小晶体(较明亮者为水石盐)仍然存在于大冰晶之间。G—在-23.5℃,发生明显的变亮,6号包裹体尤其明显,在该包裹体中,大冰晶间隙中的小冰晶在短时间内消失,在熔化过程中,它们剧烈晃动,像是要急着赶去什么地方;3号和4号包裹体中仍然残留有几块小冰晶,它们中的一些显示非常低的凸起,因此肯定不是水石盐,但笔者不能确认其类型;此外,中间熔化事件(以快速变亮为特征)发生的温度低于用作确定 NaCl/(NaCl+$CaCl_2$)比例的熔化温度;该实例说明,在使用图7-16之前,对熔化的相的类型进行正确识别是何等重要。H—在-20.5℃,包裹体中仅残留少量冰晶,至-19.5℃,冰晶彻底熔化。比例尺为7μm

一些包裹体中很难重复水石盐的熔化温度。几摄氏度的误差可以导致对 NaCl/（NaCl+CaCl$_2$）比例的解释完全错误（图 7-16）。另外，天然卤水的成分非常复杂，假如不能对溶解固相的类型进行识别，应避免使用图 7-16。可以通过其他分析手段确定天然包裹体中 NaCl/（NaCl+CaCl$_2$）比例。

最后一块冰的熔化有时能够直接观察到，有时需要利用循环测温技术。前文介绍的 H_2O—NaCl 包裹体的测试技巧在这里同样适用。利用水石盐的熔化温度或其他分析手段确定了 NaCl/（NaCl+CaCl$_2$）比例后，可以通过图 7-16B 中的等温线或 Oakes 等（1990，1992）的公式和图解将冰点温度换算为盐度。

四、H_2O—NaCl—CH_4 体系的低温相特征

在成岩环境中，绝大多数盐水流体与其他组分（通常被认为是气体）处于平衡。这些气体包含氦气、氩气、氖气、氮气、二氧化碳、硫化氢、氢气、丁烷、丙烷、乙烷和甲烷。天然气在组成上变化多样，通常情况主要由甲烷（>80%）和少量乙烷、丙烷、丁烷、戊烷、氮气、硫化氢和二氧化碳组成（Selly，1985），但上述任何一种气体都可能大量出现在天然气中。对于埋藏成岩环境中大部分天然气体体系来说，假设它们以甲烷为主可能是合理的。在富气相包裹体中，除甲烷外，可能还存在其他类型的气体，如果忽略了它们，在解释流体包裹体数据时可能产生很大的误差。

在沉积环境下，H_2O—NaCl—CH_4 体系中可能存在不混溶。因此，该体系中捕获的包裹体在冷冻过程中的特征可分为两类：以水为主的包裹体和以甲烷为主的包裹体。对于以甲烷为主的包裹体，其冷冻过程中的特征取决于包裹体捕获时的密度高于还是低于甲烷的临界密度（见图 3-2）。

1. 含甲烷的以水为主的包裹体

由于甲烷以溶解组分存在于许多地下卤水中，细心的研究人员会不断寻找盐水包裹体中存在甲烷或其他溶解气体的证据。甲烷的存在可以通过压碎法、使用精密仪器或通过冷冻法进行证实。下文描述的显微测温方法有助于识别含甲烷的流体包裹体。

含高压甲烷气泡或富甲烷气体的盐水包裹体在冷冻过程中可形成固相天然气水合物，称为笼形物。笼形物是包裹体内存在气体的证据，将包裹体冷却至室温以下，笼形物是稳定的。笼形物在 0℃ 以上或低温条件下均可存在。气相和液相的成分对笼形物的 p—T 稳定区具有重要影响（图 7-18）。在冷冻过程中，可以根据气泡突然跳动或变形来确定笼形物的形成，笼形物的形成温度高于包裹体的冻结温度。因此，在包裹体冷冻期间，谨慎的研究人员能观察到两次气泡的跳动，第一次是由于笼形物的形成，第二次是由于包裹体的冻结。图 7-19 展示了笼形物的形成过程：将包裹体冻结，回温至冰点温度后立即冷却，形成笼形物。在这个实例中，在包裹体过冷却时，可能直到其他所有组分冻结后笼形物晶体才成核。最后一块冰熔化时，笼形物晶体由于太小而观察不到；但在冷冻过程中无其他固相干扰的情况下，它们可以自由生长。在气/液界面，存在甲烷和水这两种化合物，因此笼形物形成很快，气泡边缘弯曲，参差不齐（图 7-19E、F）。对于室温下具有数百巴压力的包裹体很容易观察到上述特征，但在室温下压力低至 50bar 的大包裹体（>7μm）中也可能观察到。由于许多生长着的笼形物形成支撑格架，阻止了气泡的变形，因此，有时需要多次循环测温（但无须将温度降至太低使冰和其他相成核）。完成一次循环后，下一次循环中应将温度略微提高（0.5℃），因为在温度升高时笼形物晶体熔化导致数量下降，成核点变少，在下一次冷

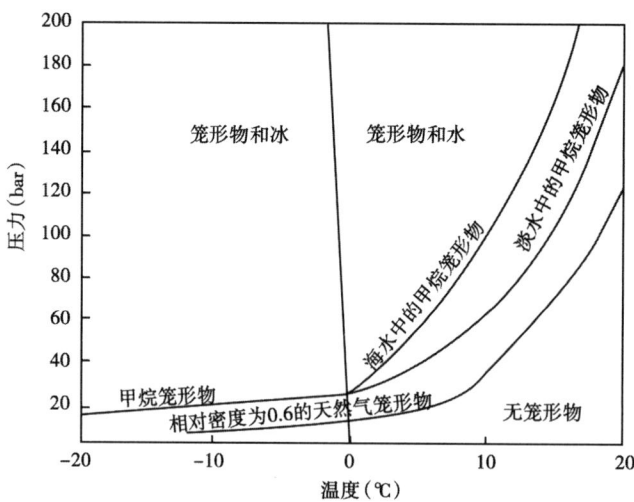

图 7-18 笼形物的稳定区（据 Hunt，1979；Seitz 和 Pasteris，1990，修改）

曲线代表了稳定笼形物的界线；在曲线右边和下面无笼形物存在；在高温下笼形物和水共存；在低温下笼形物和冰共存；冰—液态水边界为淡水边界；笼形物的稳定性以甲烷笼形物和淡水、甲烷笼形物和海水、相对密度为0.6 的天然气和水的平衡表示

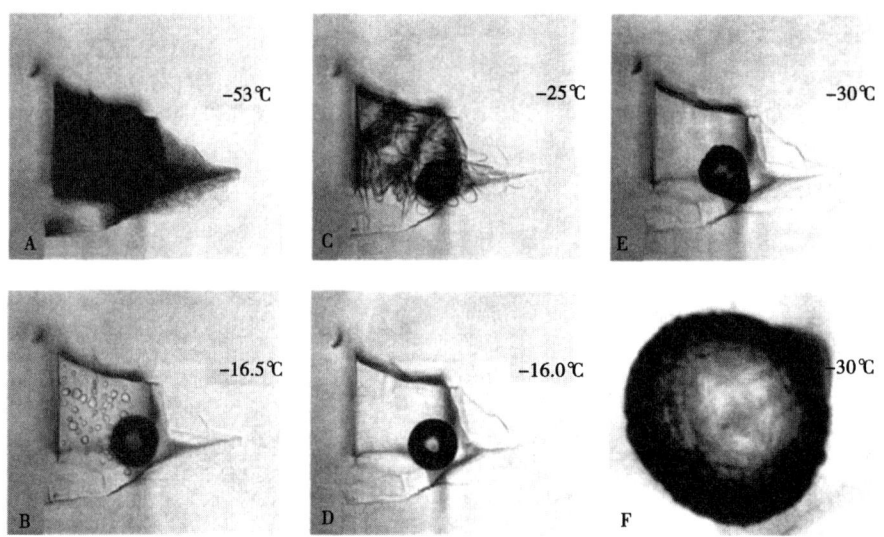

图 7-19 萤石中一个大盐水包裹体的显微照片

展示了笼形物的形成；A—冷却至-53℃，由于马赛克状晶体阻止了光线透过，因此包裹体变黑；B—升温至-16.5℃，包裹体中残留了少量冰晶；C—冷却至-25℃，冰晶生长并挤压气泡；D—将包裹体再次升温至-16℃，冰晶全部熔化，并在最后一块冰晶消失的瞬间迅速降温；E—至-30℃，气泡发生变形，但这不是冰或水石盐的生长造成的，因为包裹体中不存在如图 7-19C 所示的晶体；F—变形的气泡放大图。在液相和气相的界面上存在甲烷笼形物，这被拉曼光谱证实；该包裹体的相变过程的录像带已经由 Burruss 和 Reynolds（1993）发行，从录像带中可以看到笼形物的形成、笼形物晶体从液体内向外生长并最终和气泡接触，然后新形成的笼形物晶体快速覆盖在接触面上；需要告诉读者的是，该包裹体的大小为 50μm，如此巨大的包裹体在成岩矿物中异常罕见

冻过程中容易形成大的笼形物晶体，使观察变得更容易（Burruss 和 Reynolds，1993）。在冷冻过程中，气泡的缓慢移动不能指示包裹体中存在气体。此外，在很多情况下，即使包裹体

中存在气体也观察不到上述现象，尤其是对于小包裹体或气体含量很低的包裹体。一种很好的练习方法是在三相包裹体（液相水，液相二氧化碳，气相二氧化碳）中识别二氧化碳笼形物，这类包裹体常见于中温、绿岩带金矿脉体和一些中—高级变质环境中。另外，还可使用 SYN FLINC 公司生产的 $H_2O—CO_2$ 包裹体标样。

笼形物的最终熔化温度最好通过循环测温技术确定：经过数次循环后，气泡在冷冻过程中最终不发生变形，表明笼形物一定在上一次循环过程中彻底熔化。笼形物的熔化温度取决于包裹体的盐度和气体含量，温度范围大概在$-20 \sim +25℃$之间。气体含量越高，形成的笼形物数量越多，观察到笼形物的机会越大；反之，包裹体的盐度和气体含量越低，越难观察到笼形物的形成和熔化。

2. 以甲烷为主的包裹体

在室温下，对于没有经验的研究人员来说，富气相包裹体看起来是空的，因为这类包裹体许多呈黑色，不能观察到弯液面（图 2-1C，图 7-20A）。另外，某些富气相包裹体看起来与纯水包裹体一样（图 7-21A）。但细心的研究人员不会忽视包裹体没有明显的气泡这一特点，并会试图确定在这类包裹体中包含什么东西。可以通过压碎法或其他分析方法确定该类包裹体的成分。一些空的包裹体（可能在制样期间泄漏形成的，里面包含空气）可以在显微镜下识别：在样品表面涂上丙酮，或在冷热台中通入液氮，如果包裹体为空的并充填空气，随着液体的注入，包裹体将逐渐变亮；待丙酮或液氮挥发后，包裹体重新变暗。黑色或透明的单相包裹体通常应冷却至液氮温度（$-196℃$），并仔细观察整个过程中发生的相变。一些常见的相变如图 7-20 和图 7-21 所示，具体描述见下文。

对于甲烷包裹体，只有在临界温度（$-82.1℃$）以下气相和液相才能共存。对于低于临界密度的甲烷包裹体，在其边缘可以看到闪烁（移动），或在包裹体内存在尖尾或弯液面，证明包裹体中以气体为主，但在临界温度以下可以看到包裹体表面存在一圈液膜（图 7-20B）。在更低的温度下，液相会有所增加（图 7-20C、D）。接近于临界密度的甲烷包裹体，在冷却至气液两相时，包裹体中具有明显的紊流（Turbulence）。高于临界密度的甲烷包裹体，冷却过程中将形成气泡（图 7-21B），进一步冷却，气泡变大而液相变小（图 7-

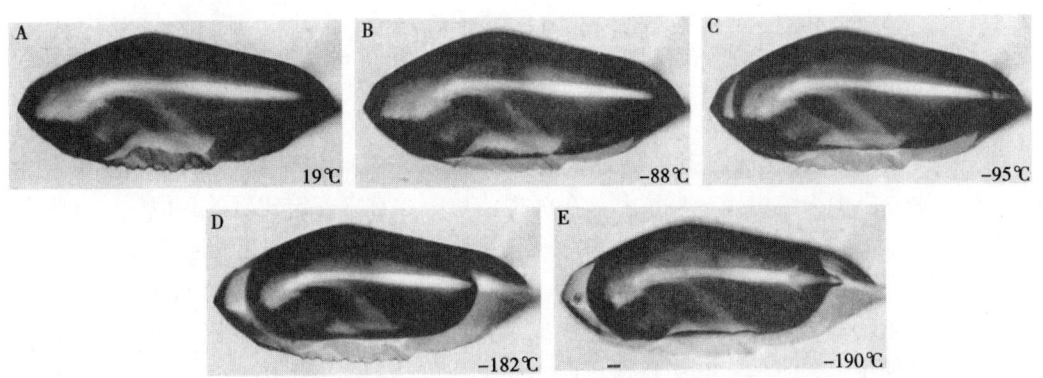

图 7-20 黑色、低密度（低于临界密度）甲烷包裹体相变特征的显微照片

在室温条件下，包裹体中的流体处于超临界状态，但冷却至临界温度以下，包裹体中液相和气相共存；温度低于$-190℃$时，甲烷冻结，表现为如图 7-20E 所示的气泡变形；在$-182.5℃$（纯甲烷的三相点），气泡突然变回原来的形状；在$-87℃$，包裹体达到均一；因此，永远不要忽略这类黑色包裹体；低密度甲烷包裹体并非总是像此处展示的包裹体那么黑，它们还可能像图 7-21 的包裹体那样透明；黑色是光线在包裹体表面产生折射引起的；比例尺为 $7\mu m$

21C、D）。

　　将甲烷包裹体冷却至液氮温度（-196℃），任何液态甲烷均被冻结，表现为气泡突然变形（图7-20E，图7-21E）。对于纯甲烷来说，这种现象将会在温度低于-190℃时发生，但如果包裹体被液氮掩盖，就观察不到该现象。同样，对于更小的、密度更低的包裹体，观察到这个现象比较困难。如果未观察到冻结（气泡变形），请不要放弃：将温度升至-196℃以上观察熔化现象，升温过程中，固相甲烷熔化后，气泡将突然变回原来的形状。纯甲烷的熔化温度为固定值——-182.5℃，如果存在其他挥发组分气体，熔化温度将高于或低于该值。

　　继续升温，气泡可能发生收缩（包裹体的密度高于临界密度；图7-21）也可能发生膨胀（包裹体的密度低于临界密度；图7-20）直至均一为单相。跟盐水包裹体一样，如果为纯甲烷包裹体，则其均一温度与密度有关（见图3-2）。与盐水包裹体不同的是，成岩环境中的甲烷包裹体的均一既可能表现为气相的消失，也可能表现为液相的消失。

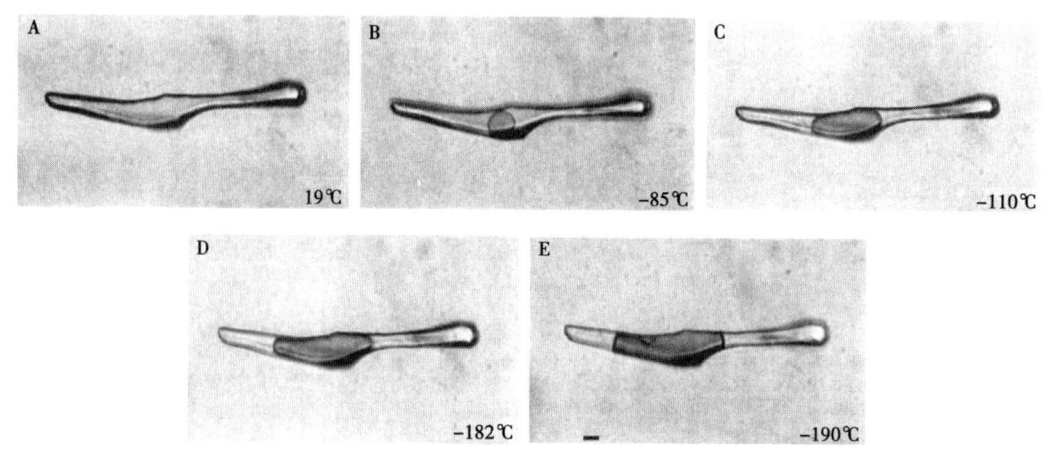

图7-21　透明、高密度（高于临界密度）甲烷包裹体相变特征的显微照片

在室温条件下，包裹体中的流体处于超临界状态，但冷却至临界温度以下，包裹体中液相和气相共存；温度低于-190℃时，甲烷冻结，表现为如图7-21E所示的气泡变形；在-182.5℃（纯甲烷的三相点），气泡突然变回原来的形状；在-83.2℃，包裹体达到均一；因此，永远不要忽略没有气泡的包裹体；高于临界密度的甲烷包裹体在室温下并非总是透明的，它们还可能像图7-20的包裹体那样黑；透过包裹体的光线数量取决于通过包裹体表面发生折射的方向；比例尺为7μm

　　在一些大的纯甲烷包裹体中可以观察到上述现象。但成岩矿物中的包裹体通常小于7μm，并且成分极少为纯甲烷。事实上，在沉积体系中通常含一定比例的其他气体（例如乙烷、丙烷、CO_2等）。假如甲烷包裹体中存在其他气体，上述相变温度将会改变。可以根据以下特征验证甲烷包裹体中存在其他气体：①冷冻过程中，如果包裹体的冻结温度高于甲烷的三相点，则指示存在其他气体；②包裹体冻结，如果初熔事件发生的温度不是甲烷的三相点，说明不是纯甲烷包裹体；③甲烷熔化后，如果在更高的温度下仍存在其他固相，说明不是纯甲烷包裹体；④均一温度高于甲烷的临界温度（-82℃），指示包裹体中存在其他成分。由于笼形物的熔化受压力和盐度控制，再者由于笼形物的熔化发生在很大的温度范围内，因此，笼形物的熔化温度一般不能指示气体的成分。除了显微测温，还可以利用其他方法（例如压碎法、拉曼探针、红外光谱、质谱、气相色谱等）对包裹体中的甲烷和其他气体组分进行识别。

H_2O—$NaCl$—CH_4 成分模型不能用来对根据冰点温度确定的盐度进行量化。但当包裹体中存在甲烷时，使用别的成分模型对冰点温度进行解释时，H_2O—$NaCl$—CH_4 模型有助于我们对误差进行评估。例如，利用海水模型对含甲烷包裹体的冰点温度进行解释时，盐度误差可能高达15‰，在一些研究中这么大的误差显然是无法接受的。当然，对于含甲烷的包裹体，H_2O—$NaCl$—CH_4 成分模型对于解释捕获温度和捕获压力是最合理的，具体见第九章和第十章。

第九节 小 结

本章首先介绍了流体包裹体显微测温的方法和流程，然后介绍了成岩环境中一些简单而实用的流体体系的低温相变特征，另外，还包括许多显微测温数据的收集方法和技巧。然而必须记住的是，本书讨论的流体体系在成分上比成岩环境中天然流体要简单得多。本书介绍的每种体系应被看作理想模型，只有在合适的情况下方可使用，同时要明确其中存在固有的误差。对于更为复杂的流体组分，也可以进行研究，但首先需要通过其他分析技术——每种分析技术似乎都存在不足——确定包裹体的成分；其次需要通过显微镜或其他分析方法（例如拉曼光谱）对包裹体的所有低温相变进行识别。假如能得到上述数据，就可以使用已有的模型对复杂体系的相平衡进行解释。目前存在多种模型可以对沉积领域复杂体系的相平衡进行研究。其中的一种（Spencer 等，1990）已被成功用于模拟复杂卤水的低温相平衡。与卤水达到平衡的气体的模拟可以通过其他模型（Peng 和 Robinson，1976）来实现。这些模型的具体信息，不是本书讨论的范畴，但需要说明的是，这些模型都存在误差。它们基于实验和理论数据，应当被看作近似模型。流体包裹体的相平衡研究和探索是一件有意义的事情，可以为我们提供有价值的信息；但不能忘记的一点是，对数据的解释总是存在局限性。

第八章 数据的表达

前文已经介绍了用于显微测温的流体包裹体的选择方法，假如读者们采纳了笔者的建议，那么包裹体显微测温数据的表达将会非常简单。那些不以流体包裹体组合为单元收集数据的研究人员采用了不恰当的方法，他们必须假定数据的任何变化是由于自然条件的变化引起的。这一假设将导致错误的认识，即通过直方图将数据的变化性表达出来，并认为这是合理而有效的，然后根据统计法确定的平均值和众值对数据进行解释。这种逻辑看似合理，但是认为数据的变化性是固有的并能预料这一假设完全错误。仔细考虑大量天然实例，例如沿单个微裂缝或沿单个生长带分布的包裹体具有非常一致的显微测温数据；或者考虑其他实例，例如人工合成包裹体数据变化最多为千分之几十。实际上，对于特定 $p—T—X$ 条件下捕获的一群包裹体，几乎不存在数据上的变化。因此，与地质学家最初的想法相悖，更加合理的观点是满足下列条件时，认为数据是一致的：

(1) 数据来源于单一事件中形成的单个流体包裹体组合；
(2) 流体包裹体组合中的每个包裹体形成时流体为均一的；
(3) 流体包裹体组合中的所有包裹体在整个历史中保持化学封闭性；
(4) 流体包裹体组合中的所有包裹体在整个历史中体积保持不变。

包裹体数据的任何不一致可能意味着上述的某一条或多条标准失效。请注意，数据必须来自单个流体包裹体组合，以便于评价是什么原因造成了数据的变化。正确的数据表达应赋予每一个流体包裹体组合特定的符号，以便于读者评价每个流体包裹体组合中数据的变化。这意味着要将单个愈合裂缝或生长带中测试的所有包裹体数据标绘出来，并且流体包裹体之间用不同的符号进行区别。

处理数据时，其他成分或岩相学因素也值得区分开来。例如，石油包裹体、天然气包裹体和盐水包裹体的区分就很重要。原生包裹体和次生包裹体数据通常使用对比鲜明的符号来表示。纯液相包裹体与两相包裹体、含子矿物的包裹体与不含子矿物的包裹体的数据要区分开来。有时包裹体的形状对于数据的解释很重要，因此也可能根据形状对数据进行分组。

总之，数据的收集、表达和解释应以单个流体包裹体组合为单元。数据收集的完整信息见第七章，数据的解释详见第九章和第十章，数据表达格式见下文。

第一节 频率直方图

直观地展示温度参数（例如均一温度或冰点温度）范围和变化性的方法之一是通过频率直方图（图8-1）。对于成岩环境来说，均一温度间距一般采用5℃。冰点温度间距取决于研究的性质，例如，研究人员试图评估混合作用或其他作用引起的海水盐度变化，可以采取0.1℃的间距；如果单一流体包裹体组合中数据的变化范围为−20~0℃，研究人员希望展示其变化性，那么可以采取2~5℃的间距。使用直方图时需要将数据进行不同程度的归纳，因此，直方图中数据的分布取决于选择的间距的宽度和边界（正是由于这个原因，不要过分地解释数据分布的微小变化）。在绘制频率直方图时，须遵循两个原则：一是选择足够小的组间距以有效展示数据的变化；二是针对不同的流体包裹体组合，或者不同成因、成分（例如油或水）、相比例（例如纯液相或两相）以及其他任何能够加强数据解释的参数的包裹体，使用不同的符号。

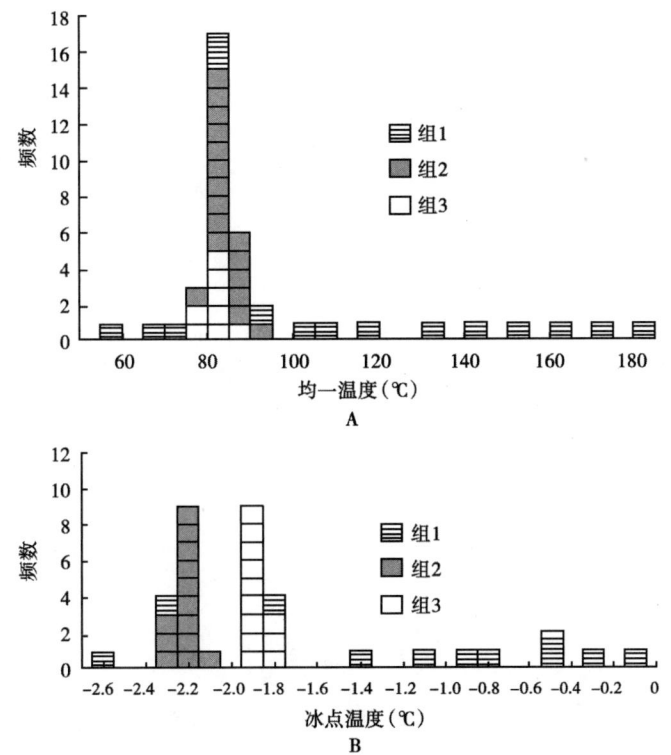

图8-1　均一温度和冰点温度的频率直方图

A—均一温度数据；B—冰点温度数据。注意，每组包裹体数据都赋予了不同的符号；一般情况下，每组数据代表了单个流体包裹体组合，另外，每组数据可能指示了不同成因的包裹体、不同位置的包裹体、不同相比例（液相或两相）的包裹体、不同形状或尺寸的包裹体或者不同成分（油或水）的包裹体

图8-2展示了在频率直方图上表示纯液相包裹体的方法。注意一定要将均一温度数据的最小值表达出来，以告诉读者存在亚稳态或颈缩原因形成的纯液相包裹体。在温度轴上有个间断，并标注"纯液相包裹体"的字样。研究人员不应捏造低温数据（例如50℃）并以符号形式绘制在图上以代表纯液相包裹体，因为这样一方面不可信，另一方面数据量相对于两相包裹体来说可能会产生误导。

可将频率直方图垂直排列以展示其他共生关系对比（时间上的变化）或者地质对比（空间上的变化），如图8-3所示。它们的垂直间距可以用来反映包裹体宿主的差异，如深度或者样品间的距离。

与仅表达数据的解释相反，频率直方图的目的是充分表达所有的数据。然而，冰点温度转换而来的盐度数据或者均一温度转换而来的捕获温度（假设压力校正得以实现）可以轻易地通过辅助轴进行表达。

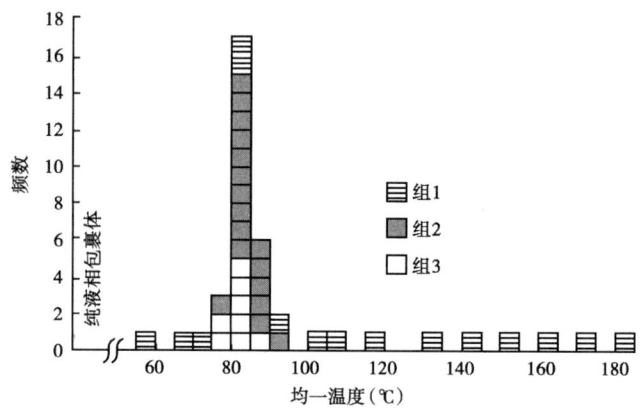

图8-2 均一温度数据频率直方图

展示了室温条件下纯液相包裹体的存在；温度刻度在低值端被断开；纯液相包裹体的存在并不能以单个数据点表示，因为它们在温度轴上的位置及其数量不能与两相包裹体的均一温度数据进行对比；注意每组包裹体数据用不同的符号表示，一般来说，每组数据来自不同的流体包裹体组合，同样，每组数据指示不同成因、不同位置、不同形状或大小、不同成分的包裹体（例如油或水）

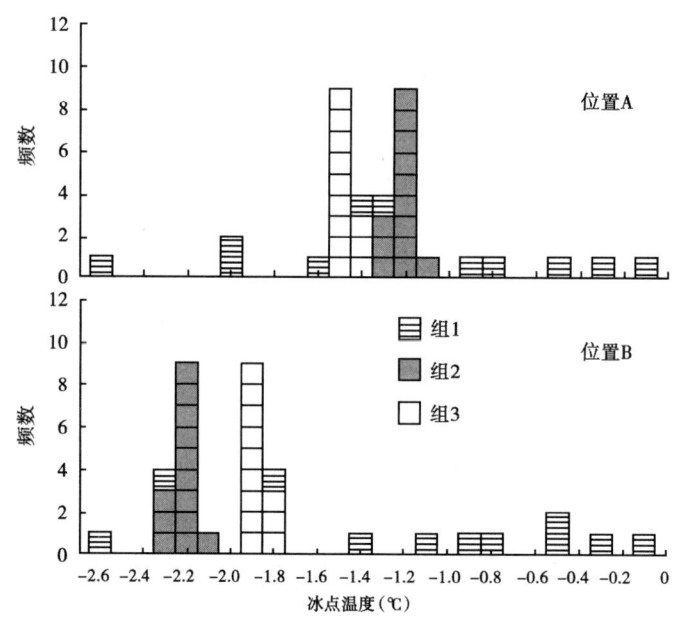

图8-3 冰点温度数据频率直方图

阐述了具有相同刻度的独立的直方图可以叠置在一起来比较；请注意每一组定义明确的包裹体的数据被赋予了不同的符号，一般来讲，每一组代表的数据来自不同的流体包裹体组合

第二节 双变量散点图

当从单个包裹体中收集到配套的均一温度和冰点温度数据后，可以将这类数据投到单个散点图上，以展示数据的准确位置，同时还能显示这两个参数是如何共变的（图8-4）。不同的流体包裹体组合总是使用不同的符号。如前所述，如有必要，将数据进行转换，以展示捕获温度和盐度。

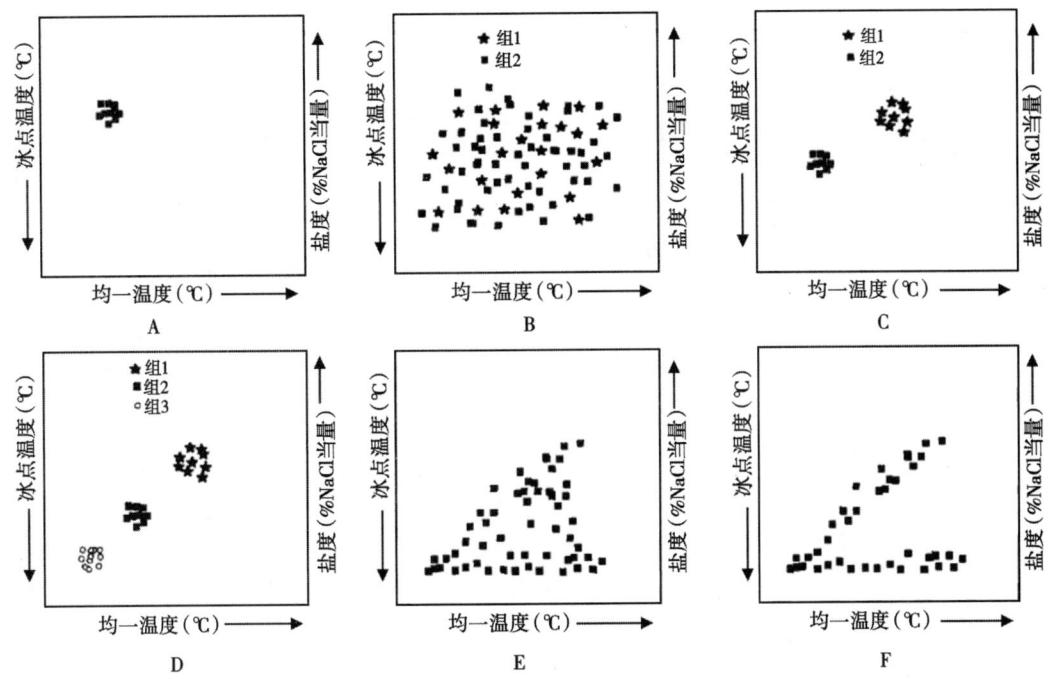

图 8-4 均一温度和冰点温度数据双变量散点图

一般来说，每组数据来自不同的流体包裹体组合。A—均一温度和冰点温度数据呈紧凑分布；B—两组数据呈离散分布；C—不同组的包裹体数据呈紧凑分布；D—紧凑分布的数据表明不同组的包裹体原始信息保存完好，在此情况下，如果能将不同的流体包裹体组合置于成岩共生序列中，那么可以对成岩流体温度和盐度的演化趋势进行评估；E—单个流体包裹体组合的均一温度和冰点温度数据呈楔形分布，分布边界的会聚点指示了低的均一温度和盐度，这类数据可能是由于一些流体包裹体发生了再平衡（高温、高盐度条件下发生拉伸和（或）泄漏—再充填）引起的；F—单个流体包裹体组合的均一温度和冰点温度数据的两个线性趋势，它们的会聚点指示低的均一温度和盐度，这类数据可能是由于一些流体包裹体发生了再平衡（高温、高盐度条件下发生拉伸和（或）泄漏—再充填）引起的

解释开始于将数据进行充分的表达之后。如图 8-4 所示。图 8-4A、B、C、D 中展示的数据具有非常明显的解释。图 8-4A 展示了数据非常一致的单个流体包裹体组合，而图 8-4C、D 展示了数据非常一致的多个流体包裹体组合。图 8-4B 中的流体包裹体组合肯定发生了什么，因为数据完全不一致。图 8-4E、F 中数据的趋势可以很容易地解释为不同类型的再平衡。

第三节 小 结

如果数据是从单个流体包裹体组合中收集的，那么数据的表达则相对简单。对数据进行合适的表达，一方面可以清晰地展示所研究的流体包裹体组合的测试结果，另一方面可以保存所有的测试结果而不是将其概括。需要记住的是，数据的解释可以随时间的变化而改变，而合理的观察报告永远可以进行重新解释。因此，记录合理的观察结果在科学研究中至关重要。

第九章 流体包裹体地质温度计

从流体包裹体中可以获得温度方面的信息，称为流体包裹体地质温度计。第六章介绍了粗略确定流体包裹体捕获温度及包裹体捕获后变化的岩相学方法；第七章介绍了流体包裹体显微测温流程，其中着重介绍了从流体包裹体组合（流体包裹体组合 s）中获取数据的方法；第三章介绍了流体体系相平衡的基本原理，以使读者对显微测温数据的重要性有更好的理解；第四章介绍了可使流体包裹体发生改变并对其显微测温数据产生重要影响的某些机制。截至目前，读者已经掌握了不少基础知识，根据这些知识，可以通过流体包裹体显微测温数据对岩石所经历的热历史进行合理的解释。此外，读者可能已经体会到，由于自然界中某些机制的存在，使我们对均一温度的解释并没有想象中那么容易。本章的目的是建立流体包裹体均一温度数据解释的系统框架，以获取有关矿物沉淀温度、矿物沉淀最小温度或岩石所经历温度方面的有效信息。

流体包裹体地质温度计的正确应用以流体包裹体组合（流体包裹体组合 s）的观测为基础，一个流体包裹体组合指岩相学上分得最细的、成因上有关联的一组包裹体。之所以要以单个流体包裹体组合为单元，是因为只有根据单个流体包裹体组合内的变化才能确定包裹体是均一捕获还是非均一捕获，捕获之后流体包裹体的成分或体积有无发生变化。从代表同一地质事件的单相流体中形成流体包裹体组合，其显微测温数据应十分接近。如果单个流体包裹体组合中的数据很离散，则指示了流体包裹体的形成经历了很长时间且期间地质条件有变化，或指示了包裹体捕获后的某些机制使之发生了改变，从而违背了均一体系、封闭体系和等容体系三大前提。因此，对均一温度的解释应基于单个流体包裹体组合中数据的离散性或一致性，本章是在单个流体包裹体组合中显微测温数据相对一致的框架下组织成文的。

第一节 数据一致的流体包裹体组合

什么是数据一致的流体包裹体组合，根据作者对各类成岩自生矿物的研究经验，认为须满足以下两个标准：

（1）流体包裹体组合中的包裹体必须具有不同的大小和形状；

（2）90%的均一温度数据的差别应在 10~15℃ 以内。

上述标准是根据笔者的经验提出的，主观性很强。根据笔者对许多具有不一致均一温度数据的流体包裹体综合的研究实践表明，它们通常可利用热改造再平衡进行正确的解释。第一条标准的意义在于，那些具有相同大小和形状的包裹体可能已发生过相同程度的再平衡，它们虽然具有一致的数据，但与未发生再平衡的流体包裹体组合无法区分；而具不同大小和形状的包裹体往往是由于经历过不同程度的再平衡导致的，理论上应具有不同的均一温度。因此，对于具有不同大小和形状的流体包裹体来说，均一温度的一致性是流体包裹体未发生热改造再平衡或相变后颈缩的强力证据，这种情况下，均一温度和盐度数据是捕获条件的可靠记录。

一、最小捕获温度

在一个流体包裹体组合中,如果不同大小和形状的包裹体之间在均一温度上具一致性,那么均一温度是包裹体最小捕获温度的可靠记录。这类数据的解释很简单,几乎不会产生错误。然而,接下来的问题是均一温度到底比真实捕获温度低多少,答案是取决于流体包裹体的成分、密度以及包裹体捕获时的温压梯度。例如,富含甲烷的盐水包裹体的均一温度接近其捕获温度(见图3-7)。对于在静水压力条件下捕获的盐水包裹体来说,压力校正值通常为几十摄氏度(见图4-4)。均一温度很低的包裹体($<50℃$;只有很大的包裹体才会得到小于50℃的均一温度,小的包裹体因存在亚稳态而不具有气泡)由于存在非线性的高密度等容线(见图3-1B),其压力校正值可能要高一些。另外,盐度升高使等容线的斜率降低,压力校正值相应升高。另一方面,对于在接近静岩压力条件下捕获的盐水包裹体,压力校正值可能高达75℃(见图4-8)。对于一些石油包裹体来说,由于等容线的斜率极低(见图3-8),其压力校正值可能还要高。因此,石油包裹体的均一温度可能远远低于其捕获温度。尽管存在上述的局限性,盐水包裹体的均一温度是最小捕获温度的可靠记录,在解释过程中犯错的几率很低。

二、捕获温度

进行均一温度解释的一种不太保守的方法是通过均一温度与压力校正值相加计算捕获温度。这是种合理的尝试,但如果应用不当将造成很大的误差。要获得压力校正的确切值,首先需要知道流体包裹体的成分以选择合适的相图,然后需要通过独立的方法确定流体包裹体捕获时的孔隙流体压力。天然盐水体系含多种盐类组分,有些已达到气体饱和、有些未达到气体饱和,因此成分的确定并非易事。此外,含气体的流体体系的相图及等容线主要是在少量数据的约束下基于状态方程构建的,其有效性很难评估。通过独立的方法确定流体包裹体的捕获压力就更难了。包含气体组分的盐水包裹体与不含气体组分的盐水包裹体在压力校正的流程上大不相同。

1. 贫气包裹体

第三、六、七章对流体包裹体中流体成分的确定方法进行了介绍。不含气体的流体体系目前已有可靠的p—V—T相图。首先,必须对流体中存在气体(如甲烷)的可能性进行排除并确定气泡为水蒸气,将包裹体置于煤油中并将包裹体压碎可以轻松达到这一目的:在1atm环境下将包裹体压碎,如果气泡破裂,则其成分为水蒸气;如果气泡发生膨胀或未完全破裂,则可判定其中包含气体成分。通过流体包裹体的低温相行为也可确定其成分,对于贫气包裹体来说,不存在笼形物的形成或熔化,或气相组分的结冰证据。如果包裹体中不存在气体组分,那么低温相变数据可以进一步用来确定其成分;初熔温度可用来确定水—盐体系的类型;冰点温度可用来确定流体的盐度。将以上数据结合,可以对流体的成分进行有效约束,然后可以选择合适的相图进行压力校正。明确了包裹体中流体体系的类型,可以通过盐度、均一温度确定流体的密度及等容线(包裹体在等容线上的某一点形成)。不同水—盐体系的等容线可参阅 Fisher(1976)、Potter(1977)、Potter 和 Brown(1975,1977)等文献。Potter 和 Clynne(1978)的研究表明,$NaCl$—H_2O 体系的等容线可用于更复杂的卤水,对于 Ca/Na 原子比小于 0.5、K/Na 原子比小于 0.3、Mg/Na 原子比小于 0.2 的流体体系来说,其等容线与 $NaCl$—H_2O 体系极为相似。如果大于上述比值,则需要微小的校正。

地质学家现在所面临的任务是通过独立的方法确定流体包裹体捕获时的压力，压力在等容线上 p—T 投点为包裹体唯一的捕获温度点。压力的确定涉及地质解释或假设，因此极有可能产生误差，不同的方法可能会得到不同的结果。众所周知，绝大多数地区的大地热流和地温梯度随时间的变化而改变。图 9-1 展示了因使用错误的古温压梯度而造成的误差。类似地，如果压力梯度随时间的变化而改变，这样也会造成误差。例如，假设使用现今静水温压梯度进行压力校正，而事实上包裹体捕获时处于静岩压力下，那么包裹体的捕获温度将产生很大的误差（图 9-2）。总之，以现今温压梯度作为压力校正的温压梯度可能是合理的，但也可能会引起几十摄氏度的误差。其他的地温指标例如镜质组反射率或伊利石结晶度可用来恢复古地温梯度，埋藏史曲线可用来恢复古压力。然而，由于这些技术自身的局限性以及埋藏史恢复过程中所需的假设决定了会存在明显的误差。

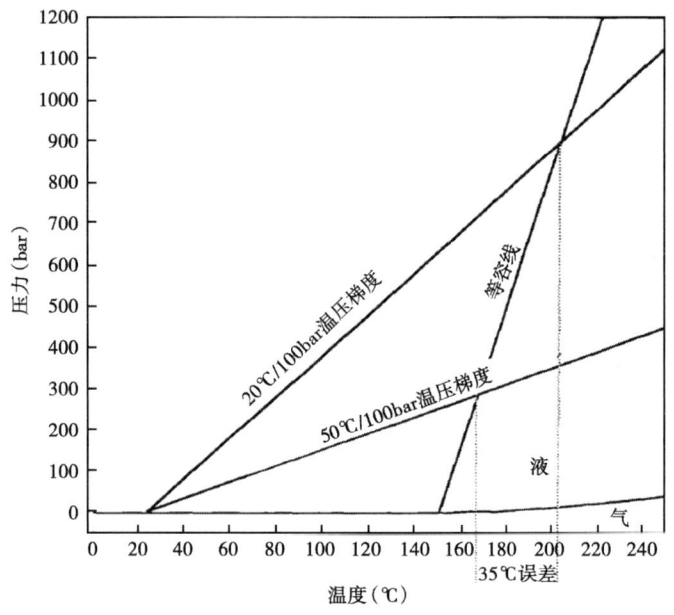

图 9-1　利用古今温压梯度所作的纯水相图

图中包含液相区—气相区界线和一条等容线；假设某纯水包裹体在 150℃ 发生均一，那么它必定是在等容线上的某点捕获的；如果以现今温压梯度 20℃/100bar 进行压力校正，得到的包裹体捕获温度为 203℃，但是如果以包裹体捕获时的真实温压梯度 50℃/100bar 进行压力校正，那么包裹体的捕获温度为 168℃；错误地使用现今温压梯度进行压力校正使包裹体的捕获温度偏高了 35℃

另一个选择是对流体包裹体捕获时的压力进行简单的有根据的推测。在下列情况下该方法是有效的：地层现今处于最大埋藏时期，并有证据表明包裹体形成于最大埋藏深度期间。在此情况下，现今的压力即为包裹体的捕获压力。从地质学的角度看，我们不可能确定包裹体是否为最大埋藏深度期间形成，或压力梯度是否从未发生变化。但是，我们可以通过压实特征、切割关系甚至放射性定年对成岩矿物的形成时间进行确定，从而对流体包裹体的捕获时间进行有效的约束。此外，还存在现今压力不适用的情况，但可通过相对合理的假设确定包裹体捕获时的埋藏深度。在这些情况下，通过埋藏史确定古压力需要知道古压力梯度（静水压力、静岩压力以及介于二者之间的压力），错误的假设将造成明显的误差。所以，在少数情况下可以对捕获压力进行合理的假设，以此较准确地确定包裹体的捕获温度。

通过上文的论述，大家应该清楚了包裹体的压力校正需要研究人员进行地质假设，此过程中可能会产生明显的误差。许多研究人员不进行压力校正，这是因为单个流体包裹体组合中的均一温度数据是最小捕获温度的可靠记录，而且在许多情况下该温度接近真实捕获温度。

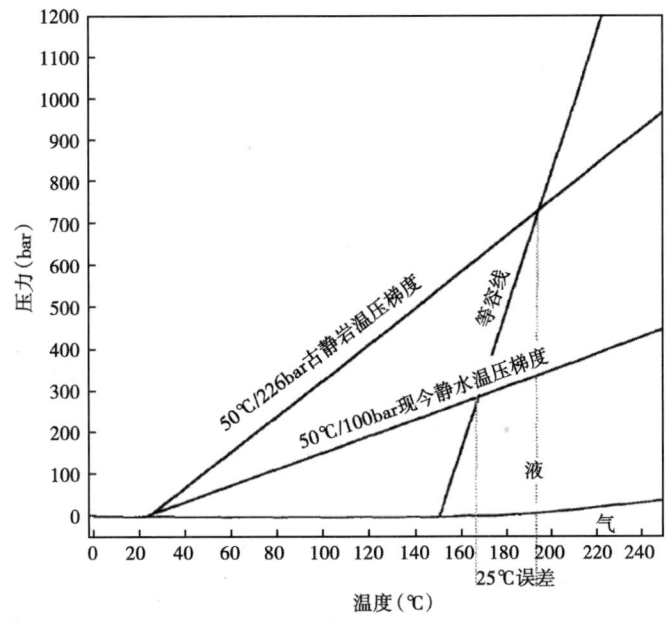

图 9-2　利用古静岩/现今静水温压梯度所作的纯水相图

图中包含液相区—气相区界线和一条等容线；假设某纯水包裹体在150℃发生均一，那么它必定是在等容线上的某点捕获的；如果以现今静水温压梯度50℃/100bar进行压力校正，得到的包裹体捕获温度为167℃，但是如果以包裹体捕获时的真实静岩温压梯度50℃/226bar进行压力校正，那么包裹体的捕获温度为192℃；错误地使用现今温压梯度进行压力校正使包裹体的捕获温度偏低了25℃

2. 富气包裹体

成岩环境中形成的盐水包裹体中通常含有一定数量的CH_4。在进行压力校正时，有必要将低CH_4含量的包裹体与高CH_4含量的包裹体区别对待。将包裹体压碎的过程中，如果气泡不发生膨胀，那么包裹体中CH_4含量一般小于1000mg/L；反之，如果气泡发生膨胀，那么包裹体中CH_4含量大于1000mg/L。在下文中将对这两种情况分别进行讨论。

在对包裹体进行压碎过程中如果气泡未发生膨胀，则采用第三章和第七章讨论的显微测温方法确定包裹体中流体体系的成分（包括盐度和主要离子）。CH_4含量低于1000mg/L的包裹体的捕获温度通过前文介绍的方法确定，CH_4对相平衡的影响可以忽略不计。图9-3展示了对于盐度为15%NaCl、CH_4含量为1000mg/L的包裹体，采用此方法确定的捕获温度可能会偏高30℃。然而，该误差还不包含在压力、CH_4含量、盐类组分的确定以及相图构建过程中产生的误差。此外，含少量CH_4且数据一致的流体包裹体组合的均一温度比那些简单的盐水包裹体更接近真实捕获温度。因此，对于含少量CH_4的盐水包裹体，许多人一般不作压力校正。

对包裹体进行压碎的过程中如果气泡发生膨胀，则指示CH_4含量高于1000mg/L。根据笔者的经验，这种方法很难准确确定气泡膨胀的体积，因此不能定量确定CH_4的含量。这

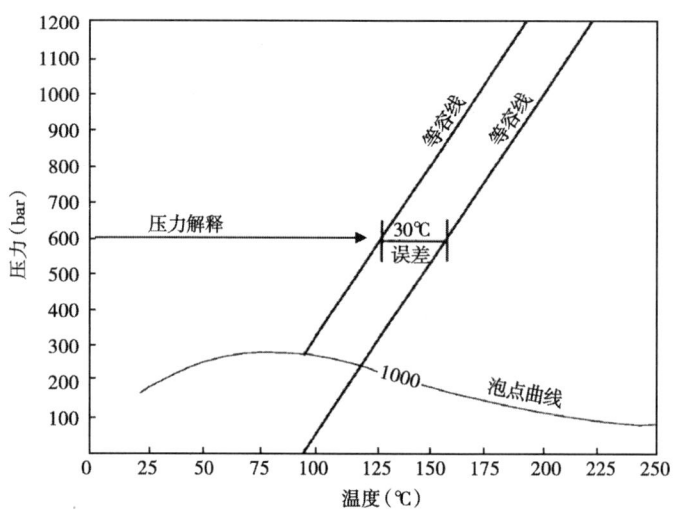

图 9-3 盐度为 15%NaCl、CH_4 含量为 1000mg/L 盐水溶液的相图及泡点曲线

图中所画的两条等容线对应的均一温度约为 90℃，左边为 CH_4 含量 = 1000mg/L 的盐水溶液等容线，右边为不含 CH_4 的盐水溶液等容线；利用这两条等容线进行压力校正时，结果相差 30℃

类气体含量很高的流体体系的相图与简单的 H_2O—NaCl 体系截然不同，其气液相界线（泡点曲线）位于更高的压力下（见图 3-6）。因此，如果错误地使用 H_2O—NaCl 体系而不是 H_2O—NaCl—CH_4 体系的相图进行压力校正，将会造成比上一个实例更大的误差（图 9-4）。使用 H_2O—NaCl—CH_4 体系的相图进行压力校正是一项有用的尝试，但是研究人员须具备一定的时间和财力，利用拉曼探针和 GC—MS 确定气体组分的含量，以构建或选择合适的相图。

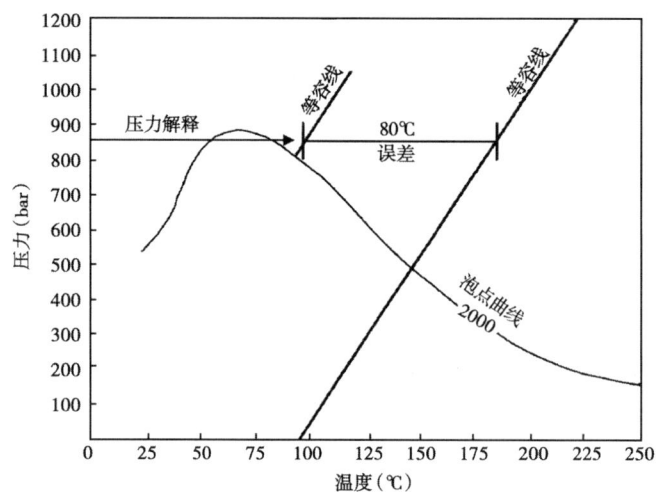

图 9-4 盐度为 15%NaCl、CH_4 含量为 2000mg/L 盐水溶液的相图及泡点曲线

图中所画的两条等容线对应的均一温度约为 90℃；左边为 CH_4 含量 = 2000mg/L 的盐水溶液等容线，右边为不含 CH_4 的盐水溶液等容线；利用这两条等容线进行压力校正时，结果差别高达 80℃

一般情况下，获得或计算包含多种气体、水以及各种盐类组分的复杂体系的相平衡非常困难。因此在多数工作中需要足够的运气，使遇到的流体包裹体组合在成分上足够简单以构建 $p-V-T$ 相图。盐类的组分和含量利用第七章中介绍的初熔温度、中间熔化温度和冰点温度确定。在用冰点温度确定包裹体的盐度时，高 CH_4 含量仅会造成微小的误差。另外可以使用第七章介绍的低温相平衡，如果与理想 CH_4 有偏离，则指示了其他气体的存在。尽管如此，确定 CH_4 纯度的最方便的工具为压碎台：在煤油中将包裹体样品压碎，从包裹体中释放出来的有机气体将溶解于煤油中，无机气体（N_2、CO_2、H_2S 等）则不溶于煤油。在压碎完成之后，如果煤油中存在气泡，则表明包裹体中饱含的气体并非纯的 CH_4，这种情况下简单的相图就不适用了。在所有的气体溶于煤油的情况下，接下来的一步是尝试对单个流体包裹体组合进行物理分离并进行气体成分分析（GC、GC—MS、MS），假如分析结果表明包裹体中含有相当数量的其他气体，则 H_2O-CH_4-NaCl 体系的相图就不适用了。如果通过气体分析技术仅检测到 CH_4，那么接下来的一步是尝试利用激光拉曼探针确定气泡的压力。激光拉曼探针有其自身的检测限，受 CH_4 内压、气泡大小和形状、包裹体离样品表面的距离、包裹体形状、主矿物的光学性质和主矿物荧光等因素的控制。虽然拉曼探针可以识别包裹体气泡中的其他气体类型，但上文所列的控制因素决定了气体分析方法还是需要的。幸运的是，CH_4 的检测限较低，可以利用激光拉曼探针轻易进行识别（Wopenka 和 Pasteris，1987）。如果在用拉曼探针检测包裹体的气泡时出现了 CH_4 谱图（其他类型气体在拉曼光谱中可能会丢失），则可以通过拉曼位移粗略地估算压力（图9-5；Fabre 和 Couty，1986）。在拉曼位移为 $\pm 0.5 cm^{-1}$ 的情况下，压力的精度在低压下（50～100bar）为 ± 20bar，在高压下（>500bar）为 ± 300bar。压力确定后，需要在室温下通过岩相学方法测量包裹体中气相和液相的体积，目的是计算包裹体捕获时流体中溶解的 CH_4 含量。由于包裹体的形状多种多样，体积计算过程中会存在误差，这可使 CH_4 含量的计算误差高达25%。选择形状规则的包裹体进行计算会减小误差。使用旋转针台（Anderson 等，1992）结合图像分析工具（Itard 等，1989）可降低误差，但这项工作有点得不偿失：由于体积造成的误差与进行压力校正时的误差相比简直是九牛一毛。

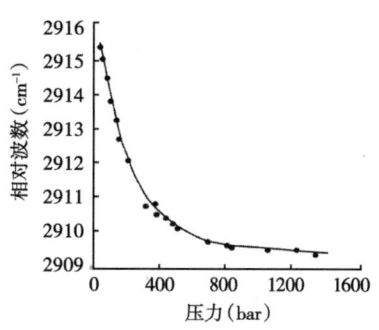

图9-5 波数与 CH_4 压力的关系图
（据 Fabre 和 Couty，1986）

通过拉曼探针确定了包裹体中的 CH_4 含量，通过显微测温确定了包裹体中的盐类成分和含量，接下来就可以构建或选择合适的 $H_2O-NaCl-CH_4$ 体系的相图了（Haas，1978；McGee 等，1981；Blount 和 Price，1982；Duan 等，1992）。可采用表9-1中所列的 CH_4 溶解度数据或使用 Duan 等（1992）状态方程计算 CH_4 的溶解度，以构建泡点曲线。在单相区中等容线可以用前文讨论的 $H_2O-NaCl$ 体系的等容线替代，这是因为在沉积环境中，流体中的 CH_4 含量低于 15000mg/L 不会造成盐水流体摩尔体积发生明显改变（R. Burruss，1993）。通过下列方法选择合适的等容线：①利用泡点曲线确定均一温度下的压力；②利用初熔温度和冰点温度确定适用的水—盐体系；③确定上述水—盐体系中哪一条等容线经过均一温度所对应的 $p-T$ 点；④将该等容线向上延伸，形成适合于流体包裹体组合的等容线。

表 9-1 不同温度条件下 H_2O—NaCl 溶液中 CH_4 的溶解度（据 Duan 等，1992）

NaCl 浓度 (mol/kg)	p (bar)	CH_4 溶解度（mol/kg）									
		0℃	30℃	60℃	90℃	120℃	150℃	180℃	210℃	240℃	270℃
0	1	0.0023	0.0012	0.0008	0	0	0	0	0	0	0
	50	0.0974	0.0547	0.0412	0.0380	0.0401	0.0455	0.0523	0.0556	0.0431	0
	100	0.1623	0.0949	0.0736	0.0697	0.0755	0.0892	0.1103	0.1368	0.1614	0.1625
	150	0.2060	0.1249	0.0993	0.0957	0.1055	0.1271	0.1614	0.2092	0.2678	0.3245
	200	0.2382	0.1481	0.1202	0.1177	0.1314	0.1603	0.2068	0.2742	0.3640	0.4715
	300	0.2876	0.1840	0.1531	0.1530	0.1740	0.2160	0.2840	0.3859	0.5309	0.7280
	400	0.3285	0.2129	0.1793	0.1813	0.2084	0.2615	0.3477	0.4788	0.6705	0.9435
	500	0.3657	0.2381	0.2017	0.2053	0.2375	0.2999	0.4017	0.5576	0.7892	1.1267
	600	0.4010	0.2613	0.2218	0.2264	0.2628	0.3332	0.4482	0.6255	0.8913	1.2837
	700	0.4351	0.2830	0.2402	0.2454	0.2854	0.3626	0.4891	0.6848	0.9799	1.4193
	800	0.4684	0.3037	0.2574	0.2629	0.3057	0.3888	0.5252	0.7369	1.0573	1.5368
	900	0.5012	0.3236	0.2735	0.2789	0.3242	0.4124	0.5574	0.7829	1.1252	1.6390
	1000	0.5337	0.3429	0.2888	0.2939	0.3412	0.4338	0.5862	0.8237	1.1848	1.7278
	1100	0.5659	0.3616	0.3034	0.3079	0.3568	0.4531	0.6120	0.8600	1.2372	1.8050
	1200	0.5982	0.3799	0.3174	0.3211	0.3712	0.4708	0.6353	0.8922	1.2833	1.8718
	1300	0.6303	0.3978	0.3308	0.3335	0.3846	0.4869	0.6562	0.9208	1.3236	1.9294
	1400	0.6626	0.4154	0.3437	0.3452	0.3970	0.5016	0.6751	0.9462	1.3588	1.9788
	1500	0.6949	0.4326	0.3561	0.3563	0.4086	0.5150	0.6920	0.9686	1.3894	2.0207
	1600	0.7274	0.4497	0.3681	0.3668	0.4193	0.5273	0.7072	0.9884	1.4158	2.0560
	1700	0.7601	0.4665	0.3798	0.3767	0.4293	0.5385	0.7207	1.0057	1.4384	2.0852
	1800	0.7930	0.4831	0.3910	0.3862	0.4386	0.5487	0.7329	1.0208	1.4575	2.1090
1	1	0.0019	0	0.0006	0	0	0	0	0	0	0
	50	0.0788	0.0442	0.0332	0.0306	0.0323	0.0366	0.0420	0.0446	0.0345	0
	100	0.1304	0.0762	0.0591	0.0559	0.0605	0.0714	0.0882	0.1093	0.1288	0.1296
	150	0.1645	0.0997	0.0793	0.0764	0.0842	0.1014	0.1286	0.1666	0.2131	0.2579
	200	0.1891	0.1177	0.0955	0.0935	0.1044	0.1274	0.1643	0.2176	0.2887	0.3737
	300	0.2260	0.1449	0.1206	0.1207	0.1373	0.1705	0.2242	0.3045	0.4187	0.5739
	400	0.2557	0.1662	0.1402	0.1420	0.1634	0.2052	0.2729	0.3758	0.5263	0.7404
	500	0.2824	0.1845	0.1567	0.1598	0.1851	0.2341	0.3137	0.4357	0.6168	0.8805
	600	0.3075	0.2012	0.1714	0.1754	0.2039	0.2589	0.3486	0.4868	0.6940	0.9997
	700	0.3317	0.2168	0.1847	0.1893	0.2205	0.2807	0.3791	0.5312	0.7606	1.1021
	800	0.3554	0.2317	0.1972	0.2020	0.2355	0.3001	0.4059	0.5702	0.8187	1.1906
	900	0.3790	0.2461	0.2090	0.2138	0.2492	0.3176	0.4299	0.6046	0.8697	1.2676
	1000	0.4027	0.2603	0.2203	0.2249	0.2618	0.3336	0.4516	0.6353	0.9147	1.3348
	1100	0.4267	0.2742	0.2312	0.2355	0.2736	0.3483	0.4712	0.6629	0.9547	1.3937
	1200	0.4510	0.2882	0.2419	0.2456	0.2847	0.3619	0.4891	0.6878	0.9903	1.4454

续表

NaCl 浓度 (mol/kg)	p (bar)	CH$_4$ 溶解度（mol/kg）									
		0℃	30℃	60℃	90℃	120℃	150℃	180℃	210℃	240℃	270℃
1	1300	0.4759	0.3021	0.2523	0.2553	0.2953	0.3746	0.5057	0.7104	1.0221	1.4909
	1400	0.5015	0.3162	0.2627	0.2648	0.3053	0.3865	0.5210	0.7311	1.0508	1.5310
	1500	0.5279	0.3304	0.2731	0.2740	0.3150	0.3978	0.5352	0.7499	1.0765	1.5664
	1600	0.5553	0.3449	0.2834	0.2831	0.3244	0.4086	0.5486	0.7674	1.0999	1.5977
	1700	0.5838	0.3598	0.2938	0.2922	0.3335	0.4189	0.5612	0.7835	1.1210	1.6254
	1800	0.6136	0.3751	0.3043	0.3012	0.3425	0.4289	0.5731	0.7985	1.1403	1.6499
2	1	0.0016	0.0008	0.0005	0	0	0	0	0	0	0
	50	0.0645	0.0361	0.0271	0.0250	0.0263	0.0298	0.0341	0.0362	0.0280	0
	100	0.1061	0.0620	0.0480	0.0454	0.0491	0.0579	0.0714	0.0884	0.1041	0.1046
	150	0.1330	0.0807	0.0641	0.0618	0.0680	0.0819	0.1038	0.1343	0.1717	0.2075
	200	0.1520	0.0947	0.0769	0.0753	0.0840	0.1025	0.1321	0.1749	0.2319	0.2999
	300	0.1797	0.1155	0.0963	0.0964	0.1097	0.1363	0.1792	0.2433	0.3344	0.4581
	400	0.2015	0.1313	0.1110	0.1126	0.1297	0.1630	0.2169	0.2987	0.4182	0.5882
	500	0.2207	0.1448	0.1233	0.1260	0.1462	0.1850	0.2481	0.3447	0.4880	0.6967
	600	0.2387	0.1569	0.1341	0.1375	0.1602	0.2037	0.2745	0.3837	0.5471	0.7883
	700	0.2560	0.1682	0.1438	0.1478	0.1726	0.2200	0.2975	0.4173	0.5979	0.8665
	800	0.2731	0.1790	0.1530	0.1572	0.1837	0.2345	0.3177	0.4467	0.6419	0.9340
	900	0.2903	0.1896	0.1616	0.1660	0.1939	0.2477	0.3358	0.4728	0.6807	0.9927
	1000	0.3077	0.2000	0.1701	0.1743	0.2034	0.2598	0.3522	0.4962	0.7151	1.0442
	1100	0.3257	0.2106	0.1784	0.1823	0.2125	0.2710	0.3673	0.5174	0.7459	1.0897
	1200	0.3443	0.2213	0.1866	0.1901	0.2211	0.2816	0.3813	0.5369	0.7738	1.1302
	1300	0.3638	0.2323	0.1949	0.1979	0.2295	0.2918	0.3945	0.5550	0.7993	1.1666
	1400	0.3844	0.2437	0.2034	0.2056	0.2378	0.3016	0.4071	0.5719	0.8227	1.1995
	1500	0.4061	0.2555	0.2120	0.2134	0.2459	0.3111	0.4192	0.5879	0.8446	1.2295
	1600	0.4293	0.2679	0.2209	0.2213	0.2541	0.3206	0.4309	0.6033	0.8651	1.2571
	1700	0.4541	0.2810	0.2302	0.2294	0.2624	0.3299	0.4424	0.6181	0.8846	1.2828
	1800	0.4807	0.2948	0.2399	0.2378	0.2708	0.3394	0.4538	0.6325	0.9033	1.3069
4	1	0.0011	0.0006	0.0004	0	0	0	0	0	0	0
	50	0.0448	0.0251	0.0188	0.0173	0.0181	0.0205	0.0234	0.0248	0.0191	0
	100	0.0728	0.0425	0.0329	0.0311	0.0335	0.0395	0.0486	0.0601	0.0706	0.0707
	150	0.0902	0.0548	0.0436	0.0419	0.0461	0.0554	0.0702	0.0907	0.1156	0.1395
	200	0.1020	0.0636	0.0517	0.0507	0.0565	0.0689	0.0887	0.1173	0.1553	0.2005
	300	0.1181	0.0761	0.0637	0.0638	0.0727	0.0904	0.1188	0.1612	0.2215	0.3031
	400	0.1299	0.0852	0.0723	0.0735	0.0849	0.1068	0.1422	0.1959	0.2742	0.3855
	500	0.1401	0.0925	0.0792	0.0813	0.0946	0.1199	0.1611	0.2240	0.3172	0.4529
	600	0.1494	0.0990	0.0852	0.0878	0.1027	0.1309	0.1768	0.2474	0.3530	0.5089

续表

NaCl 浓度 (mol/kg)	p (bar)	CH$_4$ 溶解度 (mol/kg)									
		0℃	30℃	60℃	90℃	120℃	150℃	180℃	210℃	240℃	270℃
4	700	0.1584	0.1050	0.0905	0.0935	0.1097	0.1403	0.1902	0.2673	0.3834	0.5561
	800	0.1674	0.1109	0.0955	0.0988	0.1160	0.1487	0.2020	0.2847	0.4097	0.5967
	900	0.1767	0.1167	0.1004	0.1038	0.1219	0.1564	0.2127	0.3001	0.4329	0.6320
	1000	0.1865	0.1227	0.1053	0.1086	0.1275	0.1635	0.2225	0.3142	0.4537	0.6633
	1100	0.1970	0.1289	0.1102	0.1135	0.1330	0.1704	0.2317	0.3273	0.4727	0.6915
	1200	0.2083	0.1355	0.1153	0.1184	0.1384	0.1771	0.2406	0.3397	0.4905	0.7174
	1300	0.2207	0.1426	0.1207	0.1235	0.1439	0.1838	0.2493	0.3516	0.5073	0.7414
	1400	0.2344	0.1503	0.1265	0.1288	0.1496	0.1906	0.2581	0.3634	0.5236	0.7643
	1500	0.2495	0.1586	0.1327	0.1344	0.1556	0.1976	0.2669	0.3751	0.5397	0.7864
	1600	0.2663	0.1678	0.1394	0.1404	0.1619	0.2049	0.2760	0.3871	0.5557	0.8080
	1700	0.2851	0.1779	0.1467	0.1469	0.1686	0.2125	0.2855	0.3993	0.5719	0.8295
	1800	0.3063	0.1891	0.1546	0.1539	0.1757	0.2206	0.2954	0.4120	0.5885	0.8513
6	1	0.0008	0.0004	0.0003	0.0001	0.0015	0.0018	0.0022	0.0030	0.0041	0.0058
	50	0.0328	0.0183	0.0137	0.0126	0.0132	0.0148	0.0169	0.0178	0.0137	0.0058
	100	0.0526	0.0307	0.0237	0.0223	0.0241	0.0283	0.0348	0.0429	0.0503	0.0503
	150	0.0644	0.0391	0.0311	0.0299	0.0329	0.0395	0.0499	0.0643	0.0819	0.0986
	200	0.0719	0.0450	0.0366	0.0358	0.0400	0.0487	0.0626	0.0827	0.1093	0.1409
	300	0.0815	0.0528	0.0442	0.0444	0.0507	0.0630	0.0828	0.1123	0.1541	0.2107
	400	0.0881	0.0581	0.0495	0.0505	0.0584	0.0735	0.0980	0.1350	0.1890	0.2656
	500	0.0934	0.0622	0.0535	0.0551	0.0643	0.0818	0.1099	0.1530	0.2168	0.3095
	600	0.0982	0.0657	0.0569	0.0589	0.0692	0.0884	0.1196	0.1676	0.2395	0.3453
	700	0.1030	0.0690	0.0599	0.0622	0.0733	0.0941	0.1278	0.1800	0.2585	0.3752
	800	0.1079	0.0722	0.0627	0.0653	0.0771	0.0991	0.1350	0.1907	0.2749	0.4007
	900	0.1131	0.0756	0.0656	0.0682	0.0806	0.1038	0.1416	0.2003	0.2894	0.4230
	1000	0.1189	0.0791	0.0685	0.0712	0.0840	0.1082	0.1477	0.2092	0.3025	0.4430
	1100	0.1253	0.0830	0.0716	0.0742	0.0875	0.1126	0.1537	0.2176	0.3149	0.4613
	1200	0.1325	0.0872	0.0749	0.0775	0.0911	0.1171	0.1596	0.2259	0.3268	0.4786
	1300	0.1408	0.0920	0.0786	0.0809	0.0949	0.1217	0.1657	0.2342	0.3385	0.4954
	1400	0.1502	0.0974	0.0827	0.0847	0.0990	0.1266	0.1720	0.2427	0.3503	0.5119
	1500	0.1611	0.1035	0.0873	0.0890	0.1035	0.1319	0.1787	0.2516	0.3625	0.5287
	1600	0.1737	0.1105	0.0924	0.0936	0.1084	0.1376	0.1858	0.2610	0.3752	0.5459
	1700	0.1882	0.1184	0.0982	0.0988	0.1138	0.1439	0.1936	0.2711	0.3886	0.5639
	1800	0.2051	0.1276	0.1048	0.1047	0.199	0.1508	0.2021	0.2821	0.4030	0.5829

上述工作仅仅确定了相图和等容线——我们依旧需要压力。很多时候我们需要对压力进行地质解释以进行压力校正，这个过程中不可避免会产生误差。因此，笔者强烈建议研究人员首先评估上述工作是否值得一做。在压力已知的情况下是值得的，但在压力未知的条件下

可能就没有必要了。我们该做什么呢？记住一点，CH_4 含量越高，包裹体均一时的压力越高，均一温度越接近真实捕获温度。总之，最理想的方法是不作压力校正，确信 CH_4 含量较高的流体包裹体组合的均一温度为最小捕获温度的可靠记录，并十分接近真实捕获温度。

第二节 数据不一致的流体包裹体组合

有些流体包裹体组合的均一温度在地质上是合理的，但是数据之间差别较大，并不像数据一致的流体包裹体组合那样 90%以上的数据差别在 10~15℃以内。这类流体包裹体组合要么其形成过程经历了多种地质条件，要么为数据一致的流体包裹体组合经过热改造再平衡的产物。本节将要介绍的方法可以使我们从这类不太明确的流体包裹体组合中提取有用的温度信息。其他的流体包裹体组合由气液比高度不一致的包裹体组成，既包含纯液相包裹体，也包含纯气相包裹体，还包含任意气液比的两相包裹体。这类流体包裹体组合的均一温度通常很高，有些气液比很高的包裹体的均一温度大于 300℃，从地质学的角度上看显然不合理。本节将对这些类型的流体包裹体组合进行介绍。

一、气液比高度不一致的流体包裹体组合

第三章和第七章已经讨论过，气液比高度不一致的流体包裹体组合具有不合常理的均一温度，其成因有三种可能：①相变后的颈缩；②低温、两相体系（例如渗流带）中非均一捕获；③高温（>50℃）、两相不混溶体系中非均一捕获。发生过相变后的颈缩的流体包裹体组合的均一温度不能反映其捕获温度的信息，低温、两相体系中捕获的流体包裹体的均一温度也失去了意义。然而，如果能确定气液比高度不一致的流体包裹体组合是从高温、气—水两相体系中捕获的，那么就可以从中获得某些有用的均一温度数据：有用的数据可以从岩相学上相关的、并幸运地捕获了不混溶流体端元组分（单相）的流体包裹体组合中获得。

气液比高度不一致的流体包裹体组合的几个特征可以用来对上述三种成因模式进行识别。纯液相包裹体（非亚稳态成因）通常形成于低温、两相体系（例如渗流带），也常见于发生过颈缩的包裹体组合中；高温气—水不混溶体系中形成的流体包裹体组合不存在纯液相包裹体。另外，压碎分析也可以识别三种成因模式：只有从地下含气流体中捕获的包裹体在压碎过程中气泡才会发生膨胀，渗流带中形成的包裹体在压碎过程中气泡保持不变，其他成因的包裹体在压碎过程中气泡将收缩或消失。高温气—水不混溶体系中形成的流体包裹体组合与高温富气均一流体中捕获但后来发生过颈缩的流体包裹体组合之间很难区别，但可以把是否存在纯液相包裹体作为颈缩的线索，此外，还可以通过下列方法对两类流体包裹体组合进行区分：

（1）如果在一个流体包裹体组合中，气泡的体积比总体很高（>20%）而不能用相变之后的颈缩来解释，那么这种情况下的包裹体很可能是非均一捕获所致，包裹体中捕获了较多的气体；

（2）高温单相区捕获的流体包裹体在相变之后发生颈缩，随着进一步冷却，被分离出来的包裹体中也可能出现气泡。这种机制形成的两个包裹体中，一个气液比较大，另一个气液比较小。如果发现这种岩相学相关的（配对的）包裹体，那么颈缩就是可能的解释。

如果研究人员根据上述两个标准确定气液比高度不均一的流体包裹体组合为高温不混溶捕获所致，接下来需要在附近寻找岩相学相关的、气液比一致的流体包裹体组合，这类流

包裹体组合可能由纯气相包裹体组成，也可能由富液两相包裹体组成，包裹体之间气液比和均一温度一致。在少数情况下，在同一流体包裹体组合中可能同时存在气相和富液两相包裹体端元，富液两相包裹体的均一温度具一致性，该均一温度等于捕获温度，无须压力校正。类似地，在自然界中存在石油—天然气之间的不混溶，如果存在上述证据，则富油包裹体的均一温度等于捕获温度。

接下来的讨论与显微测温不相关，但可以检验从气液比高度不一致的流体包裹体组合中所获得的成分数据的有效性。对于非颈缩或亚稳态原因形成的纯液相包裹体来说，其中包含的流体代表了包裹体捕获期间的流体，并未在热改造再平衡过程中发生再充填，因此该类包裹体的盐度如实地记录了低温（<50℃）流体的性质。对于1atm下（渗流带）形成的两相包裹体来说，如果能确定其内压还是1atm，那么其盐度反映了包裹体捕获时的流体性质，因为其成分并未因热改造再平衡发生改变。最后，对于从高温不混溶流体中捕获且均一温度一致的流体包裹体组合，其盐度也必定代表了包裹体形成时的流体性质，这是因为无论以任何方式发生的再平衡都将导致包裹体均一温度缺乏一致性。上文讨论的流体包裹体组合其盐度也许不能代表最初捕获时流体的性质，这是因为无法排除后来的泄漏和再充填。例如，由于颈缩形成的均一温度不一致的包裹体，只有在未发生再平衡的情况下其盐度才具代表性，但根据均一温度的不一致性，在颈缩之前或之后可能发生过一定程度的再平衡。经历过简单拉伸的包裹体以及从高温不混溶体系中捕获的包裹体，其盐度也具代表性。然而，对于气液比高度不一致的流体包裹体组合而言，没有办法确定包裹体是否发生过泄漏和再充填。不过，对那些遭受过改造的包裹体进行有效识别也很重要，它们可能保存了与热改造再平衡有关的流体的信息，其盐度可以提供某些有用的线索。如果能证明一个流体包裹体组合中某些包裹体的盐度未发生改变，则可将它们与其他包裹体进行对比：假设流体包裹体组合中存在纯液相包裹体（并证明不是颈缩或亚稳态所致）、不混溶体系中形成的端元包裹体或内压为1atm的包裹体，如果可以确定这类包裹体的盐度与同一个流体包裹体组合中其他包裹体的盐度不同，那么就可以推断该流体包裹体组合中部分包裹体已发生过泄漏和再充填；反之，如果包裹体盐度一致，则整个流体包裹体组合保存了原始捕获信息，未发生过泄漏和再充填。

二、中等不一致的均一温度数据

在一个流体包裹体组合中，中等不一致的均一温度数据介于前文讨论的两种端元之间，均一温度的变化超出了90%以上数据之间差别在10~15℃以内的限制，但所有的数据在地质学上是合理的。中等不一致的均一温度数据可能是由于下列原因导致的：①热改造再平衡；②颈缩；③流体包裹体形成过程中地质条件发生了变化。根据笔者的经验，沉积成岩环境的样品中这类流体包裹体组合占了相当一部分。通过这类流体包裹体组合，我们在很多时候能获得有用的 p—T—X 信息，但有时什么也得不到，正如在第四章中讨论的，其中的原因包括：①无法将那些已发生热改造再平衡的包裹体与未发生热改造再平衡的包裹体区别开来；②无法将那些已发生热改造再平衡的包裹体与未发生热改造再平衡但捕获过程中地质条件发生过明显变化的包裹体区别开来。下文介绍的几种方法可能有助于将上述两个原因进行识别。

1. 纯液相包裹体

第一种方法是在流体包裹体组合中寻找纯液相包裹体，并努力确定该类包裹体是低温成因、还是颈缩或亚稳态成因。需要牢记的是，纯液相包裹体与富气相包裹体相配对，以及流体包裹体组合中气液相的总体比例可作为颈缩的证据；具有显著亚稳态的纯液相包裹体的密度决定了其均一温度应在50℃以上，多数情况下，该类包裹体在冷冻过程中将出现气泡，或者纯液相仅分布在较小的包裹体中。如果纯液相包裹体冷冻过程中不出现气泡，其大小与同一流体包裹体组合中气液两相包裹体一致，并且它们不是颈缩的产物，那么该类包裹体不是显著亚稳态造成的，而是代表了低温成因（<50℃）。如果在一流体包裹体组合中发现该类包裹体（可能与气液两相包裹体相伴生），则可断定包裹体的捕获温度小于50℃（第三、四、七章；Goldstein，1990，1993）。此外，这类纯液相包裹体可以提供可靠的盐度信息。如果没有岩相学证据将流体包裹体组合进一步细分，那么很难解释与纯液相包裹体共生的两相包裹体的成因：它们要么是纯液相包裹体经过热改造再平衡形成的，要么是形成温度大于50℃。即使这类气液两相包裹体的盐度不能代表原始的捕获信息，但它们记录了岩石在历史演化过程中经历的流体成分信息。对于均一温度来说也是如此，前提是高的均一温度并非颈缩或拉伸成因。当然，岩相学上有关联、由不同大小和形状的包裹体构成的流体包裹体组合，如果其均一温度一致，则说明高的均一温度并非颈缩原因。

中等不一致的均一温度数据的另一种研究方法是将数据与同一样品中其他的流体包裹体组合进行对比。进行对比的流体包裹体组合应分布于相同样品的同一矿物中，因为这样可以假设它们对过热的响应相同。倘若两个流体包裹体组合中包裹体的大小和形状相似，则这种假设具有合理性。例如，假设早期形成的流体包裹体组合均一温度很一致并低于较晚的流体包裹体组合（图9-6A），或者早期形成的流体包裹体组合由纯液相包裹体构成（图9-6B），那么较晚的流体包裹体组合所呈现的不一致的均一温度反映了包裹体捕获过程中温度的改变，而非热改造再平衡成因，否则较早形成的流体包裹体组合均一温度也将不一致。类似地，假如形成时间较晚的流体包裹体组合由气液两相包裹体组成，包裹体具有中等不一致的均一温度，那我们可以根据较早形成的流体包裹体组合中存在纯液相包裹体断定晚期流体包裹体组合中较低的均一温度代表了初始捕获条件，原因如下：假如早期的流体包裹体组合由纯液相包裹体（并能确定不是亚稳态或颈缩的产物）和气液两相包裹体构成，且后者均一温度不一致，那么显然至少有一部分低温包裹体（纯液相包裹体）未发生热改造再平衡

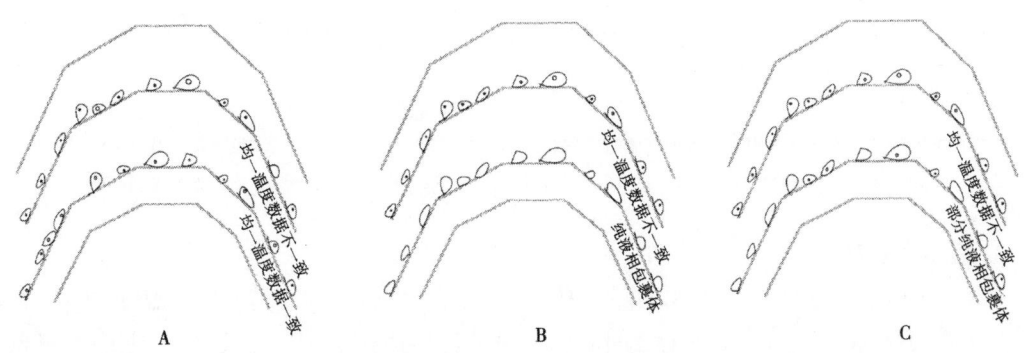

图9-6 连续生长带中发育的流体包裹体组合示意图

A—如果早期的流体包裹体组合均一温度一致且低于晚期的流体包裹体组合，那么晚期的流体包裹体组合均一温度的不一致性真实反映了捕获温度的变化，而非热改造再平衡原因；B—如果早期的流体包裹体组合全部由纯液相包裹体组成，那么晚期的流体包裹体组合均一温度的不一致性真实反映了捕获温度的变化，而非热改造再平衡原因；C—如果早期的流体包裹体组合中还存在一部分未发生再平衡的纯液相包裹体，那么晚期的流体包裹体组合中最低的均一温度记录了初始捕获条件

(图9-6C),因此也可以推断晚期的流体包裹体组合中那些均一温度最低的包裹体也未发生热改造再平衡。因此,晚期的流体包裹体组合中最低的均一温度数据一定记录了初始捕获条件,其余的数据可能记录了初始捕获条件,也可能因热改造再平衡发生了改变。

2. 协变趋势

对具有中等不一致的均一温度的流体包裹体组合来说,还有其他方法将已发生再平衡和未发生再平衡的包裹体进行区分。假设流体包裹体组合在某个温度下形成(>50℃),然后被继续埋藏,随着温度的升高某些包裹体将发生拉伸,造成体积增大、均一温度升高。由于拉伸发生的时间和强度受包裹体大小、形状、在主矿物中的位置等因素控制,因此发生拉伸的包裹体将具有不同的均一温度,但具有相同的盐度。另外,有些流体包裹体在埋藏受热期间将发生泄漏—再充填。在许多盆地中,孔隙流体的盐度随深度的增加升高(Hanor,1984)。发生泄漏—再充填的包裹体将捕获持续埋藏期间遇到的流体,它们与未发生改变的包裹体具有不同的温度和盐度。因此,在拉伸和泄漏—再充填这两种机制都存在的情况下,可以预料流体包裹体的均一温度和盐度数据在双变量图上将分为两种趋势:拉伸趋势和泄漏—再充填趋势(图9-7A)。这两种趋势将交会于一点,代表了初始的均一温度和盐度。还有一种情况,即流体包裹体的拉伸和泄漏在埋藏期间是随机发生的,在此情况下流体包裹体的均一温度和盐度数据在双变量图上呈楔状分布,交会点仍代表了初始的均一温度和盐度(图9-7B)。该方法仅适用于具有中等不一致的均一温度且不含纯液相包裹体的流体包裹体组合。前文讨论的方法在解释包含纯液相包裹体的流体包裹体组合中是有效的。

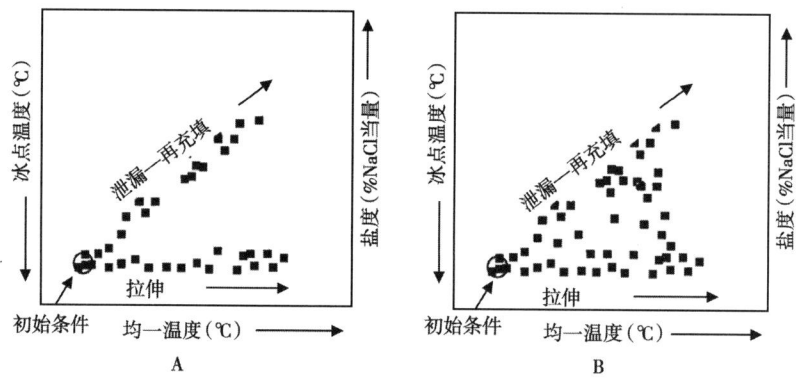

图9-7 具有中等不一致的均一温度的流体包裹体组合均一温度和冰点温度双变量图解
两条趋势线的交会点代表流体包裹体初始捕获点;泄漏—再充填趋势反映了持续埋藏升温过程中包裹体经历的热改造再平衡。A—只有部分包裹体发生了再平衡;B—每个包裹体均发生了再平衡

3. 岩相学趋势

从具有中等不一致均一温度数据的流体包裹体组合中可以获取其他的古温度信息,在该类流体包裹体组合中,均一温度的空间变化反映了包裹体捕获期间温度的单调变化。例如,对于宽的生长带,我们可以确定其中包裹体之间的先后关系。对于由不同形状和大小的包裹体构成的流体包裹体组合来说,均一温度向着生长带外围逐渐升高的现象指示生长带形成过程中温度逐渐升高(图9-8A)。但须注意的是,包裹体的均一温度不一定是初始捕获条件的真实反映,因为可能会存在再平衡,然而温度随时间的推移而升高是一条非常有价值的信息。对于由不同形状和大小的包裹体构成的流体包裹体组合来说,均一温度向着生长带外围

逐渐降低的现象指示生长带形成过程中温度逐渐降低（图9-8B），但这里也不能排除包裹体的再平衡现象。

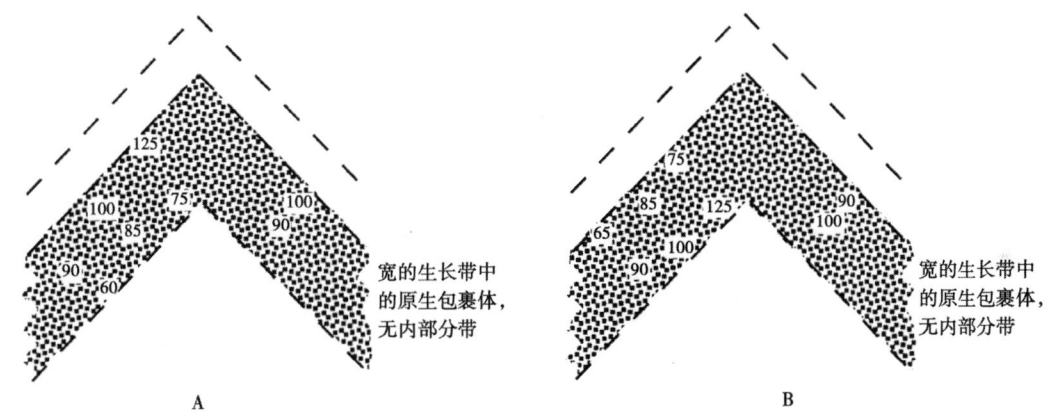

图9-8 宽的生长带中流体包裹体均一温度（℃）分布示意图
A—均一温度向生长带外围升高，反映了生长带形成过程中温度逐渐升高；B—均一温度向生长带外围具有降低的趋势，反映了生长带形成过程中温度逐渐降低

第三节 接近最高温度的均一温度数据

至此我们已经掌握了一套严谨的流程，使我们能对流体包裹体数据进行更好的处理和解释，从而以最大信心进行最终的地质解释。这套流程很费时，在解释过程中需要经验。本书再介绍一种快捷方法，通过此方法确定岩石在地质历史上经历的峰值温度。该方法通过下列两种途径实现：①随机测试方解石中（不适于在流体包裹体组合中）盐水包裹体的均一温度并找出最大值；②查明流体包裹体组合中的最大均一温度。

第一种途径基于概率统计。从方解石中随机测试的包裹体的均一温度最高值与样品经历的最高温度之间具非常好的相关性（图9-9；Baker和Goldstein，1990），均一温度的最高值刚好位于探井现今最高温度之下，其原因不外乎两点：①某些流体包裹体是在最高温度期间捕获的；②某些流体包裹体为低温包裹体再平衡的产物。通过镜质组反射率与流体包裹体均一温度的对比可以证明该方法具合理性。均一温度与镜质组反射率之间的相关性（图9-10）同文献中发表的最高温度与镜质组反射率之间的相关性（Baker和Pawlewicz，1986）很相似。这一相关性支持了可通过最大均一温度来近似获取地层经历的最高温度这一方法，但它不宜用作镜质组反射率的校正。

跟所有的经验方法一样，上述测定最小峰值温度的方法也是含糊的。该方法基于方解石中的盐水包裹体形成于峰值温度到达之前或峰值温度期间的假设。随着流体包裹体受到自然过热，一些将发生再平衡至更高的温度条件。但须记住的是，要使大部分流体包裹体发生再平衡需要很高程度的过热，某些包裹体可能会逃过一劫。显然，如果在峰值温度到达之前或峰值温度期间未捕获流体包裹体，那么该方法提供的数据将远远低于峰值温度的最小值。下列因素可能会导致最低峰值温度的估算值变得离散甚至产生谬误：①流体包裹体中溶有不同数量的CH_4；②受CH_4含量、包裹体成分或捕获压力控制的压力校正值的变化；③主矿物强度的差异；④流体包裹体的大小、形状和方位；⑤自然过热的程度（低程度的过热不会

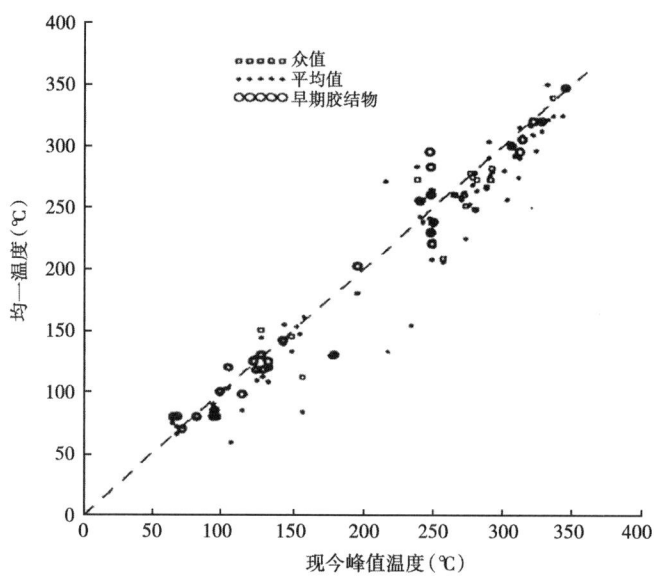

图 9-9 方解石中盐水包裹体的均一温度（平均值或众值）与现今峰值
温度散点图（据 Baker 和 Goldstein，1990）

虚线代表了均一温度等于峰值温度；早期胶结物用以跟晚期胶结物以及成因未知的
胶结物进行对比；注意均一温度与峰值温度非常接近

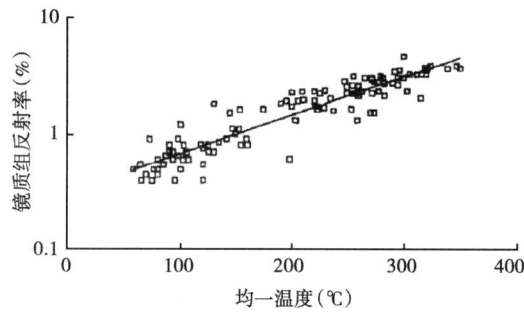

图 9-10 方解石中流体包裹体均一温度
（平均值或众值）与镜质组反射率散点图
（据 Baker 和 Goldstein，1990）

镜质组反射率与配套的流体包裹体数据多数来自
同一块样品；实线为趋势线

引起显著的再平衡）；⑥围压（高的围压阻碍再平衡）；⑦均一温度的原始分布；⑧流体的成分及其对压力增加的控制；⑨峰值温度之后冷却期间流体包裹体的捕获；⑩相变之后的颈缩；⑪流体包裹体的非均一捕获；⑫均一温度测点少，不具代表性。既然存在这么多缺陷，那人们为什么还应用该项技术呢？从统计学的观点看该项技术具有合理性，大量的研究表明，该方法获得的结果接近峰值温度（图9-9）。这种统计学方法虽然有其自身的缺陷，但它不像前文介绍的其他方法那样烦琐，而且不需经验。

另外一种方法也可以估算岩石经历的最小峰值温度，它通过在成岩矿物中寻找具有最高而且一致的均一温度的流体包裹体组合来实现。毫无疑问，该方法涵盖了本书中涉及的许多重要而烦琐的流程，但它可对最低峰值温度进行有效的确定。更为重要的是，由于数据是从由不同大小和形状的包裹体构成且数据一致的流体包裹体组合中获取的，因此该方法得到的最高均一温度实际上就是岩石经历的温度。使用该方法时，首先将样品在冷热台上加热并使流体包裹体达到均一，接下来继续在样品中寻找未达均一且具一致气液比的流体包裹体组合，以其作为数据来源。如果从该类流体包裹体组合中获得的均一温度数据具有一致性，则它提供了一种确定峰值温度最小值的快捷方法。

上文介绍的方法可以确定最小峰值温度。但由于压力校正以及峰值温度期间流体包裹体捕获的不确定性，至于这些方法得到的结果与峰值温度究竟有多接近，笔者不得而知。这些方法较前文介绍的岩相学方法要便捷，但它们可以提供有用（即使有时不可靠）的数据。正常情况下，需要更多的工作以提高可信度。

第四节 均一温度与捕获温度的关系

笔者通常会被问道："均一温度会高于捕获温度甚至岩石经历的最高温度吗？"这个问题之所以存在，是因为均一温度有时高于利用镜质组反射率和地层埋藏史得到的温度数据。对于这些情况，笔者发现均一温度数据往往是可靠的，而地层埋藏史基于的假设往往是错误的。尽管如此，某些流体包裹体的均一温度高于捕获温度，其中的机制包括：包裹体内溶解有机质或石油裂解形成 CH_4、包裹体爆裂期间不稳定裂缝的生长、富甲烷包裹体在抬升期间因内部超压造成的再平衡、测定均一温度时富甲烷包裹体的拉伸或膨胀、相变之后的颈缩和非均一捕获。然而目前已得到的数据表明，只要严格遵循本书中介绍的方法和流程，这些都不是问题。

第五节 小 结

流体包裹体为确定成岩温度提供了一种有效而明确的方法。通过对流体包裹体气液比进行简单的岩相学研究，可以对温度信息进行初步确定；流体包裹体的均一温度为捕获温度的最小值。通过均一温度确定捕获温度可能需要压力校正，其中需要用独立的方法获得压力，这其中会产生潜在的误差。在许多情况下，即使流体包裹体存在再平衡，依然可以对矿物的沉淀温度及后期的热历史进行有效的约束。

第十章 流体包裹体地质压力计

流体包裹体是确定包裹体捕获时压力的有效手段,但使用该项技术的关键取决于流体包裹体组合以及人们对包裹体中流体体系的成分及 $p-V-T$ 性质的认知。利用流体包裹体确定真实捕获压力的最好方法是使用气—水不混溶体系中形成的流体包裹体组合。如果缺少不混溶证据,估算捕获压力时就需要对捕获温度进行推测。对于某些流体包裹体来说,我们能够通过几种方式获得可靠的最小捕获温度。上一章介绍的确定捕获温度的方法同样适用于确定捕获压力。本章不涉及使用石油体系和水体系等容线相关的方法(Narr 和 Burruss,1984),这是因为近期的工作表明,需要对该方法的理论和实践基础进行细致的再评估(Burruss,1992)。

第一节 最小捕获压力

一、压碎法

对于形成温度高于地表温度的流体包裹体,可以通过在室温下压碎或激光拉曼测定包裹体中气泡的压力,以此获取最小捕获压力。室温下测定的气泡压力必定小于包裹体形成时的压力(见图 3-7),并且可能低很多。因此,该方法明显低估了捕获压力,但它至少提供了一个最低值。

二、泡点曲线法

另一方法是首先确定包裹体的成分,然后通过参考已有的或构建具泡点曲线的 $p-T$ 相图和等容线。如果在流体包裹体组合中,不同大小和形状的包裹体具有一致的均一温度,那么在泡点曲线上均一温度对应的压力即包裹体的最小捕获压力。对于贫气包裹体来说,这种方法得到的最小捕获压力远低于真实捕获压力;对于富气包裹体来说,这种方法得到的最小捕获压力接近真实捕获压力。含气体系泡点曲线的构建流程见第九章。使用这种方法的前提是找到具有一致均一温度的流体包裹体组合,通过显微测温或其他分析技术确定流体中的盐类类型和含量。内压通过压碎法或激光拉曼测定,挥发分的成分通过压碎法、激光拉曼或气相色谱、质谱、气相色谱—质谱进行测定。然后通过测量包裹体中液相和气相的体积比,对包裹体中流体的总体成分进行确定。获得上述信息之后,如果流体体系的成分简单,那么可以构建泡点曲线。在泡点曲线上,均一温度点对应的压力即最小捕获压力,由于许多地下流体已接近甲烷饱和,最小捕获压力接近真实捕获压力。

第二节 捕获压力

一、数据一致的流体包裹体组合

对于具有一致均一温度的流体包裹体组合来说,可以通过对捕获温度进行假设的方式确定捕获压力。这种方法有效但有风险，容易造成误差。这种方法首先确定流体包裹体组合的等容线，然后对捕获温度进行假设，捕获温度点在等容线上对应的压力即流体包裹体的捕获压力。为达到这一目的，必须对流体的成分进行足够的认识以获得其 $p—V—T$ 性质，并对捕获温度进行有效的假设。

1. 水—盐体系

包裹体中流体成分的确定方法已在第三、六、七章进行了总结。在简单水—盐体系的等容线上寻找特定数据点的方法见第九章。这里将对确定捕获压力的要点进行概要总结。首先，必须对包裹体中 CH_4 等气体存在的可能性进行排除并确保气相的唯一成分为水蒸气，这可以通过压碎法实现。显微测温过程中不存在笼形化合物的形成或熔化或气相的结冰现象。初熔温度对于确定水—盐体系的类型具有重要意义。冰点温度用于计算流体体系的盐度。通过上述数据可以对流体的成分进行很好的约束，从而选择合适的相图和等容线。

接下来必须通过独立的方法确定包裹体的捕获温度。捕获温度在等容线上的投点所对应的压力即捕获压力。确定捕获温度将涉及地质解释或假设，容易产生较大的误差。为了获得包裹体的捕获温度，有些研究人员采用现今温压梯度并假设等于包裹体捕获时的温压梯度，有些研究人员对古温压梯度进行有根据的推测。在恢复捕获压力时，对温压梯度进行错误的假设将产生几百巴的误差。众所周知，多数地区的大地热流和地温梯度随时间发生变化。图10-1 展示了由于错误地解释古温压梯度所造成的误差。另外，如果压力梯度随时间发生变化，同样会产生误差。有人可能基于现今压力梯度对温压梯度进行假设。例如，假设在包裹体捕获期间古流体体系处于静水压力，而事实上当时处于静岩压力，那么这样确定的捕获压力必定存在误差（图10-2）。

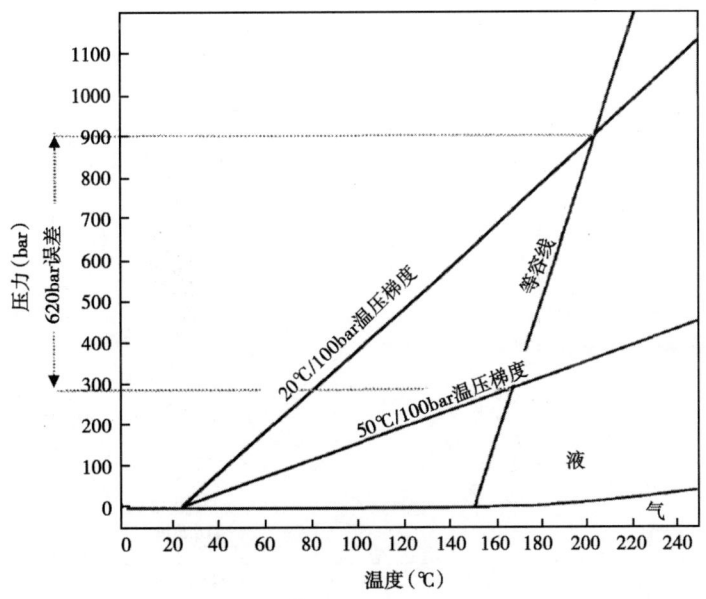

图 10-1　古今温压梯度下纯水体系的相图及等容线和气液相界线

假设纯水包裹体在150℃达到均一，它必定是在等容线上的某点捕获的；如果以现今温压梯度 20℃/100bar 作为包裹体捕获时的温压梯度，得到的捕获压力为 900bar；然而，如果包裹体捕获时的真实温压梯度为 50℃/100bar，那么以现今温压梯度进行解释将造成捕获压力偏高 620bar

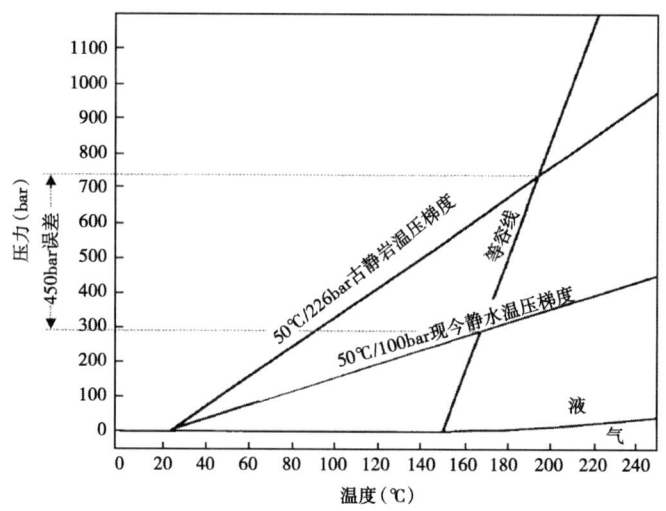

图 10-2　古静岩/现今静水温压梯度下纯水体系的相图及等容线和气液相界线

假设纯水包裹体在 150℃ 达到均一，它必定是在等容线上的某点捕获的；如果以现今静水温压梯度 50℃/100bar 作为包裹体捕获时的温压梯度，得到的捕获压力为 280bar；然而，如果包裹体事实上是在 50℃/226bar 的静岩温压梯度下捕获的，那么以现今温压梯度进行解释将造成捕获压力偏低 450bar

另一个选择是对包裹体的捕获温度进行合理的假设。不幸的是，在压力未知的情况下很难确定流体包裹体的捕获温度。但是，如果捕获温度已知，就可以通过捕获温度在等容线上的投点获得捕获压力。

2. 甲烷—水—盐体系

对于具一致的均一温度且含 CH_4 的流体包裹体组合来说，获得泡点曲线和等容线之后即可确定捕获压力。首先，通过上文和第九章中介绍的方法确定包裹体的成分，以构建泡点曲线；然后，在均一温度的基础上构建等容线。等容线构建完成之后，需要对流体包裹体捕获时的温压梯度进行假设。温压梯度线与等容线的交点即捕获压力（图 10-3）。

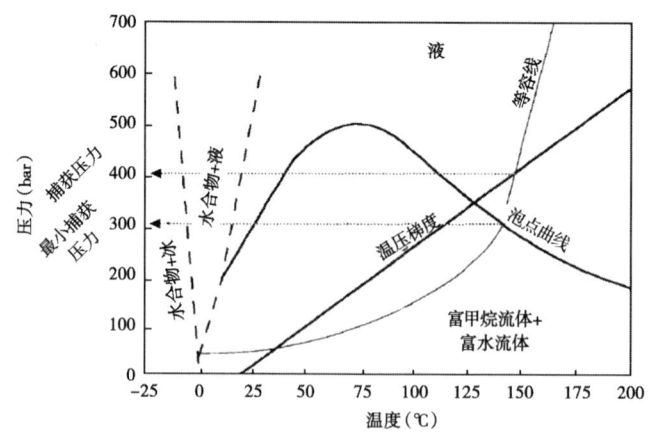

图 10-3　甲烷—水—盐体系的 p—T 相图（据 Hanor，1980，修改）

在包裹体的成分（在此假设 CH_4 含量为 3200mg/L）和均一温度（在此假设为 140℃）已知的情况下，通过对温压梯度进行假设（在此假设为 28℃/100bar）可以估算捕获压力：温压梯度线与包裹体等容线的交点表明捕获压力为 410bar；而均一温度与泡点曲线的交点表明最小捕获压力为 310bar

二、存在不混溶的情况

1. 低温体系

纯液相盐水包裹体的存在表明流体包裹体是在接近实验室的温度条件下捕获的，在这种情况下，如果与纯液相包裹体共生的包裹体中捕获了不混溶的气体，那么可以对捕获压力进行很好的估算。前文已对渗流带中包裹体的识别方法进行过介绍，该类包裹体在压碎过程中，气泡的大小保持不变，指示捕获压力为1atm。压碎法的另一个用途是在实验室温度下确定海相和非海相盆地或浅层地下水的古水深。例如，假设某海相盆地的深度为100m，海底胶结物生长活跃，在该深度下不混溶气体将出溶并附着于生长着的胶结物表面。这些气体可能被胶结物捕获形成包裹体，将该类样品拿到地表，其内压依旧为捕获压力（这是因为捕获温度跟实验室温度几乎相同）。将样品压碎过程中，气泡将发生膨胀，指示内压约为11bar，相当于水深100m对应的静水压力。

2. 高温体系

在存在高温水—盐—气不混溶的岩相学证据的情况下，有两种方法可以确定包裹体的捕获压力，它们均须确定包裹体的成分。不混溶的证据为同时存在富液相包裹体、富气相包裹体以及相比例介于二者之间的包裹体。在不混溶的情况下，一种方法要求我们测定富液端元包裹体的均一温度、气相的成分和富气端元包裹体的均一温度；另一种方法要求我们测定富液端元包裹体的几个参数，包括具有一致气液比的富液相包裹体的均一温度、盐类的类型及含量、气相的成分、气相与液相的摩尔比。下文将以简单的不混溶体系（气相为纯甲烷）为例进行讨论，存在其他气体的情况下就要用到复杂体系的相平衡了。

第一种方法要求我们测定富气端元包裹体和富液端元包裹体的均一温度，并确定富气端元的成分为纯甲烷以使用简单的相平衡。如果检测到复杂的气体组分，仍有可能确定捕获压力，但要使用复杂体系的相平衡。对于密度大于甲烷临界密度（即在 $T<-82.1℃$ 时均一为液相）的富甲烷端元包裹体来说，测试甲烷的均一温度（忽略包裹体中水的影响）非常简单；但对密度小于甲烷临界密度（即在 $T<-82.1℃$ 时均一为气相）的富甲烷端元包裹体来说，很难观察到液态甲烷环边的消失。如果证明富气相包裹体由纯甲烷组成（但实际上应包含少量水），就可以通过均一温度确定其等容线。正如第三章的讨论，如果包裹体从单相不混溶体系中捕获，其均一温度等于捕获温度，无须进行压力校正。富甲烷端元包裹体的均一温度不等于其捕获温度，原因是该类包裹体中含少量的水，但我们是看不到的，该类包裹体只有温度达到捕获温度时才会完全均一。不过，富液端元包裹体的均一温度一定等于捕获温度。因此，将甲烷等容线延伸使其穿过捕获温度（捕获温度通过测定富液端元包裹体的均一温度确定），即可确定捕获压力（图10-4；Mullis，1979）。

富甲烷端元包裹体中虽然存在少量的水（因为包裹体捕获时甲烷和水达到了平衡），但水的存在不会对均一温度造成显著影响。进一步说，水的存在不会使甲烷的等容线产生明显变化（Burruss，1993）。举个最坏的例子，假设某富甲烷包裹体捕获时甲烷与水达到平衡，捕获温度为200℃、捕获压力为1150bar、密度为 $0.311g/cm^3$、水的摩尔分数为 0.059，Burruss利用Peng—Robinson状态方程估算了忽略水的存在所产生的最大误差。根据包裹体的均一温度确定甲烷的等容线，并将等容线延伸使其经过捕获温度，这样确定的捕获压力仅比实际捕获压力（1150bar）低100bar。因此，在进行压力计算时忽略富甲烷包裹体中水的存在仅会产生微小的误差。

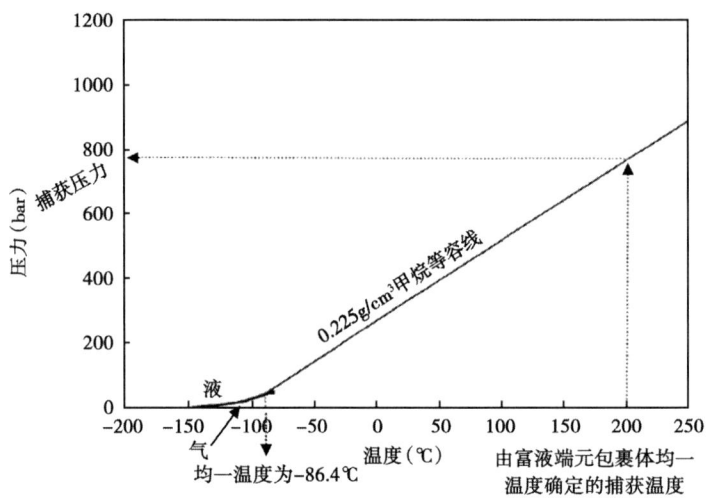

图 10-4 甲烷—水不混溶体系的 p—T 相图

该图展示了在存在 CH_4—H_2O 不混溶证据的情况下,如何确定流体包裹体的捕获温度和捕获压力;假如某气液比一致的富液端元流体包裹体组合在200℃达到均一,也就是说捕获温度为200℃;假如富气端元流体包裹体中的甲烷相在-86.4℃均一为液相(H_2O 的影响忽略不计),那么包裹体肯定是沿 $0.225g/cm^3$ 等容线捕获的,将该等容线延伸使其与捕获温度(200℃)相交,交点对应的压力即流体包裹体组合的捕获压力

第二种方法在第九章中已进行过详细介绍,它涉及确定高温(>50℃)气—水不混溶体系泡点曲线的位置,该方法仅适用于气—水不混溶的情况。首先要确定流体的成分以构建泡点曲线。目前已有的相平衡仅适用于简单的气体组分(即接近纯甲烷)。确定泡点曲线所需的数据包括:盐类的类型及含量、具一致气液比的富液端元流体包裹体组合中气相和液相的摩尔比。泡点曲线确定后,具一致气液比的富液端元流体包裹体组合的均一温度在该曲线上对应的压力即为捕获压力(图10-5)。

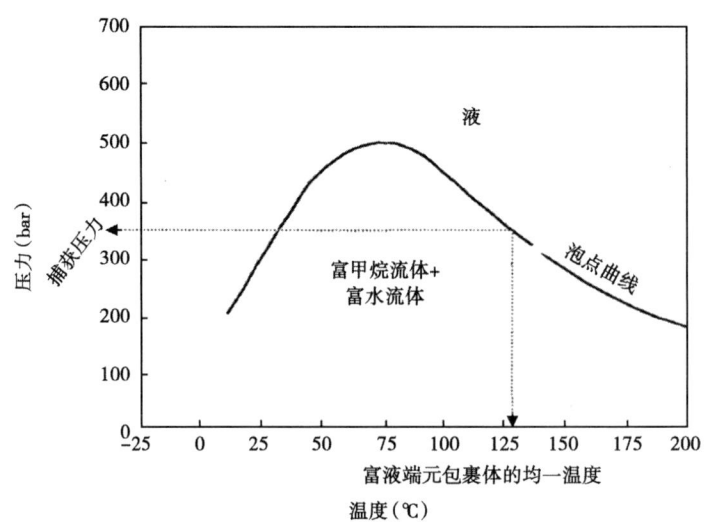

图 10-5 甲烷含量为3200mg/L 的 H_2O—CH_4 不混溶体系的 p—T 相图(据 Hanor,1980,修改)

假设存在不混溶证据,如果富液端元流体包裹体组合的均一温度为130℃,那么捕获压力为350bar

第三节 小 结

流体包裹体是确定成岩流体压力的有力工具。最小捕获压力很容易确定,但在包裹体中无大量气体的情况下它远远低于真实捕获压力。在缺乏不混溶证据的情况下,压力的确定需要作出某些假设,如果假设错误,将产生明显的误差。然而,在存在不混溶证据的情况下,如果富气相端元包裹体的成分为纯甲烷,就可以根据甲烷等容线与富液端元包裹体的均一温度精确确定捕获压力。另外,如果能准确确定包裹体的成分并构建其 $p—V—T$ 相图,那么可以通过均一温度与泡点曲线确定捕获压力。因此,如果大自然给我们提供了合适的包裹体,就可以确定捕获压力。

第十一章 研究实例

本章将通过一系列的实例展示进行成岩矿物中流体包裹体研究所用的方法；但不像文献那样进行详尽的描述，而是重点对成岩矿物中流体包裹体的保存、流体包裹体研究中运用的恰当方法及数据分析方法进行展示。

第一节 流体包裹体研究的评估

面对流体包裹体研究评估任务时，本书中所涉及的技术和方法在判断结论是否有效时将会是非常有用的。在这样的努力下，一个有经验的包裹体研究人员将采用如下的方法：做一个充满怀疑的人，切忌只看数据表面，首先要对造成解释无效性的所有可能原因进行考虑。

在成岩环境研究中，正确的流体包裹体工作通常遵循一种有条不紊的方法。首先，研究人员须明确希望通过流体包裹体解决什么地质问题。地质问题一旦明确，显然样品中要保存着能够回答这些问题所用的包裹体。比方说，如果我们想研究成岩矿物的成因，那么就需要未发生过再平衡的原生流体包裹体；如果只是想简单了解岩石所经历的温度和流体成分信息，那么次生的、原生的和再平衡的流体包裹体可能就足够了；如果希望得到压力方面的信息，那么具有气—水不混溶的包裹体往往是有用的。本章的目的是引导研究人员面对不同地质问题时选取合适的包裹体。一如既往，流体包裹体研究应在野外和地层学工作的基础上进行。正常情况下，研究人员首先需要对样品的岩石学特征进行细致的观察以明确成岩序列。在样品的处理过程中应采用适当的方法，避免流体包裹体发生再平衡。研究人员通过岩相学观察确定样品中是否存在可用以解决地质问题的流体包裹体，假如不存在合适的包裹体，应果断放弃流体包裹体研究。

进行流体包裹体研究或评估其他流体包裹体研究时，带着怀疑或寻找错误的目的往往是重要的，并遵循本书中介绍的流程。根据多年来对各类流体包裹体研究进行评估的经验，笔者认为，在对流体包裹体研究进行评估过程中应带着以下几个问题：

（1）样品的处理方式是否得当？样品准备过程中是否存在过热现象？数据采集前是否作过阴极发光？

（2）是否将数据置于地质、地层和岩相学格架中进行解释？

（3）是否存在有关流体包裹体成因的可靠证据？对于原生包裹体，是否具有显微照片、素描或详细描述等资料以显示流体包裹体与矿物生长有关？

（4）在进行显微测温时，是否采用了恰当的方法使流体包裹体避免发生改变？低温包裹体在加热过程中是否经历了过热现象？流体包裹体加热之前是否在冷冻过程中发生了改变？一项优秀的包裹体研究必须采取恰当的方法以确保数据真实可靠。

（5）数据的收集和表达是否以流体包裹体组合为单位，或者在岩相学上是混杂的？假如数据的表达以流体包裹体组合为单位，数据的一致性如何？如果数据不一致，是否对可能的成因（非均一捕获、颈缩、热改造再平衡）进行过评估？

（6）数据量够不够？是否存在足够的数据以查明时空变化？

（7）有没有对流体包裹体数据进行全面考虑？研究人员是否错误地对平均值进行了解释？

（8）如果涉及压力校正，选取的是否为数据一致的流体包裹体组合？或者错误地选取了数据不一致的流体包裹体组合？如果是前者，是否对流体包裹体组合的成分进行过足够的约束？压力校正有意义吗？

（9）研究人员作过什么假设？假设合理吗？如果假设不合理，将对数据的解释造成什么后果？

上述问题适用于任何流体包裹体研究。如果研究人员在进行包裹体研究时头脑中始终存在这些问题，将会大大增加成功的几率。

第二节 研究实例

接下来介绍成岩环境中流体包裹体的一些研究实例。目的是展示在进行不同成岩环境下流体包裹体研究中所采取的方法，并说明在成岩环境中流体包裹体的保存程度。本节的内容并非包罗万象，而是重点说明在用流体包裹体进行成岩环境研究过程中我们应该了解些什么。简便起见，本书介绍的许多实例都经过了简化，目的是将流体包裹体的研究方法教授给大家。当然，流体包裹体在油气生成、运移和盆地演化研究方面也具有重要的意义，但本书不包含这些内容。样品的准备和测试方法在这里也不作介绍，但需要说明的是，在对纯液相包裹体进行冰点温度测试之前，需要在实验室进行人为的过热以使包裹体中产生气泡。在下文的实例中，如无特别说明，样品的处理方法均是得当的。下面的研究流程图（图11-1至图11-5）有助于大家对常见的流体包裹体组合进行有效解释，并可以用作流体包裹体研究的辅助和指南。

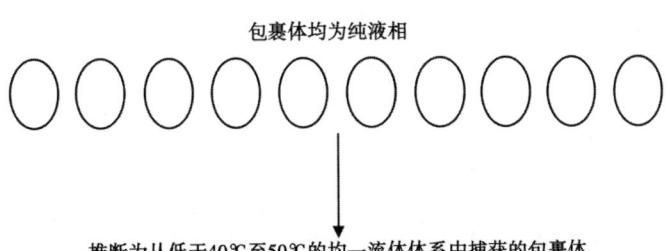

图11-1 由纯液相包裹体构成的流体包裹体组合的解释流程图
研究人员必须尝试对纯液相包裹体进行气泡成核以检验是否存在亚稳态

对每一种成岩环境进行实例研究的目的是告诉大家成岩环境中流体包裹体的处理方法。这些方法不能作为标准，许多有问题的数据与保存完好的数据放在一起，目的是阐释不同类型数据的处理方式。因此，在每个未经埋藏受热的年轻低温成岩矿物的研究实例之后，紧接着有一个经过漫长演化的古老样品的实例，目的是使大家掌握发生过热改造再平衡的流体包裹体的处理方法。研究实例是根据成岩环境的递进而组织的，首先是渗流带，然后向下进入低温大气淡水潜流带，接着是大气淡水—海水混合带、海水潜流带，最后进入高温埋藏成岩环境。

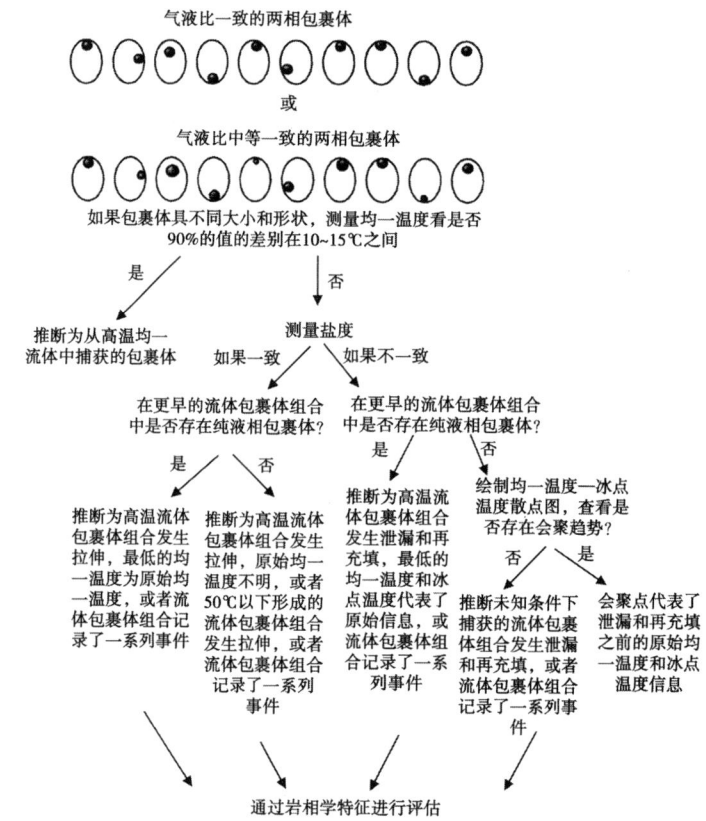

图 11-2 由气液比一致和中等一致的包裹体构成的流体包裹体组合的解释流程图
包裹体具有不同的大小和形状

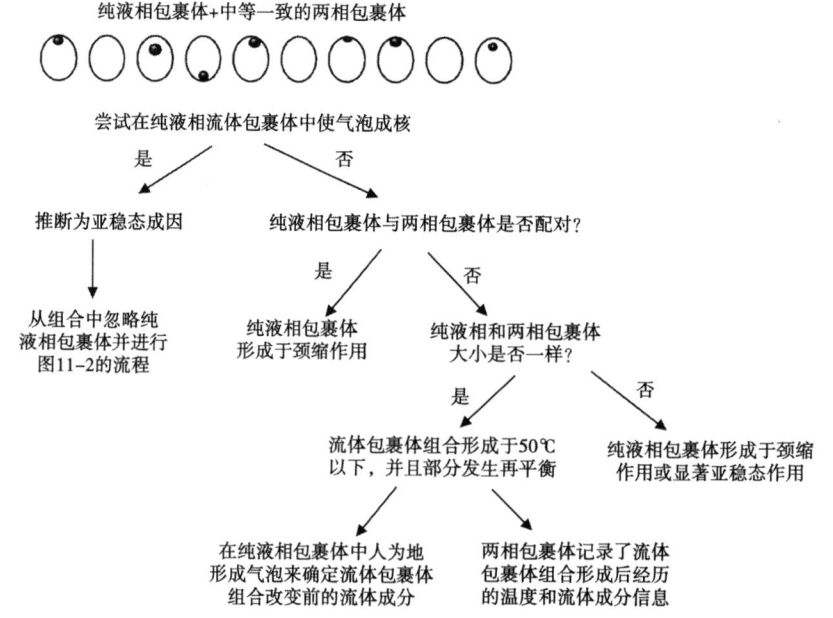

图 11-3 由气液比中等一致的两相包裹体和纯液相包裹体构成的流体包裹体组合的解释流程图
包裹体具有不同的大小和形状

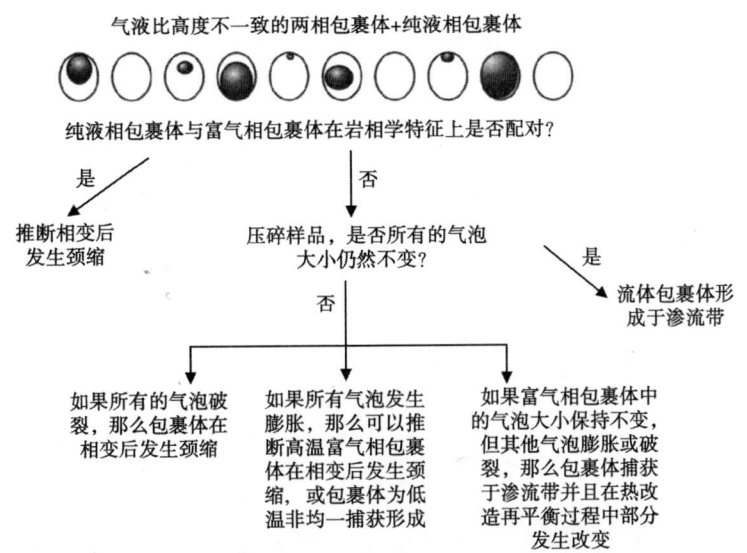

图 11-4　由纯液相包裹体和气液比高度不一致的两相包裹体构成的流体包裹体组合的解释流程图
包裹体具有不同的大小和形状

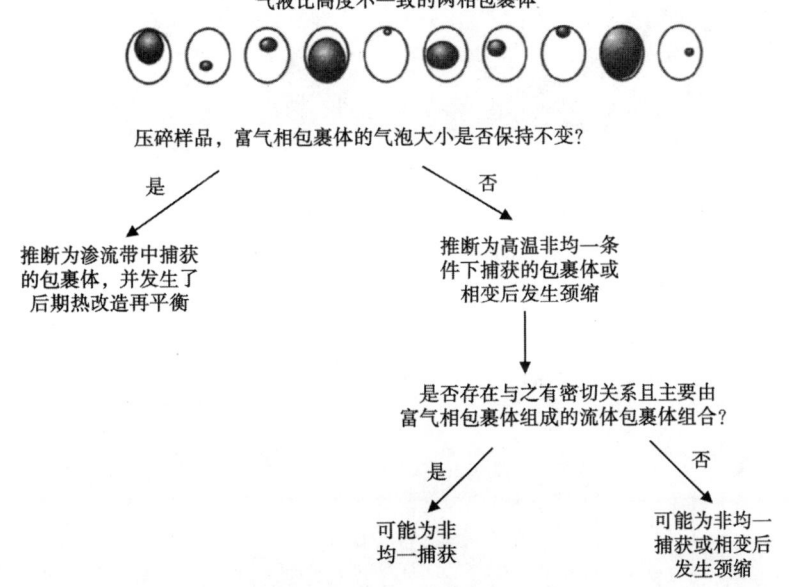

图 11-5　由气液比高度不一致的两相包裹体构成且缺少纯液相包裹体的流体包裹体组合的解释流程图
包裹体具有不同的大小和形状

一、内华达州晚期裂缝充填环带状流石的成因

在内华达州 Winnemucca 附近，三叠系中的张性裂缝被环带状方解石胶结物部分充填。从构造地质学的角度看，裂缝似乎与盆地和山脉的抬升有关。裂缝充填物是最近刚形成的，晚于所有的高温成岩事件。根据该区的地质背景，样品自形成后从未经过自然受热。该项研究详见 Goldstein（1986a，b）。

1. 研究目的

该研究的目的是确定裂缝中充填的环带状方解石的形成温度、成岩环境以及相关流体的盐度。本实例将展示大气淡水渗流带中形成的且未经埋藏受热的流体包裹体的特征。

2. 岩相学

方解石呈环带状生长，环带是由于固相包裹体和流体包裹体的存在引起的。许多流体包裹体呈针状并与方解石生长方向平行。流体包裹体的集中分布形成生长带的边界，指示流体包裹体为原生（图11-6）。某些流体包裹体组合由纯液相包裹体构成，其他的由气液相比例变化很大的两相包裹体构成（图11-7）。

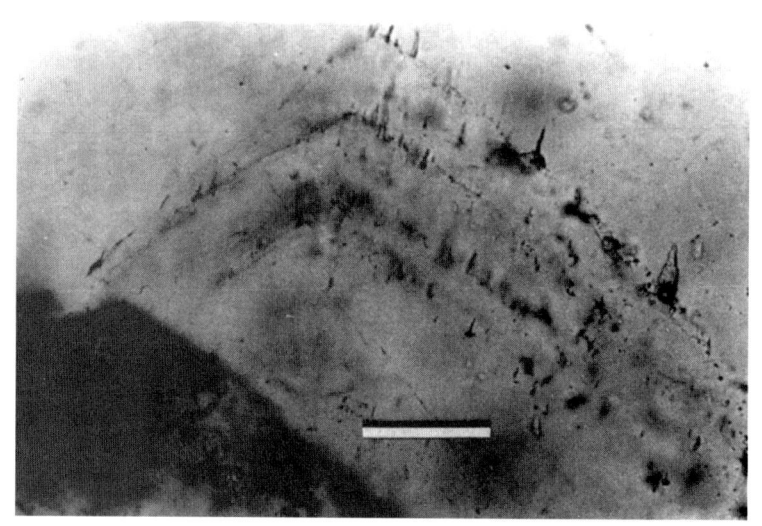

图11-6　内华达州方解石流石中原生流体包裹体的显微照片

注意流体包裹体勾勒出了生长带并与晶体生长方向平行；右侧很大的包裹体中含有一个大气泡，其他的包裹体多为纯液相；比例尺为100μm

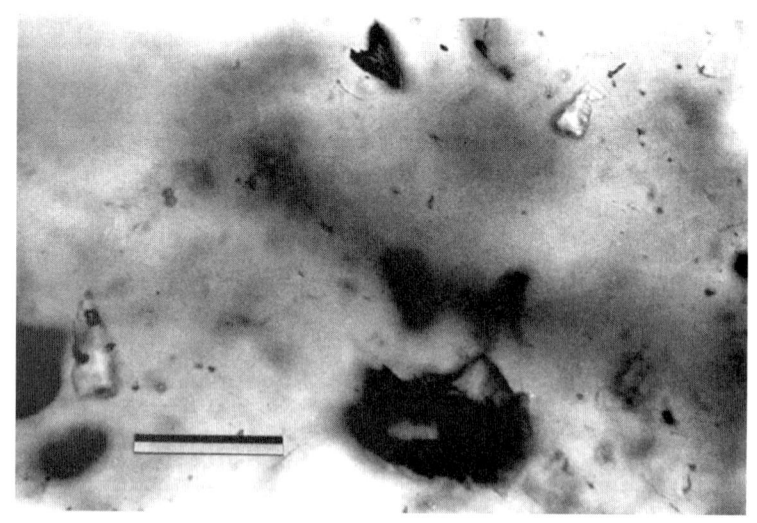

图11-7　内华达州方解石流石中流体包裹体组合的显微照片

注意流体包裹体的气液比变化很大，从纯液相（右上方）至接近纯气相（比例尺右方）；比例尺为50μm

3. 显微测温

在温度升至250℃时，少量原生包裹体均一为液相，其他的包裹体未均一。均一温度反映了相比例的变化（图11-8）。

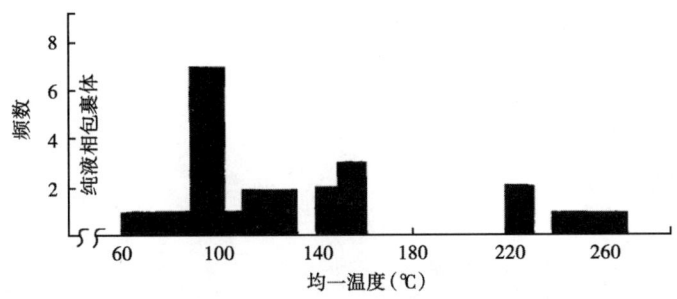

图11-8 内华达州方解石中流体包裹体的均一温度直方图
均一温度仅仅反映了渗流带的非均一捕获，对于解释捕获温度毫无意义

所有流体包裹体的冰点温度非常一致，为0℃。

4. 压碎

将样品压碎后，包裹体中气泡的大小保持不变。

5. 解释

方解石的形成温度低于50℃，证据为纯液相包裹体的存在。野外证据显示，样品未经过受热，因此可以排除高温颈缩的可能性。相比例的变化为低温、两相体系中非均一捕获所致。均一温度仅仅反映了包裹体中捕获的气体与水的相对数量，对于解释捕获温度毫无意义。纯液相包裹体是低温成因的关键证据。根据冰点温度判断包裹体中捕获的是淡水。根据压碎结果判断，包裹体的内压为1atm。因此流体包裹体形成于低温、大气淡水渗流带。

二、西班牙东南部中新统方解石胶结物的成因

该研究利用野外、岩石学、阴极发光和流体包裹体分析识别了西班牙东南部 Mesa Roldan 地区碳酸盐岩地层在晚中新世的暴露事件。在西班牙东南部，中新统碳酸盐岩地层的厚度为100~150m，覆盖于中—晚中新世群岛的地貌高点之上。中新统碳酸盐岩地层的暴露表明陆棚与盆地间的最小高差为50~200m，侧向距离为1~2km。碳酸盐岩地层几乎没有构造变形，也没有明显的热蚀变。Armstrong 等（1980）认为，近海地区地下的生物礁复合体应该被350m甚至更厚的中新统和上新统细粒沉积岩覆盖。在陆上，生物礁复合体发生了暴露，其上覆地层的厚度应小于350m。研究区中新统正好位于现今地中海海平面之上，并被一奇怪的剥蚀面所覆盖，剥蚀面之上为上新世海相沉积。该研究详见 Goldstein 等（1990）。

1. 研究目的

该研究的目的是确定与中新统和上新统之间与暴露面有关的方解石的成因。该实例涉及低温成岩体系中的包裹体冰点温度数据的使用和渗流带中流体包裹体的识别；同时还表明，尽管后期存在其他流体的作用，但低温包裹体可以保存下来。

2. 岩相学

暴露面之下的中新统由沉积角砾组成，角砾被方解石胶结。方解石胶结物包裹已遭受过

再调整的示底构造,因此要晚于角砾的沉积。同时,方解石胶结物被较晚的、与剥蚀面有关的示底沉积物覆盖,因此形成时间应早于上覆的上新统。早期胶结物由刀刃状或等粒状方解石构成,由于这类方解石中存在大量流体包裹体和一些固相包裹体,因此看起来较混浊;在这类混浊的方解石之后,发育一期洁净明亮的等粒状或刀刃状方解石。在混浊方解石区域,存在由流体包裹体和阴极发光环带构成的生长带(图11-9)。基于此,将包裹体解释为原生。

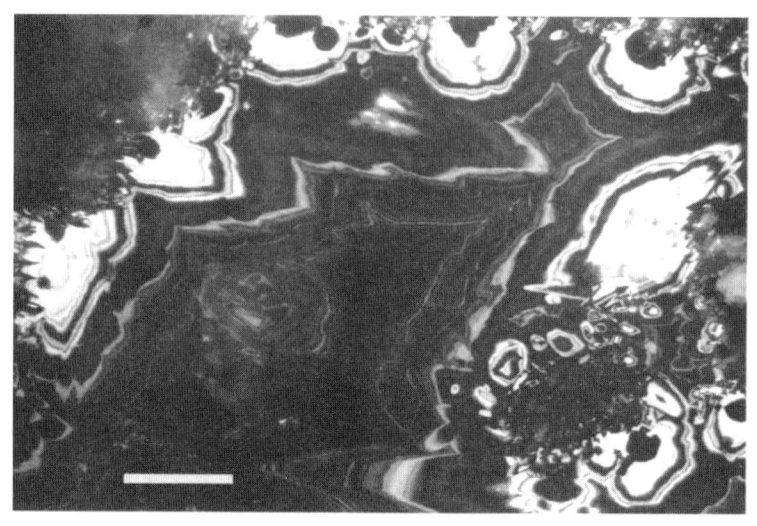

图 11-9 西班牙东南部中新统环带状方解石的阴极发光显微照片

流体包裹体集中分布于阴极发光环带中;比例尺为 100μm

原生流体包裹体的气液比高度不一致。在任何视域,可以发现纯液相包裹体、纯气相包裹体以及任意比例的气液两相包裹体(图11-10),未发现具有一致气液比的两相流体包裹体组合。单相和两相流体包裹体的分布特征表明,气液比的不一致并不是具有一致相比例的包裹体的颈缩导致的。

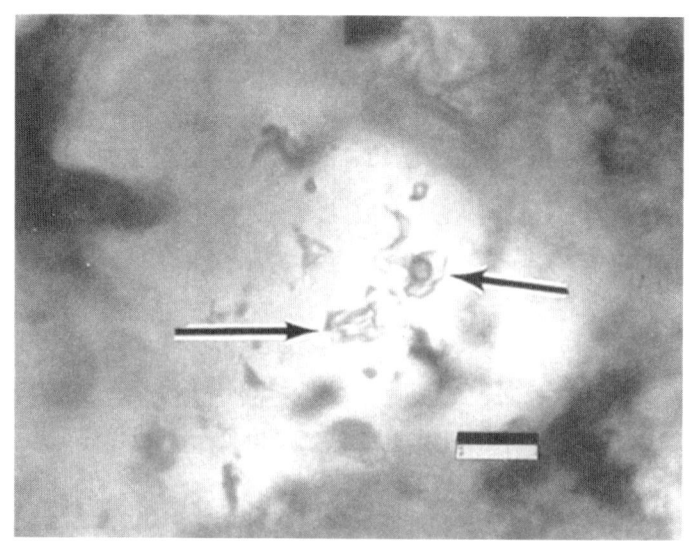

图 11-10 西班牙东南部中新统方解石胶结物中流体包裹体的显微照片

该照片指示流体包裹体的气液比差别很大,纯液相包裹体与具有大气泡的包裹体共生;比例尺为 10μm

3. 显微测温

将温度最高升至200℃确定两相流体包裹体的均一温度。许多包裹体未达到均一即发生爆裂。在200℃时，多数包裹体未发生均一。某些包裹体均一为液相，均一温度为52～200℃甚至更高。均一温度数据反映了在方解石胶结物生长期间，包裹体中捕获的水和气的比例不同。

大多数流体包裹体的冰点温度为0℃，表明流体为淡水（图11-11）；少量包裹体的冰点温度可低至-0.7℃。

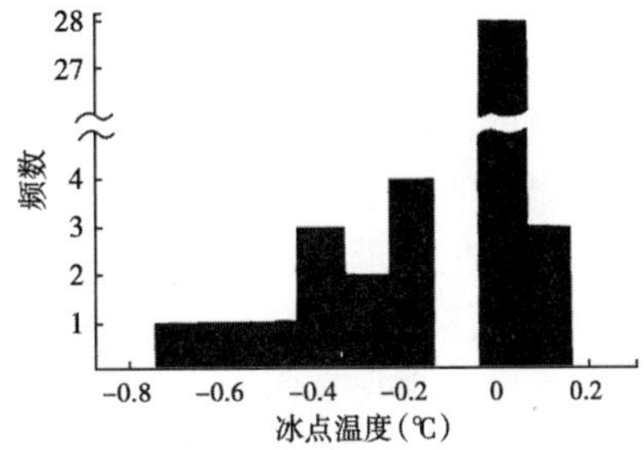

4. 压碎

将包裹体压碎后，气泡的大小几乎没有变化，因此流体包裹体内压为1atm。

图11-11 西班牙东南部中新统方解石胶结物中流体包裹体的冰点温度直方图

多数包裹体的成分为淡水，少量为咸水

5. 解释

方解石胶结物中的原生流体包裹体形成于上新世之前。纯液相包裹体的存在指示了方解石胶结物的形成温度低于50℃。均一温度仅仅反映了包裹体是从不混溶体系中捕获的，对胶结物的形成温度无任何指示意义。高度不一致的相比例、1atm的内压以及纯液相包裹体的存在表明包裹体形成于渗流带。假如胶结物形成于大气淡水渗流带，可以预料冰点温度为0℃；假如胶结物形成于其他类型的渗流带，可以预料不同的冰点温度（海水渗流带为-1.9℃；蒸发海水渗流带低于-1.9℃；混合带的冰点温度呈多变性）。该研究中得到的冰点温度多数为0℃，少量数据低至-0.7℃（对应的盐度为1.2%（wt）NaCl），表明流体轻微咸化。虽然轻微咸化的流体代表了盐类或咸水的加入并指示紧邻海岸线，但总体看来，数据支持胶结作用发生于大气淡水渗流带。

在上新统海相地层沉积以前，大气淡水渗流带位于现今海平面附近，因此这一奇怪的剥蚀面似乎为暴露面，渗流带的存在指示了相对海平面至少下降了200m，从而使中新统发生暴露。另外，在暴露面之上的上新统海相地层沉积期间，中新统必定淹没在上新世的海水中。尽管如此，上新世之前形成的流体包裹体未发生泄漏和再充填，否则其冰点温度将可能为-1.9℃。这样的事实表明，方解石中的流体包裹体在淹没于晚期低温流体期间并未发生变化，而是保留了其原始信息。换句话说，包裹体是存储流体的有效容器，未发生泄漏和再充填。

三、新墨西哥州 Lake Valley 组簇状亮晶方解石的成因

在新墨西哥州南部的Sacramento山，密西西比系Lake Valley组顶部存在一不整合面，不整合面之上为宾夕法尼亚系的硅质碎屑岩地层。Lake Valley组顶部发育溶沟、孔洞、砾间孔和洞穴。洞穴平行于石灰岩层面或穿层分布，洞穴中充填灰绿色、褐红色页岩和柱状亮晶方解石簇，两者具密切关系并明显呈互层分布，后者与钟乳石相似（图11-12）。洞

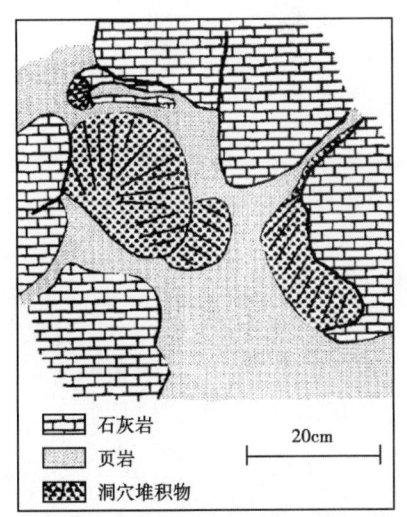

图11-12 密西西比系Lake Valley组石灰岩洞穴中亮晶方解石簇的产状素描图

穴及其充填物形成于上覆宾夕法尼亚纪之前。该研究详见 Goldstein（1990）。

1. 研究目的

该研究的目的是确定密西西比系石灰岩洞穴中充填的亮晶方解石簇的成因，包括方解石的形成温度、成岩流体的盐度、成岩环境及形成时间。该研究的另一目的是阐明低温渗流带环境下捕获的流体包裹体的保存，以及该类包裹体的处理方法。

2. 岩相学

方解石簇呈环带状，手标本上可见褐色铁氧化物黏土层、海百合碎屑层、黏土或粉砂层的分布（图 11-13）。多数方解石晶体呈柱状，并具明暗相间的生长环带，宽窄不一。在向上和向下变宽的生长带内，常见悬垂状和其他不对称形状的亮晶方解石，表明生长于渗流带。某些生长带内，方解石晶体末端呈菱形、起伏可高达 5mm，表明沉淀于饱含水的环境，例如暂时或永久性的潜水面之下（Kendall 和 Broughton，1978）。许多晶体发育双晶表明经受过明显的变形，某些亮晶方解石簇被缝合线切割。缝合线和双晶的存在说明方解石形成后经过埋藏。利用茜素红和铁氰化钾的混合液对样品进行染色，结果表明绝大多数方解石不含铁，但在晶间孔、晚期裂缝、砾间孔中分布有少量斑状铁方解石。铁方解石的岩石学特征与密西西比纪之后、二叠纪之前发育的 Lake Valley 组第 5 期胶结物环带类似（Meyers 和 Lohmann，1985）。

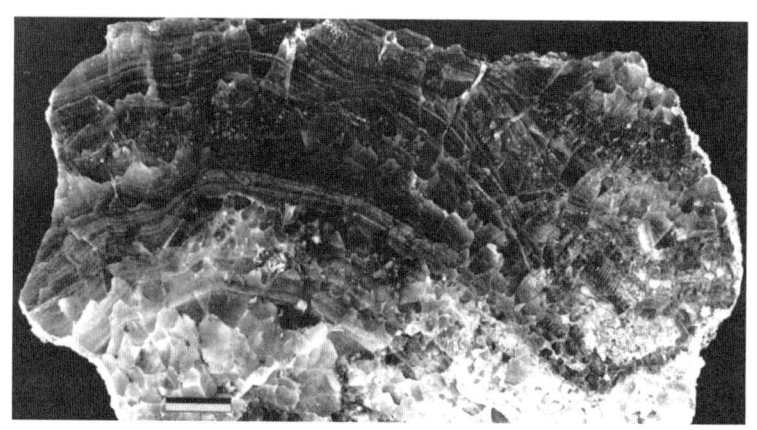

图 11-13　新墨西哥州密西西比系 Lake Valley 组亮晶方解石簇的光面照片

比例尺为 1cm

许多愈合裂隙中发育次生流体包裹体，它们为气液两相并具有一致的气液比（图 11-14）。原生流体包裹体沿生长带分布或在长条状亚晶之间分布（图 11-15，图 11-16）。原生纯液相包裹体丰度很高（图 11-17），在有些流体包裹体组合中以该类包裹体为主，说明它们不是两相包裹体颈缩的产物。纯液相包裹体的大小与气液两相包裹体类似，冷冻过程中未出现气泡，因此也不可能是亚稳态的结果。在某些流体包裹体组合中，气液两相包裹体中气泡很小、气液比基本一致，该类包裹体通常与纯液相包裹体相伴生。同时，样品中还存在气液比高度不一致的两相包裹体，其中一些已发生泄漏。

3. 压碎

在 1atm 下将具有小气泡的气液两相包裹体压碎并置于煤油中，许多气泡发生破裂，表明它们为流体热收缩形成。这种现象通常指示了流体包裹体是在高温条件下捕获的，由于气

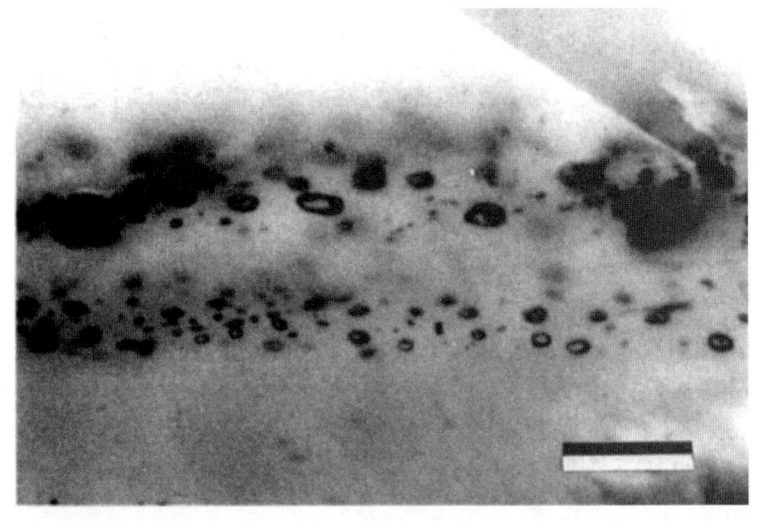

图 11-14　新墨西哥州密西西比系 Lake Valley 组亮晶方解石中次生流体包裹体的显微照片
所有包裹体为气液两相并具有基本一致的气液比；比例尺为 20μm

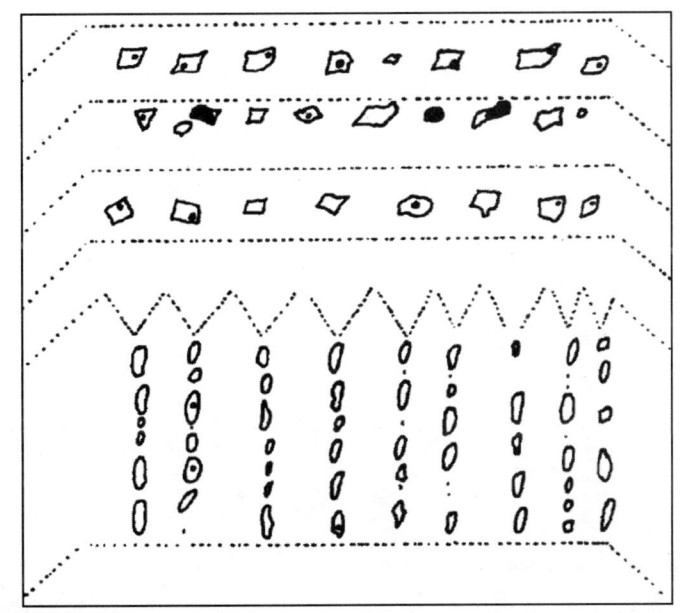

图 11-15　新墨西哥州密西西比系 Lake Valley 组亮晶方解石中流体包裹体的素描图
其中一些包裹体沿亚晶边界呈线状分布，其他的平行于生长带分布；视域宽度约 1mm

液两相包裹体与纯液相包裹体（低温成因）相伴生，因此气液两相包裹体为纯液相包裹体在埋藏期间热改造再平衡的产物；其他具有小气泡的两相包裹体压碎后气泡的大小基本不变，表明 1atm 下捕获的是古空气（渗流带环境），包裹体同时捕获了液相和气相；少量具有小气泡的两相包裹体压碎后气泡发生膨胀并有部分溶解到煤油中，这种现象说明气泡中包含有机气体且内压高于 1atm。这为低温包裹体在埋藏受热期间发生泄漏并被富有机气体的流体再次充填提供了证据。

将含有大气泡的包裹体或具有高度不同的相比例的包裹体在 1atm 下压碎后，绝大多数

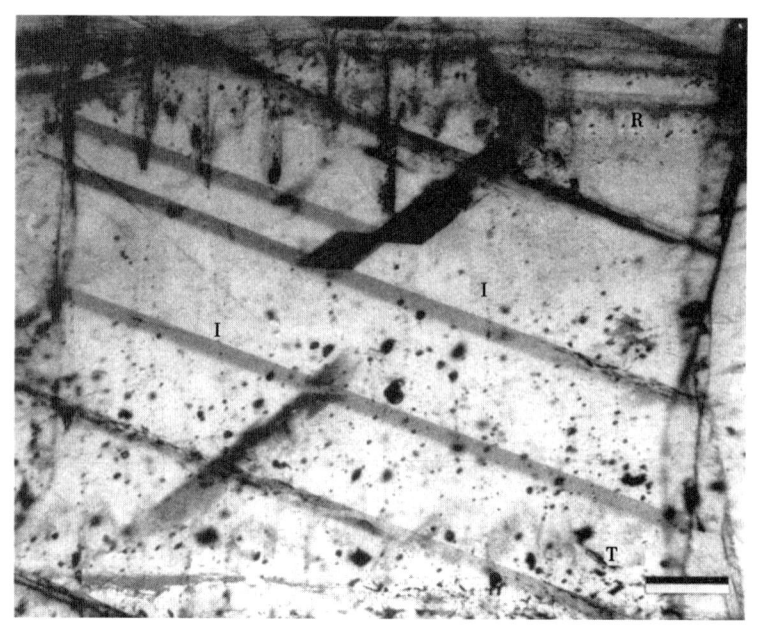

图 11-16 密西西比系 Lake Valley 组流体包裹体分布与方解石生长带关系的显微照片
方解石从底部往顶部生长；I 代表了垂直线状分布的原生流体包裹体的位置，在 T 点可见模糊的晶体末端，在 R 点可见参差不齐的晶体末端和流体包裹体生长带；比例尺为 200μm

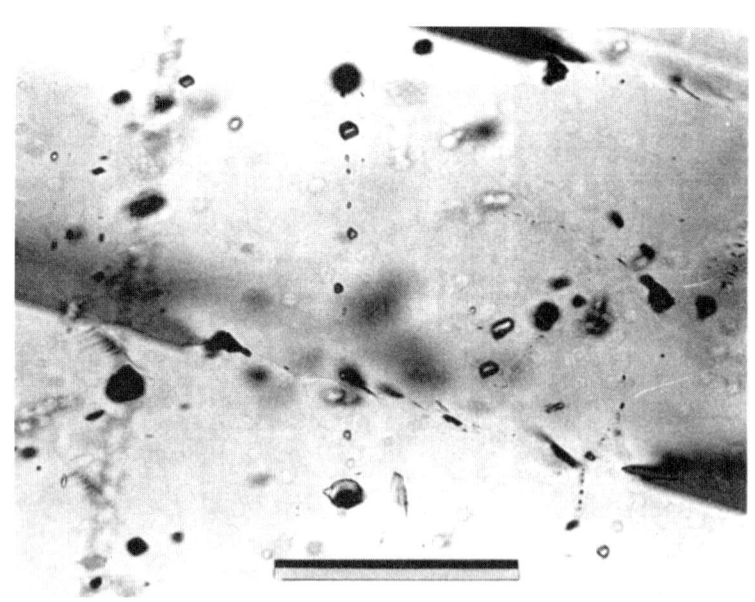

图 11-17 密西西比系 Lake Valley 组方解石中呈垂直线状分布的流体包裹体的显微照片
注意包裹体的气液比高度不一致，既包含纯液相包裹体，也包含具有大气泡的包裹体；比例尺为 100μm

气泡的大小几乎不变，表明包裹体内压为 1atm。该类包裹体具有渗流带成岩环境的典型特征（Goldstein，1986a；Barker 和 Halley，1988）。

将几乎全部由气相组成的包裹体在 1atm 下压碎后，气泡大小基本不变，它们显然为渗流带中捕获的古空气。

4. 显微测温

均一温度测试结果变化很大。纯液相包裹体（捕获温度小于50℃）的均一温度为43~150℃甚至更高（Goldstein，1986b）。在60个进行冰点温度测试的原生包裹体中，65%的包裹体在室温下为气液两相。气液两相包裹体中，26%的冰点温度为0℃左右，指示为淡水，其他的包裹体包含盐为5%~19%NaCl的浓缩卤水（冰点温度最低为-22℃）（图11-18）。相比之下，原生纯液相包裹体的冰点温度为0℃±0.1℃（图11-18）。

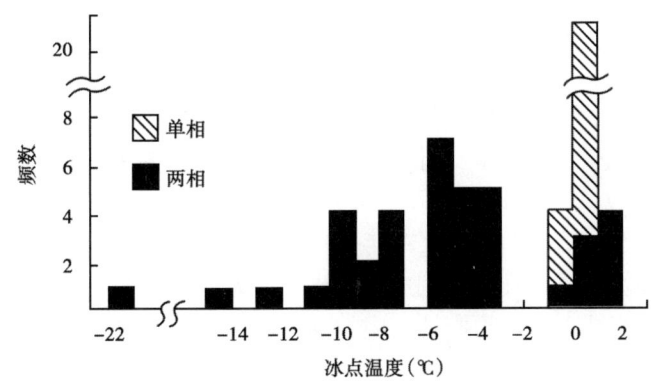

图11-18　密西西比系Lake Valley组亮晶方解石中原生流体包裹体的冰点温度直方图
所有纯液相包裹体的冰点温度指示淡水，而两相包裹体捕获了较晚期流体；大于0℃的冰点温度是由于采用不当的升温速率（及升温速率过高）导致的

5. 解释

微小而不连续的生长带、粗细不一的固相包裹体、平滑、扁平或菱形的晶体末端、不对称的生长，以及在溶洞中分布，强烈支持了亮晶方解石簇形成于渗流带—潜流带环境，为钟乳石成因。现代渗流带形成的钟乳石具备上述特征（Kendall和Broughton，1978）。因此，该研究表明岩溶洞穴的充填作用发生在紧邻暴露面的低温环境。由于洞穴未充填上覆宾夕法尼亚系Gobbler组沉积物，因此洞穴的形成及其充填要么发生在Gobbler组沉积之前，要么发生在Gobbler组沉积之后。从表面上看，这类钟乳石与Sacramento山现代钟乳石类似。为了证明它们形成于古代，需要找到初始形成于近地表、后来被埋藏的证据。地层恢复结果表明，在密西西比纪之后沉积的地层厚度为几千米；邻近地区宾夕法尼亚系露头样品的流体包裹体均一温度表明，埋藏温度至少达到了100℃（Pray，1961；Goldstein，1988）。缝合线、裂缝、双晶的存在表明方解石沉淀后发生过一定程度的埋藏，裂缝中充填的铁方解石与密西西比纪之后、二叠纪之前发育的Lake Valley组第5期胶结物环带类似（Meyers和Lohmann，1985）。因此，岩溶作用及钟乳石形成发生于近地表低温环境，并在随后一段时期内经过深埋，深埋作用开始于二叠纪之前。

流体包裹体岩相学研究表明，方解石沉淀于低温渗流带（低于50℃），后经过埋藏受热。纯液相包裹体提供了低温信息的原始记录。具有不同相比例且内压为1atm的包裹体指示了渗流带环境。方解石沉淀后因受热引起的压力增加使某些低温包裹体发生了再平衡，表现为包裹体的泄漏及被高温埋藏流体再次充填和包裹体的拉伸。在埋藏高温事件中，同时形成了次生流体包裹体。某些单相和两相包裹体在埋藏受热过程中得以保存，未发生再平衡，依旧提供了低温渗流带的证据。纯液相包裹体如实地记录了淡水的信息，而两相包裹体中不仅包含淡水，还包含热改造再平衡期间充填的其他流体。因此这些数据显示，虽然某些低温流体包裹体由于埋藏受热发生了再平衡，但也有一部分能保存下来。纯液相包裹体记录了低温方解石的沉淀温度和流体盐度。遇到由纯液相和气液两相包裹体构成的流体包裹体组合时，我们应当有针对性地对纯液相包裹体进行研究，以明确矿物形成于低温环境，并为流体的盐度提供最可靠的信息。

四、上新统—更新统低温方解石胶结物的成因

佛罗里达南部许多上新统—更新统（Miami 组、Caloosahatchee 组）石灰岩发育刀刃状或等粒状方解石胶结物。石灰岩具有复杂的成岩历史，但未经历过深埋受热。它们经过了几期暴露事件，期间由于大气淡水的作用使文石颗粒发生淋滤和重结晶，并形成低镁方解石胶结物。胶结作用有些发生在潜流带，有些发生在渗流带。

1. 研究目的

该研究的目的是利用流体包裹体确定年代较新且未经深埋的石灰岩中方解石胶结物的成因。最终的目的是与本章后面几个实例进行对比，因此这里不作详细介绍。本实例概要性地说明大气淡水潜流带形成的方解石胶结物中的确可以捕获纯液相淡水包裹体。

2. 岩相学

方解石胶结物为等粒状或刀刃状，充填于原生孔和铸模孔中，手标本通常洁净明亮，少量呈浅黄色。方解石胶结物的结构特征指示了它们形成于渗流带。在某些晶体中，可见流体包裹体呈孤立状分布；但原生包裹体最好的证据为包裹体沿生长带的边界呈密集分布。等粒状方解石中的流体包裹体多呈不规则状或等粒状；刀刃状方解石中的流体包裹体沿生长带密集分布，呈针状并与矿物生长方向平行。典型的流体包裹体组合通常由小于 $5\mu m$ 的纯液相包裹体构成。大的包裹体较稀少，通常发育在较粗的刀刃状方解石中（图 11-19）。因此，典型的与低温大气淡水潜流带相关的流体包裹体组合由纯液相包裹体构成。

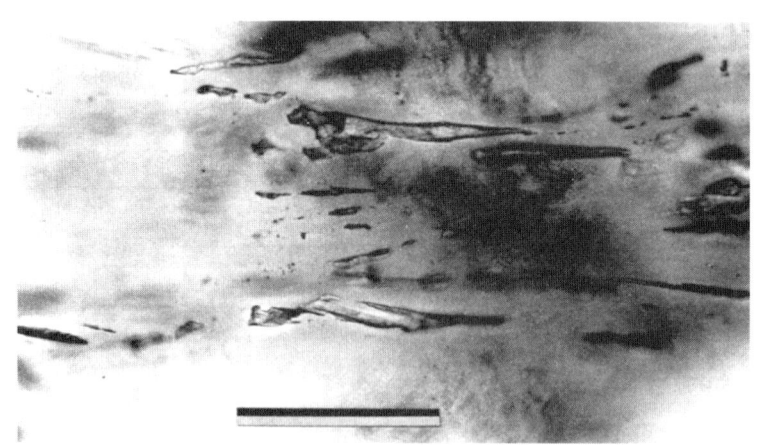

图 11-19　佛罗里达州南部更新统 Miami 组石灰岩方解石胶结物中发育的原生包裹体的显微照片

针状的纯液相包裹体为低温潜流带的特征，事实上，该类胶结物形成于渗流带，胶结物中的其他包裹体（未拍照）具有高度不一致的气液比；样品由 C. Baker 提供；比例尺为 $20\mu m$

3. 显微测温

由于流体包裹体中不存在气泡，因此不能测定均一温度。将包裹体进行人为的拉伸后，

可以测定冰点温度。冰点温度数据集中在0℃，表明流体为淡水。

4. 解释

佛罗里达南部上新统—更新统等粒状方解石形成于低温大气淡水潜流带，在这种环境下形成的方解石捕获纯液相淡水包裹体。

五、堪萨斯州东南部前宾夕法尼亚系方解石的成因

在堪萨斯州东南部，一口钻井的取心涵盖了密西西比系和宾夕法尼亚系的界线。该深度处的地层，其埋藏深度在历史上可能高达1.8km，并遭受过150℃高温流体的烘烤（Baker等，1992；Wojcik等，1992，1994）。密西西比系海百合灰岩具有岩溶作用的典型证据，岩溶作用发生于宾夕法尼亚纪之前。该研究详见Wojcik（1991）和Wojcik等（1994）。

1. 研究目的

该研究的目的是确定在宾夕法尼亚纪之前形成的方解石胶结物的成因。为了确定方解石的成因，需要确定盐度、温度和成岩环境。该实例的目的是展示尽管存在后期的埋藏受热，但在低温大气淡水潜流带形成的包裹体可以保存下来。尽管由于后期埋藏受热使包裹体发生部分再平衡，但在低温潜流带形成的流体包裹体组合可以保存下来。

2. 岩相学

密西西比系石灰岩中的方解石胶结物沿海百合碎屑呈共轴增生，不存在明显的不对称生长。方解石胶结物遭受过后期的改造，并被与宾夕法尼亚纪之前的岩溶作用相关的红色不溶残余物削截。因此，这一简单的切割关系表明共轴增生方解石形成于近地表低温环境，并与岩溶作用密切相关。与岩溶作用的时空关系以及不对称生长的缺失表明，方解石胶结物与低温潜流带有关。

方解石中富含原生流体包裹体，原生的依据是富集流体包裹体的混浊的生长带与洁净明亮的生长带之间具有明显的界线（图11-20）。典型的流体包裹体组合多由气液比近乎一致的两相包裹体构成，但还包含少量纯液相包裹体。纯液相包裹体的大小有些小于气液两相包裹体，有些与之相同。从岩相学特征上看，纯液相包裹体与富气相包裹体并不是成对分布。在冷冻过程中，纯液相包裹体不出现气泡。因此，纯液相包裹体并非亚稳态或两相包裹体颈

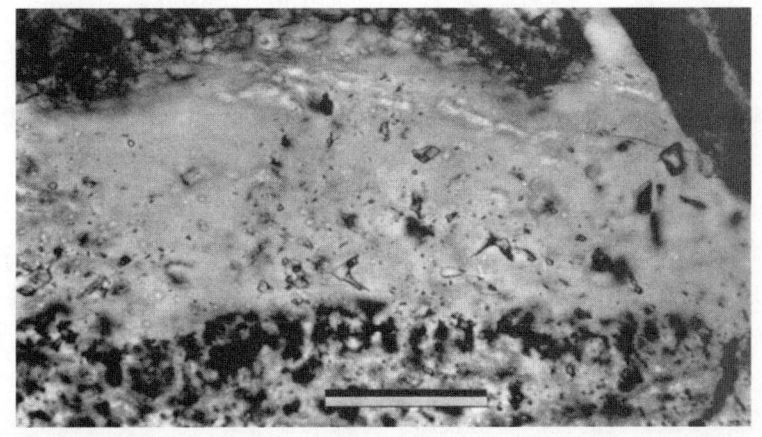

图11-20 堪萨斯州密西西比系石灰岩方解石胶结物中流体包裹体的显微照片

方解石胶结物（中央部位）沿海百合碎屑（下部）共轴生长；中央部位混浊区域为发育流体包裹体的生长带；原生包裹体有些为气液两相并具有近乎一致的气液比，有些为纯液相；比例尺为25μm

缩的结果，而是低温捕获的产物。与纯液相包裹体共生的两相包裹体为前者受热后再平衡造成的。

3. 显微测温

从一个流体包裹体组合中获得了显微测温数据（Wojcik，1991）。尽管只有6个包裹体，但显微测温数据包含着重要的信息。所有包裹体（包括两相和纯液相）冰点温度为0℃，说明方解石胶结物是在淡水中形成的（图11-21）。纯液相包裹体的存在表明方解石的沉淀温度小于50℃。两相包裹体为纯液相包裹体再平衡的产物，其均一温度为91~117℃（图11-22）。

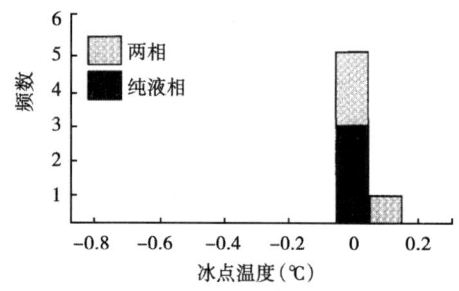

图11-21 单个流体包裹体组合的冰点温度直方图（据Wojcik，1991）

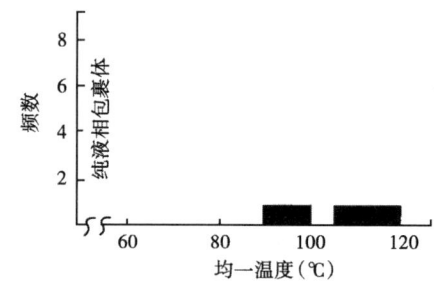

图11-22 单个流体包裹体组合的均一温度直方图（据Wojcik，1991）

4. 解释

根据切割关系，可以判断方解石形成于宾夕法尼亚纪之前。纯液相包裹体的存在表明方解石的沉淀温度小于50℃。样品中不存在渗流带非均一捕获形成的具有高度不一致气液比的包裹体。与纯液相包裹体共生的气液两相包裹体为前者热改造再平衡的产物。纯液相包裹体中捕获的是淡水，表明方解石的沉淀作用发生于大气淡水潜流带。两相包裹体中包含的依然是淡水，说明它们必定在热改造再平衡期间发生过拉伸。总体来说，单个流体包裹体组合的特征表明方解石形成于低温潜流带，且后期经过受热。

六、牙买加上新统—更新统Hope Gate组碳酸盐胶结物的成因

前人已对牙买加上新统—更新统Hope Gate组碳酸盐岩的成岩作用进行了很好的研究（Land，1973a），并以此为基础提出了混合水白云石化模式。这些地层从未经过深埋受热。该研究的样品来自Hope Gate组的一个露头，样品中包含白云石和未发生重结晶的高镁方解石。样品由Lynton S. Land提供。流体包裹体分析由Daniel Lehrmann完成。

1. 研究目的

该研究的目的是确定Hope Gate组碳酸盐胶结物的成因。这一露头为研究海水—大气淡水混合带的成岩作用提供了理想条件（Land，1973）。流体包裹体研究有助于确定混合带成岩矿物的成因。该实例的目的是展示流体包裹体为低温、海水—大气淡水混合潜流带提供了有用且确切的信息。该研究的样品相对较新，可以跟后面实例中遭受过埋藏受热的样品进行对比研究。

2. 岩相学

碳酸盐岩的孔隙被等厚环边、表面混浊的纤状—刀刃状高镁方解石胶结物充填。胶结物

发生次生加大，形成较洁净明亮的刀刃状方解石（图11-23），该类方解石经过蚀刻后可见微小的次级生长带。长条状纯液相包裹体分布于次级生长带中，并垂直于矿物生长方向。分布于次级生长带中并垂直于生长方向，为原生成因提供了有力证据。该类富含流体包裹体的胶结物发生次生加大形成刀刃状和等粒状低镁方解石胶结物。后者偶见孤立分布的纯液相流体包裹体。一般情况下，将孤立状分布的流体包裹体解释为原生有风险，但它们分布于较晚的成岩矿物中，因此可以确定它们形成于较早的原生包裹体之后。

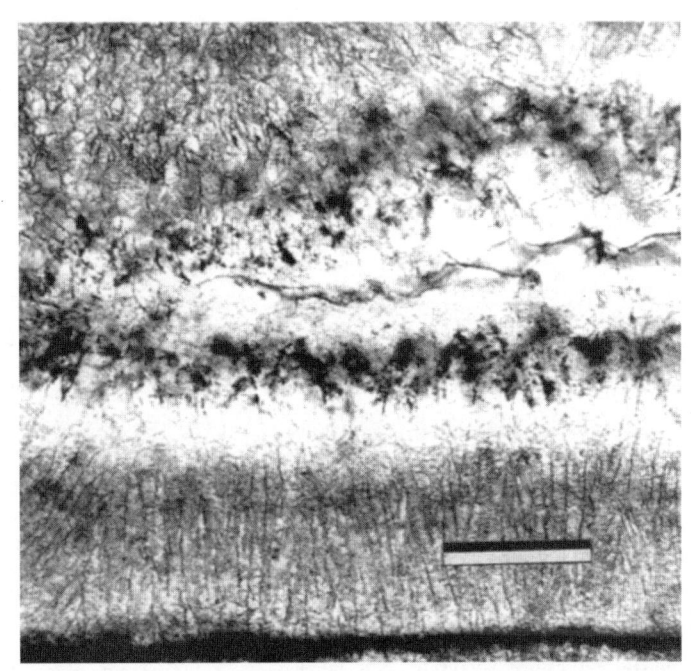

图11-23　牙买加上新统—更新统 Hope Gate 组碳酸盐胶结物的显微照片
纤状高镁方解石发生次生加大形成刀刃状方解石，后者发育原生流体包裹体；在刀刃状方解石形成之后，
在孔隙的中央发育粒状、明亮的低镁方解石；比例尺为 100μm

3. 显微测温

生长带中捕获的原生包裹体呈长条状、纯液相，其冰点温度为 $-2.2 \sim 0$℃（图11-24）。晚期粒状方解石胶结物中孤立分布的纯液相包裹体的冰点温度为 0℃。

4. 解释

方解石生长带中发育的纯液相包裹体指示了温度低于50℃的潜流带环境。晚期方解石中同样捕获了纯液相包裹体，表明存在低温潜流带。假设成岩流体体系的成分之后，可以将冰点温度换算成盐度。该体系中的咸水最可能的来源是海水。露头位于滨岸带，最初的胶结物为海水高镁方解石。Hope Gate 组沉积之后，显然发生过数次海平面升降。包裹体盐度最高值（对应的冰点温度为 -2.2℃）为

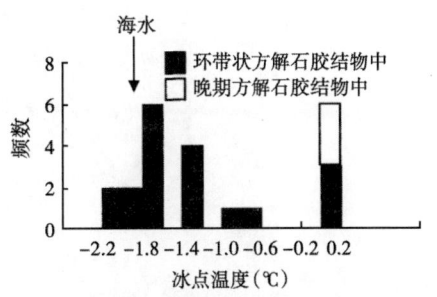

图11-24　牙买加上新统—更新统 Hope Gate 组环带状方解石胶结物和晚期方解石胶结物中原生包裹体的冰点温度直方图
流体包裹体的冰点温度指示了环带状方解石胶结物形成于海水和混合水中，而晚期方解石形成于淡水中

41‰，表明为遭受过轻度蒸发的海水；其他的盐度值介于海水与淡水之间，表明环带状方解石胶结物形成于由海水和淡水组成的混合带。晚期方解石胶结物中仅发育冰点温度为0℃的纯液相包裹体，表明在混合带之后存在大气淡水潜流带。因此，Hope Gate 组碳酸盐岩在混合带胶结作用发生之后又经过了大气淡水潜流带胶结作用，流体包裹体为此提供了确切的信息。

七、堪萨斯州宾夕法尼亚系早期方解石胶结物的成因

堪萨斯州宾夕法尼亚系为石灰岩—硅质碎屑岩旋回沉积，它们记录了相对海平面升降的历史。旋回之上为滩相石灰岩，石灰岩顶部存在暴露面（Heckel，1980）。因此，早期的成岩流体应为海水，然后为海水和大气淡水组成的混合水，最后为大气淡水。在上述事件之后，宾夕法尼亚系又经历了复杂的成岩历史，经受的温度高达150℃（Wojcik 等，1994）。该研究包含堪萨斯州 Graham 郡 Pen 油田宾夕法尼亚系（Missourian 组）方解石胶结物的分析（Phares，1991），以及堪萨斯州 Cherokee 盆地宾夕法尼亚系（Desmoinesian 组和 Missourian 组）石灰岩的分析（Wojcik，1991；Wojcik 等，1994）。

1. 研究目的

该研究的目的是确定堪萨斯州宾夕法尼亚系旋回沉积中最早期（海底成岩作用之后）的方解石胶结物的成因。该实例的目的是说明尽管经过后期埋藏受热及多期流体活动，早期在海水—大气淡水混合带中形成的低温包裹体依然能够保存下来。

2. 岩相学

方解石胶结物呈等粒状或刀刃状分布于原生孔隙或生物铸模孔中。胶结物在形成时间上要早于压实作用。方解石总体上呈昏暗的阴极发光，有些晶体内部具有明亮发光的条带。阴极发光环带仅分布于一个旋回中，无法与上覆或下伏地层中的胶结物进行对比。原生流体包裹体在狭窄的生长带中密集分布，与阴极发光环带平行（图11-25）。生长带中的流体包裹体从相态上分为两类：一类为气液比近乎一致的两相包裹体（气泡很小），另一类为纯液相包裹体。不存在富气相包裹体，因此纯液相包裹体并非颈缩的产物。纯液相包裹体与两相包

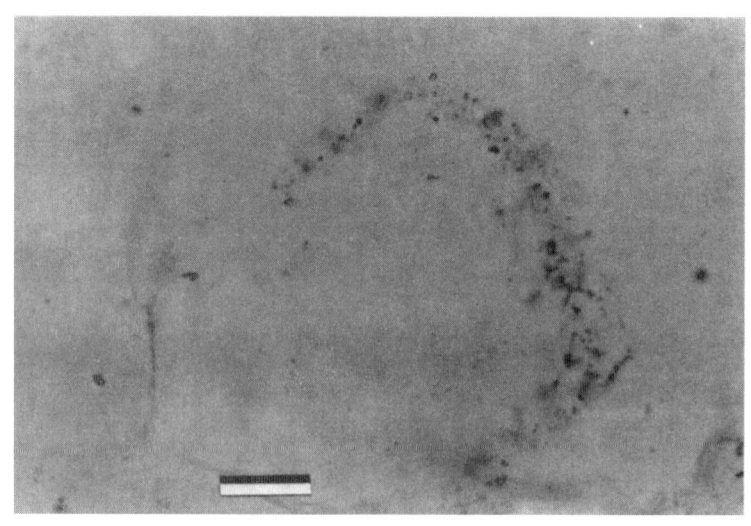

图 11-25 堪萨斯州 Pen 油田方解石胶结物的显微照片

注意混浊的生长带中富集微小的流体包裹体，这一分布样式是原生包裹体的有力证据；比例尺为 75μm

裹体在大小上相似，冷冻过程中不出现气泡，因此纯液相包裹体也不是亚稳态所致。

3. 显微测温

由于纯液相包裹体既不是亚稳态所致也不是颈缩的原因，它为我们提供了低温信息，因此没有必要对两相包裹体进行均一温度测试。两相包裹体为纯液相包裹体因埋藏受热发生再平衡的产物；而纯液相包裹体记录了胶结作用发生的原始条件。因此，仅对纯液相包裹体进行冰点温度测试及解释。通过对5个不同的流体包裹体组合进行测试，结果显示冰点温度为−1.8~−0.5℃（图11-26）。

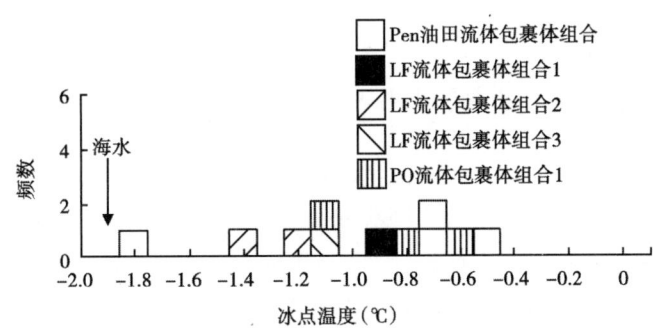

图11-26 堪萨斯州不同地点宾夕法尼亚系样品中纯液相包裹体的冰点温度直方图
（据Phares，1991；Wojcik，1991）
不同图例代表不同的流体包裹体组合；数据显示方解石形成于混合带

4. 解释

岩相学特征表明方解石的沉淀早于压实作用，因此应形成于显著的埋藏之前。阴极发光环带的分布特征显示方解石的沉淀并非发生于单个旋回之外，表明方解石的沉淀发生在下一旋回沉积之前。原生纯液相包裹体与具有近乎一致气液比的两相包裹体共生，表明方解石胶结物形成于潜流带，形成温度低于50℃。两相包裹体为纯液相包裹体热改造再平衡的产物。纯液相包裹体应当记录了方解石胶结作用发生时低温流体的盐度信息。由于岩相学特征指示胶结物形成于早期，同时根据旋回特征可以推断在早期存在海水—大气淡水环境，因此可以利用海水模型对冰点温度进行解释。数据显示，方解石沉淀于低温潜流带，流体的盐度为9.3‰~33.4‰，显然为海水—大气淡水混合带的特征。

八、伯利兹海底文石胶结物中的流体包裹体

从伯利兹近海地区采集的生物礁灰岩中发育粗晶、纤状和葡萄状文石胶结物（Ginsburg和James，1976）。文石胶结物从全新世的海水中沉淀而来，从未经过埋藏受热，仅遭受过海水的作用。

1. 研究目的

该研究实例的目的是证明海底文石胶结物中确实能捕获海水形成流体包裹体，这对理解本章接下来要呈现的几个案例大有帮助。

2. 岩相学

单个文石晶体呈纤维状，多个晶体紧密堆积形成葡萄状。流体包裹体在整个葡萄状文石中均有分布，大小为1~200μm。较小者呈等轴状、球状或多角状。流体包裹体要么随机分布，要么平行于纤状文石的生长带集中分布。较大者呈长条状，平行于纤状文石分布。绝大

多数流体包裹体为纯液相。

3. 解释

现代海底胶结物确实能捕获海水形成纯液相流体包裹体。可以预料的是,假如不存在重结晶作用,该类海水包裹体可以在古老的沉积岩中保存下来。

九、Llano 隆起寒武系—奥陶系方解石胶结物的成因

得克萨斯州 Wilberns 组石灰岩中存在 3 个削截面,跨越了寒武系—奥陶系界线。削截面切割了颗粒状和刀刃状胶结物,这为胶结物的形成时间提供了有用信息。该套地层的最大埋藏深度尚存争议,但胶结物在埋藏或热卤水运移期间受到过明显的热改造,受热温度高于 100℃。该项研究详见 Johnson 和 Goldstein(1993)。

1. 研究目的

该研究的目的是确定 Wilberns 组被削截面切割的胶结物的成因及其原始矿物相。具体来说是确定胶结物的沉淀温度、成岩流体的盐度、成岩环境、胶结物的原始矿物相。为达到上述目的,必须对包裹体数据进行全面解释。该实例的目的是展示,尽管经过后期埋藏受热及多种流体改造,海底形成的方解石胶结物中的流体包裹体证据可以保存下来。

2. 岩相学

刀刃状方解石胶结物分布于石灰岩孔隙中,并被刀锋状剥蚀面切割。剥蚀面被海相石灰岩覆盖,因此胶结物形成于上覆石灰岩沉积之前。胶结物为刀刃状低镁方解石,$MgCO_3$ 含量为 0.5%~2.0%(mol)。方解石胶结物中不存在微晶白云石包裹体,表明高镁方解石的重结晶作用不是发生在封闭体系中。流体包裹体在方解石中随机分布,呈混浊的刀刃状或核状—刀刃状,并被明亮生长环带包围(图 11-27)。包裹体的发育在前一个生长带的界线处

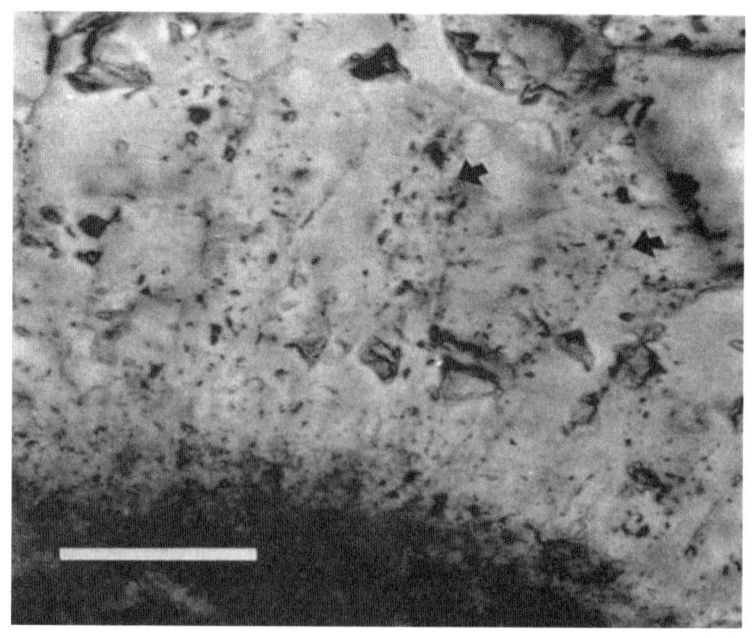

图 11-27 得克萨斯州寒武系刀刃状方解石的显微照片(据 Johnson 和 Goldstein,1993)
在视域之外,方解石沿剥蚀面发生削截;方解石胶结物中的混浊、刀刃形区域为原生包裹体发育区;
比例尺为 50μm;此照片由 W. J. Johnson 提供

突然中止，为判断流体包裹体为原生提供了有力证据。纯液相包裹体丰度高，并与气液两相包裹体伴生，后者具有近乎一致的气液比。绝大多数纯液相包裹体并未与富气相包裹体成对分布，表明纯液相包裹体不是颈缩的结果。另外，纯液相包裹体在大小上与两相包裹体相当，且冷冻过程中不出现气泡，表明纯液相包裹体也不是亚稳态成因。

3. 显微测温

原生纯液相包裹体的冰点温度多数为 $-2.5 \sim -1.7$℃，峰值位于 -1.9℃ 左右（图 11-28）。少量原生纯液相包裹体的冰点温度不在上述范围内，而是与次生纯液相包裹体数据相似，同时该类包裹体似乎与富气相包裹体相伴生，说明这些高盐度包裹体为原始的包裹体发生泄漏并被晚期高温流体再次充填的产物，且相变后又发生了颈缩。因此，可以认为冰点温度不在 $-2.5 \sim -1.7$℃ 范围内的纯液相包裹体是原生包裹体泄漏和再充填的产物。

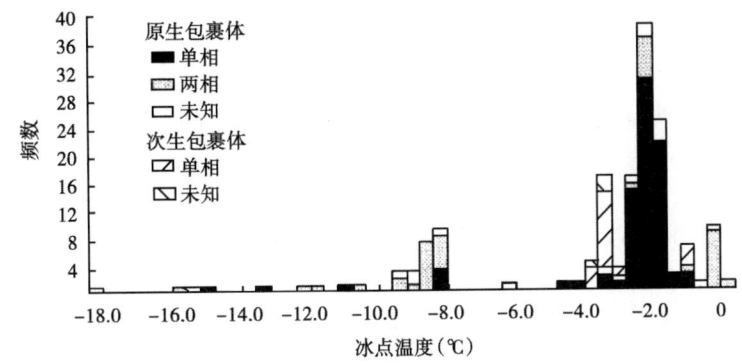

图 11-28　得克萨斯州寒武系刀刃状方解石中原生和次生包裹体的冰点温度
直方图（据 Johnson 和 Goldstein，1993）

在测试之前，流体包裹体为纯液相、气液两相或相比例未知（不知道气泡存在与否）；数据显示方解石胶结物形成于具有海水盐度的流体中，不在该区间内的包裹体数据与次生包裹体相似，将其解释为泄漏—再充填的产物

4. 解释

冰点温度在 $-2.5 \sim -1.7$℃ 范围内的纯液相包裹体形成于胶结物初始沉淀期间，表明胶结物形成于潜流带，形成温度小于 50℃。两相包裹体及盐度不在上述范围内的包裹体是微裂缝形成期间或热改造再平衡期间泄漏—再充填的产物，因此该类包裹体是不可靠的。由于胶结作用和海水环境具有密切关系，因此可利用海水模型对冰点温度进行解释。刀刃状方解石胶结物是从一种盐度为 31‰~47‰（众值为 35‰，中值为 39‰）的流体中沉淀而来的。现代海水的盐度为 35‰，从包裹体中获得的盐度数据位于遭受过轻度蒸发的海水范围内。因此，方解石胶结物为寒武系—奥陶系低温海水潜流带中沉淀的低镁方解石。无证据表明胶结物曾发生过重结晶作用。

十、Enewetak 环礁始新统白云石的成因

Enewetak 环礁位于太平洋北纬 11°，由厚 1200~1400m 的碳酸盐岩覆盖于玄武岩基底上形成。在环礁的边缘钻探了两口深井并进行了取心。现在井眼中充满了海水并显示潮汐的变化，表明海水的开放循环。取心段白云石含量很低。正如 Saller（1984a，b）报道的那样，大部分取心段白云石含量小于 1%。尽管如此，在 1200m 以深，始新统上部少量层段已被完全白云石化。Saller 注意到白云石的沉淀晚于脆性压实作用，因此认为白云石化作用必定发

生于一定的埋藏之后。Saller 和 Koepnick（1990）研究了 Enewetak 始新统样品$^{87}Sr/^{86}Sr$ 比值。总的来说，白云石$^{87}Sr/^{86}Sr$ 比值显著高于同一深度的沉积碳酸盐。其$^{87}Sr/^{86}Sr$ 组分与同一地区比它浅 950~1260m 的地层相当。该地区无放射性 Sr 的来源（基底的$^{87}Sr/^{86}Sr$ 比值小于 0.7070）；因此，白云石的形成以及放射性 Sr 的获得至少是在埋藏 950m 之后发生的。因此，白云石形成时间很晚。有了这个观点，Saller 提出了白云石成因的模式。环礁边缘现在正发生着因潮汐泵汲和热对流造成的海水循环。在现今埋藏深度下，白云石化层段的地层温度为 10~20℃。氧同位素数据与此温度下的海水白云石非常吻合。因此，Saller 提出了一个模型，认为白云石是在方解石补偿深度（1000m）之下形成的。

1. 研究目的

该研究的目的就是利用流体包裹体对白云石形成于深部寒冷海水的假说进行检验。原生流体包裹体的冰点温度是一种符合逻辑的方法，可以对海水模型进行检验。假如 Saller 的假说被证实是错误的，那么可以通过流体包裹体对成岩环境进行有效的约束。该实例的目的是展示流体包裹体冰点温度数据在白云岩成因研究中的潜力。尽管前人已经提出了海水模型，但该实例证实流体包裹体技术对低温、超盐度卤水回流环境是适用的，另外，该实例可以同经历过埋藏受热的古代实例进行对比研究。

2. 岩相学

白云石粒径为 100~200μm。在发生部分白云化的样品中，白云石为自形；在彻底白云化的样品中，白云石的自形程度差一些。在白云石化层段，方解石质生物碎屑已被完全溶蚀。纯液相流体包裹体丰度高，分布在"雾心"（图 11-29）及较晚的生长带内，说明流体包裹体为原生。

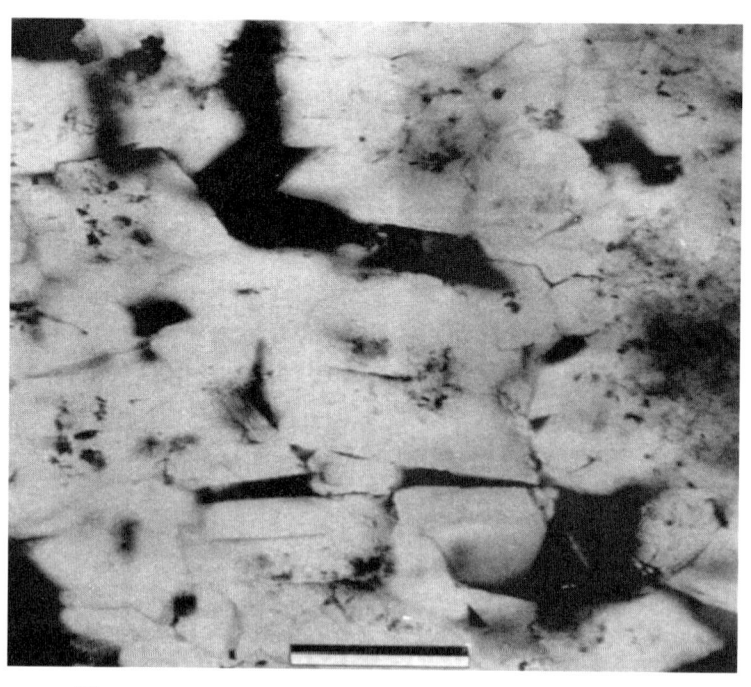

图 11-29 Enewetak 环礁白云石显微照片（蓝色铸体薄片）
白云石晶体的雾心中发育原生流体包裹体；比例尺为 100μm

3. 显微测温

Enewetak 白云石中流体包裹体的冰点温度为 -4.4~-2.4℃，如图 11-30 所示。

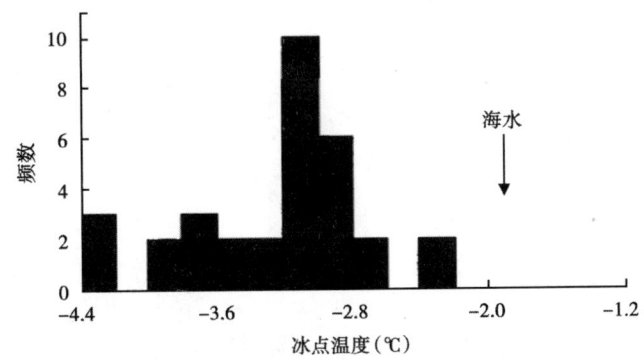

图 11-30　Enewetak 环礁白云石中原生流体包裹体冰点温度直方图

数据显示白云石从盐度高于正常海水的流体中沉淀而来

4. 解释

纯液相包裹体指示白云石形成温度小于 50℃。由于环礁现今淹没于海水中，因此可以用海水模型对冰点温度数据进行解释。正常海水的盐度所对应的冰点温度为 -1.9℃。流体包裹体冰点温度所记录的最低盐度为 44‰，最高盐度将近 85‰，平均为 60‰。因此，Enewetak 白云石形成于两倍于海水盐度的卤水中，白云石的成因可能与高盐度海水的回流有关。潟湖常发生蒸发作用，紧接着从潟湖中心发生回流，并沿着渗透层发生侧向运移。

十一、宾夕法尼亚系 Lansing-Kansas City 群压实后早期方解石胶结物的成因

Lansing-Kansas City 群位于堪萨斯州的西北部和内布拉斯加州的西南部，由石灰岩和硅质碎屑岩旋回沉积构成。上覆地层为上宾夕法尼亚统和下二叠统砂岩和碳酸盐岩（石灰岩和白云岩）互层。下二叠统砂岩非常常见，地层中发育石盐和蒸发盐。在研究区，Lansing-Kansas City 群包含 6~7 个完整的旋回。该实例中涉及的数据和解释为 Anderson（1989）硕士学位论文的一部分。

1. 研究目的

该研究的目的是确定石灰岩中方解石胶结物的成因。通过胶结物的形成时间与分布、胶结物形成的温度和流体组分，对成岩环境进行有效的约束。该实例的目的是阐明从低温、高盐度回流卤水中沉淀的方解石胶结物中流体包裹体证据的保存。

2. 岩相学

压实作用的证据包括颗粒的紧密排列和颗粒的破碎，它们在方解石胶结物沉淀之前已发生。方解石胶结物呈等粒状、洁净明亮，充填于铸模孔、粒间孔和粒内孔中。第一期方解石胶结物形成于压实之后，不具阴极发光、不含铁。第二期方解石胶结物具有复杂的阴极发光环带特征，环带的阴极发光强度从中等的明亮发光到中等的昏暗发光。流体包裹体分布于具有昏暗阴极发光的方解石环带内（图 11-31）。绝大多数原生包裹体为纯液相，并与富液两相包裹体相伴生，后者具有近乎一致的气液比。纯液相包裹体与富气相包裹体在岩相学上不是成对分布，并且两相包裹体的比例很小，因此，相变之后的颈缩对于纯液相包裹体来说不是一个有效的解释。纯液相包裹体的大小与两相包裹体类似，且在冷冻过程中不出现气泡。

因此，纯液相包裹体不是显著亚稳态的结果。

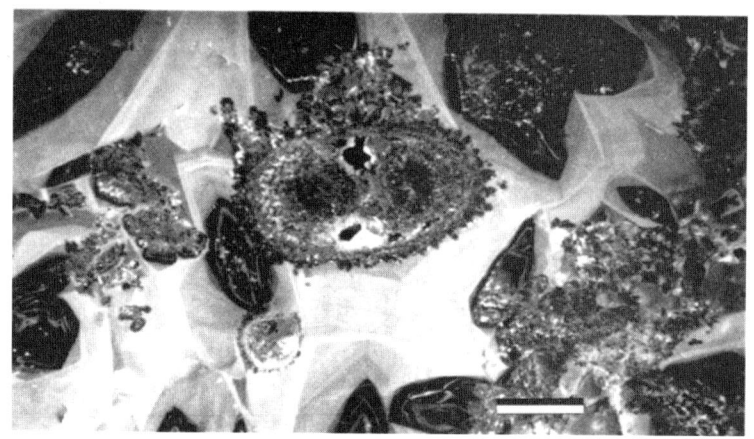

图 11-31　宾夕法尼亚系 Lansing-Kansas City 群石灰岩阴极发光显微照片

原生流体包裹体发育在生长带中，可以通过阴极发光识别生长带从而很容易就能识别流体包裹体

3. 显微测温

第一期方解石中流体包裹体的初熔温度为 $-52℃ \sim -42℃$，第二期方解石为 $-52℃ \sim -50℃$。单相流体包裹体的冰点温度范围比两相流体包裹体窄，第一期方解石为 $-22.0℃ \sim -19.1℃$，第二期方解石为 $-22.2℃ \sim -19.8℃$（图 11-32）。

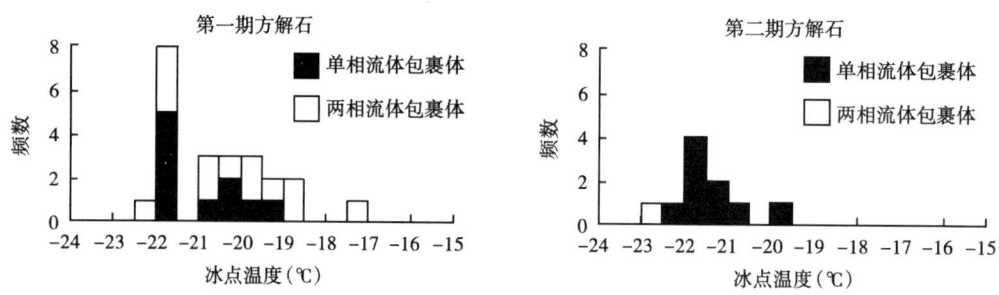

图 11-32　宾夕法尼亚系 Lansing-Kansas City 群两期方解石胶结物中流体包裹体的冰点
温度直方图（据 Anderson，1989）

4. 解释

纯液相包裹体的存在说明方解石沉淀于温度低于 50℃ 的流体中。两相包裹体为纯液相包裹体埋藏受热期间再平衡的产物，它们不能为方解石的成因提供可靠的信息。初熔温度数据说明卤水的成分为 $H_2O—NaCl—CaCl_2$。但由于水石盐的冰点温度很难观测，因此使用 $H_2O—NaCl$ 体系对盐度进行解释。冰点温度数据表明成岩流体的盐度约为 23%（wt）NaCl，这样的高盐度流体指示了蒸发成因。研究区二叠系含有硬石膏和石盐。顶部 Lansing 群与底部 Stone Corral 组蒸发岩之间的地层厚度为 300~500m。沉淀方解石胶结物的卤水是在下二叠统蒸发岩沉积期间产生和向下回流的，并沉淀了低温方解石。卤水向下回流经过了 Wolfcampian 地层和 Virgilian 地层，卤水中的 Ca 含量可以通过白云石化作用、砂岩中斜长石的钠长石化、泥岩中蒙脱石矿物的 Na 被 Ca 置换进行解释（图 11-33）。

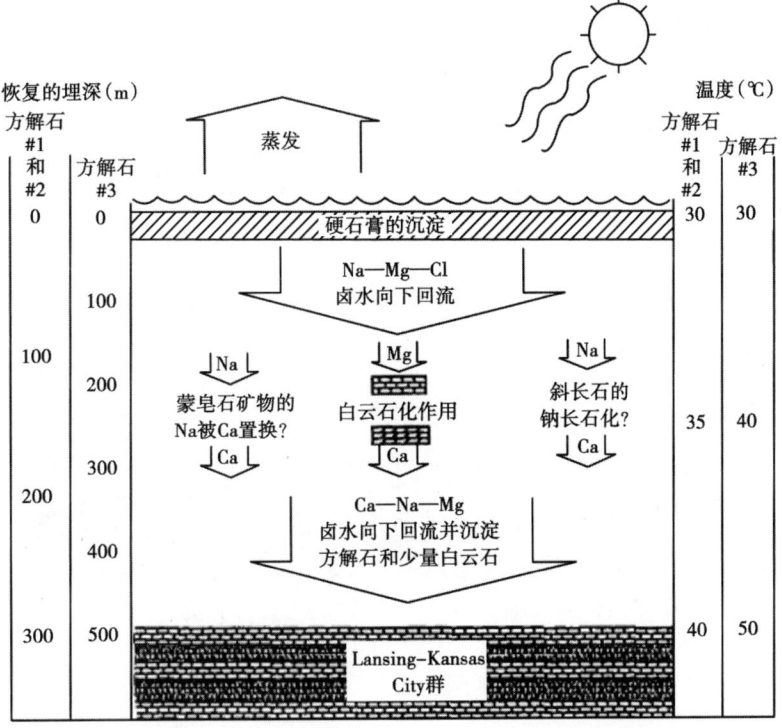

图 11-33　沉淀早期方解石（#1和#2）和晚期方解石（#3）的流体成因示意图（据 Anderson，1989）
深度是根据地温梯度和二叠系之下的宾夕法尼亚系蒸发岩的深度来估算的；所有的方解石沉淀于富钙卤水中，卤水在二叠系蒸发岩沉积期间向下回流流经宾夕法尼亚系，并通过本图中涉及的任何或所有类型的水—岩反应获得富钙组分

十二、墨西哥台地中白垩统白云岩的成因

该研究解释了墨西哥中白垩统 Tamabra 组白云岩的成因。白云岩沿 Valles 台地边缘分布，尤其是在台地的外缘、El Abra 组和 Tamabra 组底部的斜坡相中大量发育。本次研究的白云岩仅限于斜坡相。台地上的地层被下白垩统 Guaxcama 组厚约 520m（50000km³）的硬石膏覆盖。在 Tamabra 组，白云石交代并胶结斜坡沉积物和细粒远洋沉积物。白云石 $\delta^{13}C$ 值为 2‰~3‰（PDB），大部分 $\delta^{18}O$ 值为 -1‰~0（PDB）。白云石氧同位素组分与介于热带海水表面温度和 50℃ 之间的、具有海水组分或具有更高 ^{18}O 的卤水中的沉淀物一致。该研究由硕士研究生 Bryan Stephens 完成，详见 Stephens（1998）。

1. 研究目的

该研究的目的是通过确定形成温度和成岩流体的组分对白云岩的成岩环境进行解释。该实例的目的是展示经显著埋藏受热后，纯液相包裹体的保存程度。

2. 岩相学

基质被 75~200μm、半自形—自形白云石交代，白云石次生加大边延伸至孔隙中（图 11-34）。白云石形成后，发生了破裂化和方解石、石英、萤石的沉淀。白云石的生长带中发育原生纯液相包裹体和气液两相包裹体，两相包裹体具有相对一致的相比例。流体包裹体分布于可以通过荧光进行识别的生长带内。纯液相包裹体的大小与两相包裹体相似，在岩相学上并不是成对分布，在冷冻过程中纯液相包裹体不会出现气泡。因此，纯液相包裹体并非两相包裹颈缩或亚稳态的结果。白云石形成之后的成岩矿物中发育大量原生和次生两相流体包裹体，包裹体具有相对一致的气液比。

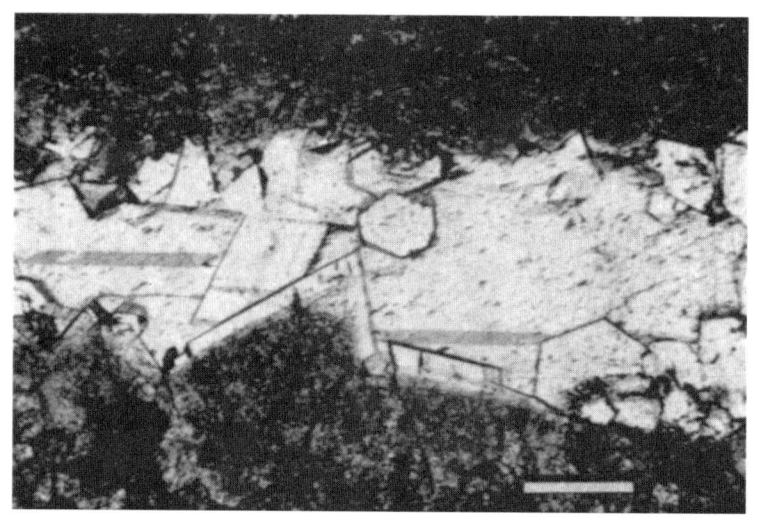

图 11-34　Tamabra 组地层薄片的透射光显微照片

注意暗色的和明亮的部分，生长带白云石次生加大延伸进孔隙中；主要的流体包裹体发育在生长带白云石中；
白云石是在方解石胶结物和石英胶结物之后形成的（薄片中六边形）；比例尺为 200μm

3. 显微测温

白云石中纯液相流体包裹体的冰点温度为 $-17 \sim -12℃$（图 11-35）。假定为 H_2O—$NaCl$ 体系，则上述冰点温度对应的盐度为 $16\% \sim 20\%$（wt）$NaCl$。白云石中两相包裹体的冰点温度数据要离散得多。根据观察到的矿物共生关系，方解石和萤石中的流体包裹体肯定形成于

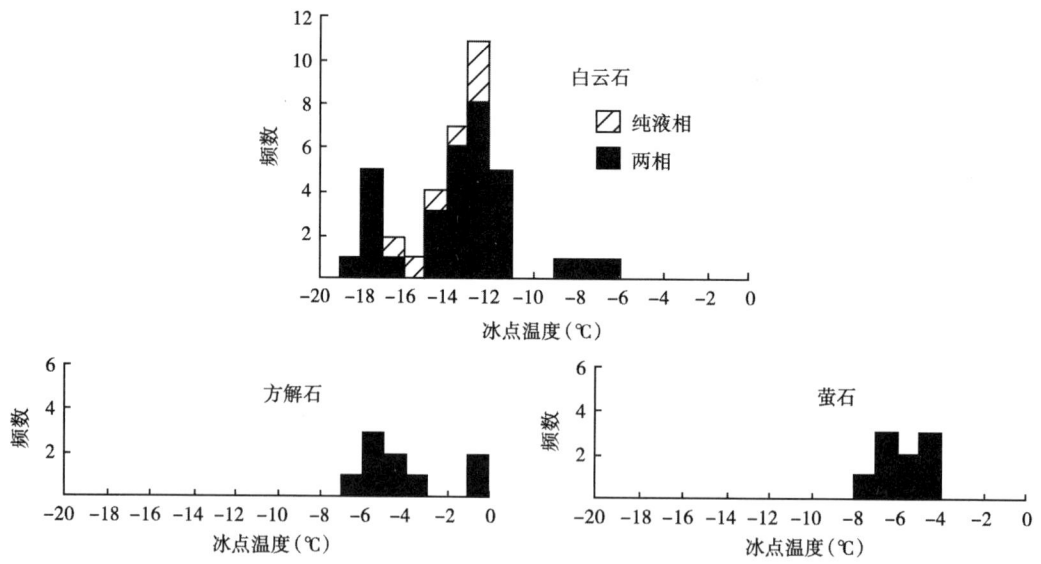

图 11-35　白垩系 Tamabra 组流体包裹体冰点温度直方图（据 Stephens，1988）

白云石中原生纯液相流体包裹体的冰点温度范围很窄，与晚期流体包裹体无重叠，说明白云石中的某些
气液两相流体包裹体为热改造再平衡期间泄漏—再充填的结果

白云石之后。由于白云石、方解石和萤石均包含冰点温度为-9~-4℃的两相流体包裹体，因此，白云石中发育的在该冰点温度范围内的两相流体包裹体可以很容易地利用泄漏—再充填机制进行解释。该实例说明，与纯液相包裹体共生的两相流体包裹体是不可信的，它们往往是热改造再平衡的结果，不能提供主矿物沉淀条件方面的证据。两相流体包裹体均一温度变化范围很大（图11-36），并且表明岩石经历的温度最小为150℃。

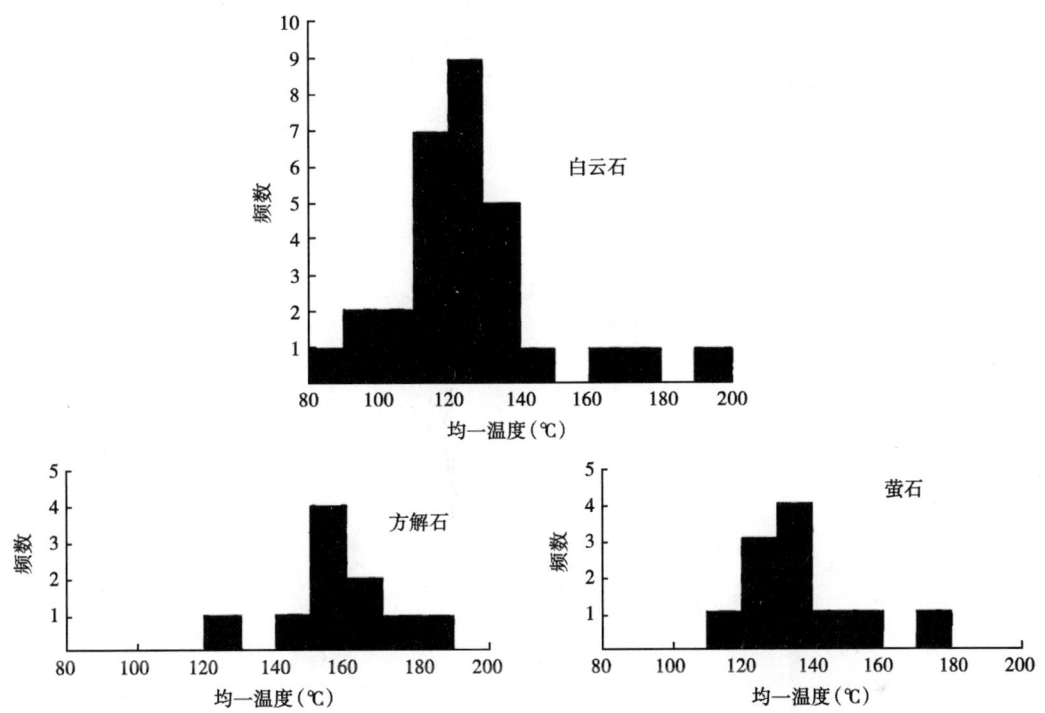

图11-36 白垩系Tamabra组两相流体包裹体均一温度直方图（据Stephens，1988）
注意岩石的受热至少为150℃

4. 解释

白云石中的纯液相包裹体提供的证据说明，白云石形成于低温条件（小于50℃），成岩流体盐度为16%~20%（wt）NaCl，该盐度正好位于石膏沉淀的范围内。让人惊讶的是，尽管后期受热温度至少为150℃，低温信息依旧保存了下来。基于地质学、同位素和流体包裹体证据，白云岩的成因有两种可能的模式：台地上目前尚未发现的某些蒸发岩（时间上与Golden Lane组蒸发岩相近）在沉积过程中卤水的回流作用；Guaxcama组蒸发岩中的同生流体被挤压排出造成的白云石化。

十三、与钾盐共生的石盐的最小形成温度

在加拿大西部，泥盆系Prairie组发育大量蒸发岩；在Saskatchewan省南部以石盐为主，并有少量钾盐。含钾矿物层序的沉积机制一直是个难题，解决这个难题的方法之一是确定钾盐形成的温度。与钾盐共生的石盐中的流体包裹体为研究钾盐的成因提供了必要的温度信息。该实例为Lowenstein和Spencer（1990）研究的一部分。

1. 研究目的

该研究的目的是通过流体包裹体最小捕获温度确定 Prairie 组含钾盐地层中石盐的成因。该实例展示了流体包裹体在蒸发岩地层研究中的应用，并表明子矿物的溶解温度能提供最小捕获温度方面的信息。

2. 岩相学

Prairie 组石盐与共生的钾盐或光卤石呈多边形镶嵌结构，具体表现为石盐被钾盐或光卤石包裹、石盐与光卤石互层分布（Lowenstein 和 Spencer，1990）。某些石盐中存在流体包裹体富集带，这反映了矿物的生长带，并为流体包裹体的原生性提供了强有力的证据。某些包裹体中包含液相和钾盐矿物。成因有关联的包裹体间钾盐矿物与液相的比例相同，基于此将钾盐解释为子矿物。某些包裹体在室温下为液相，冷冻过程中出现钾盐子矿物。

3. 显微测温

通过钾盐子矿物的溶解确定均一温度。钾盐的溶解温度提供了包裹体最小捕获温度的信息。具有密切关系的流体包裹体之间（不一定为流体包裹体组合）具有一致的钾盐子矿物溶解温度（图 11-37），表明包裹体在埋藏过程中未发生明显的改变。

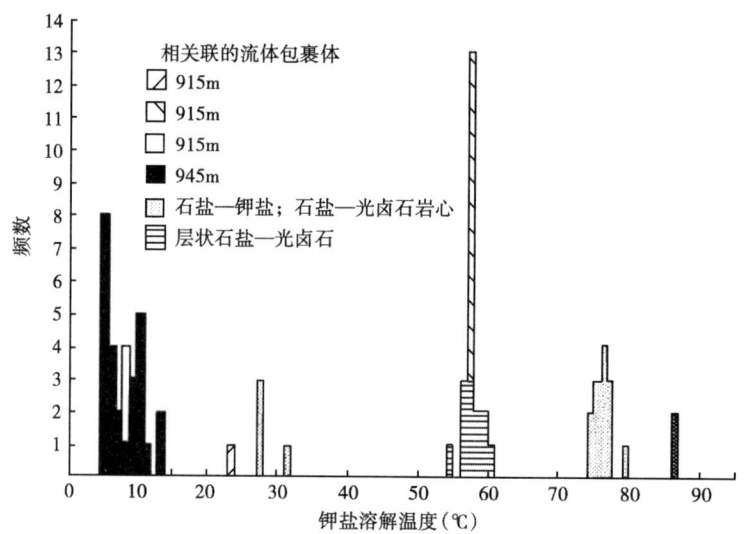

图 11-37　加拿大西部 Prairie 组石盐矿物中流体包裹体的钾盐子矿物溶解温度直方图
（据 Lowenstein 和 Spencer，1990，修改）
不同的符号代表不同的流体包裹体组合

4. 解释

Prairie 组钾盐子矿物的溶解温度表明包裹体的最小捕获温度可以低至 5℃，也可以高至 80℃。

十四、新墨西哥州二叠系 Laborcita 组埋藏过程中的方解石胶结作用

二叠系（Wolfcampian）Laborcita 组石灰岩地层在新墨西哥州 Sacramento 山有出露。该套地层单元中的大量孔隙被块状方解石胶结物充填。对于方解石胶结物的成因目前还存在争议，Cys 和 Mazzullo（1977）认为胶结物形成于大气淡水潜流带，Major（1985）认为胶结作用发生于深埋、半封闭环境。Lambert（1980）发表了该研究中流体包裹体分析的初步结果。

1. 研究目的

该研究的目的是通过方解石的形成温度和盐度明确成岩环境。该实例的目的是阐明高温成岩环境下形成的流体包裹体的数据解释方法。该实例涉及的流体包裹体分布于很宽的生长带中，生长带在形成过程中经历了一系列不同的地质事件，造成流体包裹体数据千差万别。

2. 岩相学

大的孔洞、原生孔和铸模孔由于粗晶方解石的胶结而减小。较早的方解石胶结物洁净明亮，并发生加大形成一宽而混浊的生长带，后者又发生增生形成明亮的方解石胶结物。在宽而混浊的生长带中不存在次一级的成分分带，生长带中发育的流体包裹体均为气液两相，并具有一致的气液比。

3. 显微测温

不幸的是，流体包裹体组合中的包裹体分布于很宽（宽度为包裹体的几百倍）的生长带中，因此均一温度和冰点温度数据变化很大。这类数据可以解释为持续受热过程中的热改造再平衡，也可以解释为方解石沉淀期间成岩环境发生了重大变化。由于缺少岩相学的约束，我们不能将这两种可能性进行区分，更不能有效地对流体包裹体数据进行解释。尽管如此，我们可以对同一晶体不同位置上发育的具有密切关联的流体包裹体进行测试，结果表明，从生长带的内侧到外侧，流体包裹体的均一温度逐渐升高（图 11-38），冰点温度逐渐降低（图 11-39）。

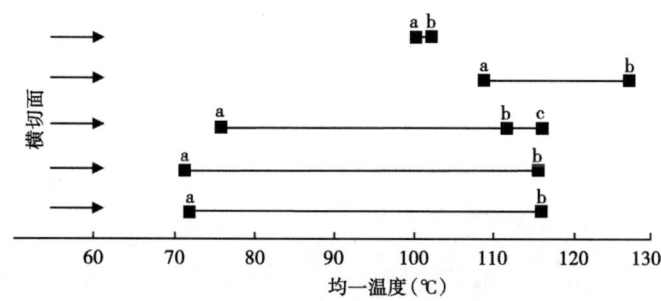

图 11-38　二叠系 Laborcita 组方解石胶结物中原生流体包裹体均一温度数据图（据 Lambert，1990，修改）
由直线相连的包裹体数据代表穿过了晶体的横切面，从 a 到 b 代表了从早期到晚期；数据显示胶结作用过程中流体的温度发生了升高

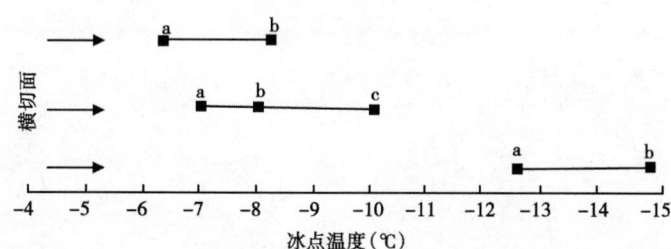

图 11-39　二叠系 Laborcita 组方解石胶结物中原生流体包裹体冰点温度数据图（据 Lambert，1990，修改）
由直线相连的包裹体数据代表穿过了晶体的横切面，从 a 到 b 代表了从早期到晚期；数据显示胶结作用过程中流体的盐度发生了升高

4. 解释

正常情况下，同一个流体包裹体组合中这类如此多变的均一温度和冰点温度数据是不可

以使用的。但是有证据表明均一温度和冰点温度呈系统变化，显然至少有一些原始的信息被保存下来。因此，这些证据有力地说明方解石在沉淀过程中温度和盐度逐渐升高。由于无法排除热改造再平衡过程中发生的拉伸，因此，流体包裹体原始均一温度信息的保存程度我们不得而知。根据冰点温度数据的变化趋势，方解石沉淀过程中流体的盐度由9.6%（wt）NaCl 升高至 18.6%（wt）NaCl。

十五、新墨西哥州宾夕法尼亚系 Holder 组热史与流体历史和方解石的成因

宾夕法尼亚系 Holder 组在新墨西哥州南部 Sacramento 山有出露，可以与二叠盆地的储层进行类比。在该套地层单元中，石灰岩因强烈的方解石胶结作用而缺少孔隙。方解石胶结物成因的研究对于认识其他地区储层的分布具有重要意义。更重要的是，后期流体运移的证据有助于确定胶结作用与石油充注的相对时间。该研究详见 Goldstein（1988）。

1. 研究目的

该研究的目的是确定方解石沉淀的温度、流体的盐度、流体成分和温度的演化历史。该实例的目的是展示通过同一个流体包裹体组合中包裹体的均一温度—冰点温度协变趋势，来确定高温环境下方解石胶结物的沉淀条件，并说明如何通过该方法对热改造再平衡之前的信息以及温度和盐度的升高历史进行恢复。

2. 岩相学

晚期方解石胶结物形成于裂缝和压实作用之后。通过对胶结物阴极发光特征的分析，这类方解石胶结物形成于 Holder 组沉积之后，与早期地表暴露无关。原生流体包裹体分布于混浊的生长带中，该生长带和阴极发光下看到的环带具有很好的对应关系（图11-40）。晚期胶结物中原生流体包裹体均为气液两相，并具有近乎一致的气液比。在切割晚期胶结物的裂隙中发育次生盐水包裹体和次生油气包裹体，后者在紫外光的激发下具有明亮的荧光。

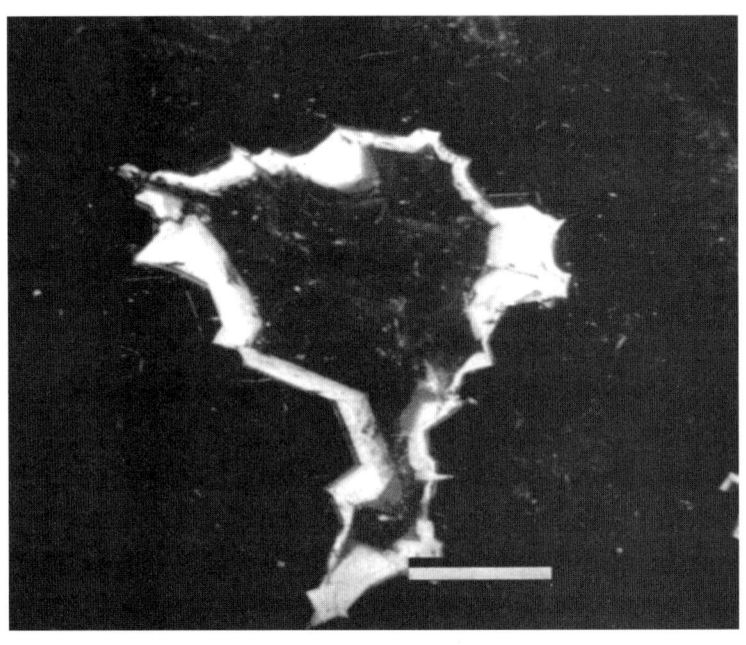

图 11-40 新墨西哥州宾夕法尼亚系 Holder 组方解石生长带阴极发光显微照片
原生流体包裹体被限制在了晚期胶结物的生长带中；比例尺为 300μm

3. 显微测温

晚期胶结物生长带中的原生流体包裹体均一温度和冰点温度变化很大，分别为 70~120℃（图 11-41A）、-18~-5℃（图 11-41B）。在同一个流体包裹体组合中具有如此多变的均一温度和冰点温度，要么反映了包裹体捕获过程中地质条件发生了重大变化，要么是热改造再平衡的结果。在均一温度—冰点温度双变量图上，存在两种变化趋势，它们交会于一点，对应的均一温度为 70~80℃、冰点温度为 -6℃ 左右（图 11-42）。

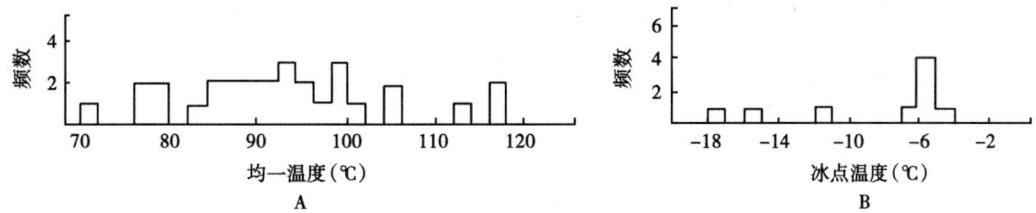

图 11-41　新墨西哥州宾夕法比亚系 Holder 组方解石生长带中原生流体包裹体
数据直方图（据 Goldstein，1988，修改）

A—均一温度直方图；B—冰点温度直方图；由于均一温度和冰点温度均有变化，因此不能排除热改造再平衡的可能性

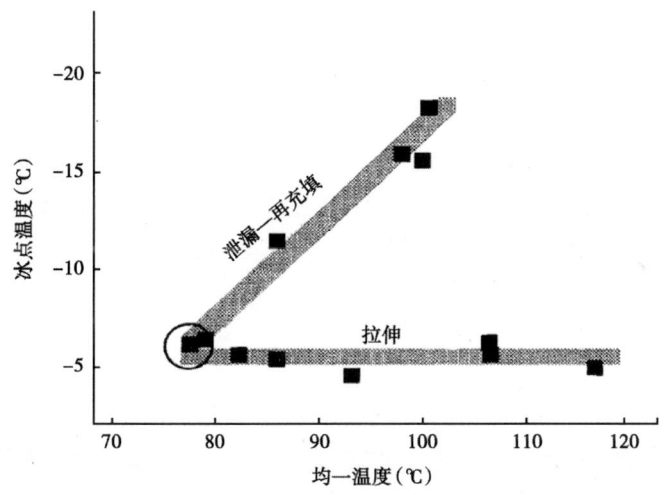

图 11-42　新墨西哥州宾夕法比亚系 Holder 组方解石生长带中原生流体包裹体均一温度和冰点
温度双变量图（据 Goldstein，1988，修改）

拉伸趋势和泄漏—再充填趋势均是热改造再平衡造成的；它们相交于一点，代表了流体包裹体的原始捕获条件

4. 解释

晚期方解石胶结物的岩石学特征表明沉淀作用发生在显著的埋藏之后。晚期胶结物中的流体包裹体为这一成岩环境提供了更具体的证据。同一个流体包裹体组合中均一温度和冰点温度的变化，要么指示了胶结物沉淀过程中地质条件发生了重大变化，要么指示了原始的流体包裹体组合发生了热改造再平衡。地质条件发生变化的解释可以通过流体包裹体数据的双变量图进行评估（图 11-42）：在这些数据中，同一温度下的盐度可以完全不同，或者对于相同的流体组分温度波动很大。这是一个相当复杂的解释，没有太大的地质意义。最简单的一个解释是，数据的变化代表了原始流体包裹体组合的热改造再平衡。从数据中可以看到两个明显的趋势：一个趋势是均一温度有变化而冰点温度无变化，该现象可能是由于低温流体

包裹体在热改造再平衡过程中发生拉伸引起的；另一个趋势是随均一温度的升高冰点温度发生降低，这个现象可能代表了岩石受到后期高温高盐度流体的改造后原生包裹体发生了泄漏—再充填。两个趋势的交会点对应的均一温度和盐度分别为75℃和-6℃，该点代表了原生包裹体的特征。因此，晚期方解石最小沉淀温度为75℃，流体盐度为9%（wt）NaCl。胶结物沉淀后，Holder组经历了温度和盐度的升高，这一点可通过泄漏—再充填趋势判定（图11-42）。次生油气包裹体的存在表明孔隙被方解石胶结物占据之后，体系中存在石油的运移或侵位。

十六、宾夕法尼亚系 Lansing-Kansas City 群压实后晚期方解石胶结物的成因

Lansing-Kansas City 群位于堪萨斯州的西北部和内布拉斯加州的西南部。石灰岩被早期方解石胶结，胶结物从温度低于50℃的卤水中沉淀而来。上覆地层为上宾夕法尼亚统和下二叠统呈互层分布的砂岩和碳酸盐岩（石灰岩和白云岩）。下二叠统含有硬石膏和石盐。许多孔隙被早期方解石胶结物之后的一期方解石胶结物占据。本项研究主要说明晚期方解石胶结物的成因问题。该实例中涉及的数据和解释为 Anderson（1989）硕士学位论文的一部分。

1. 研究目的

该研究的目的是确定 Lansing-Kansas City 群晚期（第三期）方解石的成因，并确定该期方解石沉淀之后岩石经历的温度和孔隙流体历史。该实例的目的是阐明如何利用交会图确定胶结物沉淀的盐度和温度，并说明利用发生部分热改造再平衡的流体包裹体组合可以确定胶结作用完成后地层单元经历的历史。

2. 岩相学

方解石胶结物主要分布于铸模孔和原生孔中。前文已经讨论过，该期方解石晚于压实作用和早期（第一期和第二期）胶结物。在阴极发光下可见明显的环带（图11-31），阴极发光环带与旋回界面不存在相关性。晚期胶结物中的流体包裹体分布于阴极发光环带中，基于这一事实将包裹体定为原生。流体包裹体为两相、富液，并具有一致的气液比。我们还记得，在早期生长带中发育纯液相包裹体。

3. 压碎

将包含两相原生流体包裹体的晚期胶结物样品在煤油中压碎，从而确定有机气体的存在和含量。在压碎过程中，气泡发生膨胀并很快溶解于煤油中，表明存在有机气体。根据气泡膨胀量进行的内压计算结果为7~40atm，平均为22atm。

4. 显微测温

每个流体包裹体组合均具有高度不一致的均一温度（图11-43A）和冰点温度（图11-43B），也不存在岩相学上的一致性或趋势。尽管如此，均一温度和冰点温度散点图显示了两个趋势：一个趋势为均一温度有变化而冰点温度保持不变（约-22.2℃），另一个趋势为均一温度和冰点温度呈正相关（图11-44）。初熔温度为-52℃左右，表明卤水为 H_2O—NaCl—$CaCl_2$。

5. 解释

与早期生长带中发育纯液相包裹体相比，晚期方解石中仅分布两相流体包裹体，说明流体包裹体组合中温度最低的部分一定保存了下来，而不是热改造再平衡的结果。尽管如此，单个流体包裹体组合中冰点温度和均一温度数据的不一致表明至少发生了部分热改造再平衡，并对数据产生了影响。双变量图显示了拉伸趋势和泄漏—再充填趋势，其交点为均一温度和冰点温度值最低点，代表了流体包裹体的原始捕获条件。因此，晚期方解石胶结物的最

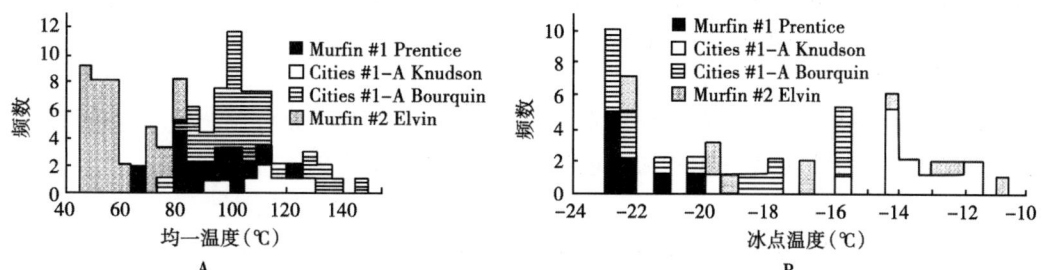

图 11-43 宾夕法尼亚系 Lansing-Kansas City 群第三期方解石胶结物中原生流体
包裹体数据（据 Anderson，1989，修改）

A—均一温度直方图；B—冰点温度直方图；不同的图例代表不同的地区；由于均一温度和冰点温度
均有变化，因此不能排除热改造再平衡的可能性

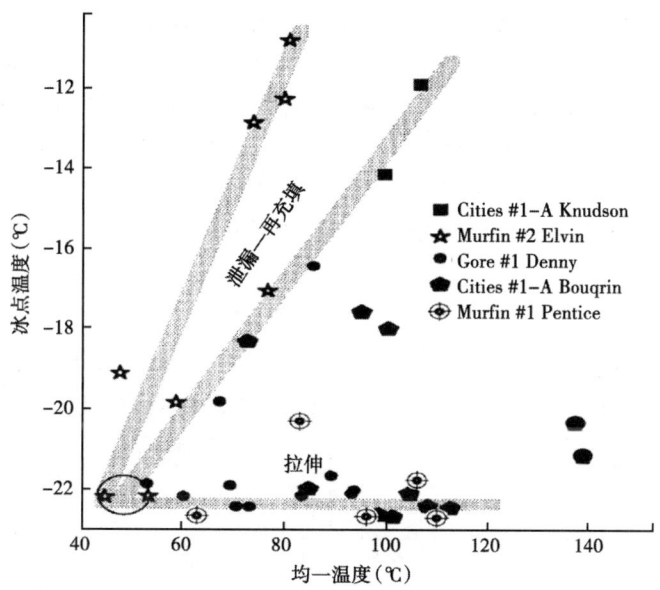

图 11-44 宾夕法尼亚系 Lansing-Kansas City 群第三期方解石胶结物中原生流体包裹体均一
温度和冰点温度双变量图（据 Anderson，1989，修改）

数据显示了拉伸和泄漏—再充填趋势，它们相交于一个圆圈内，交点代表了包裹体的原始捕获条件

低沉淀温度约为 50℃，流体为高盐度卤水（根据初熔温度，为富 Ca 卤水）。根据地层的埋藏史，对方解石胶结物成因最合理的解释是在埋藏之后，上覆二叠系蒸发岩沉积过程中沉淀的。在二叠纪，卤水在地表产生并向下回流穿过下伏地层，同时伴随着成分和温度的变化（图 11-33）。最后的温度至少为 50℃，该温度对应的埋藏深度至少为 500m，这一埋藏深度与 Lansing-Kansas City 群和上覆二叠系蒸发岩之间的地层厚度是吻合的。流体包裹体的泄漏—再充填趋势表明，方解石胶结物沉淀后，地层经历了温度的升高和盐度的降低。最小埋藏深度可通过包裹体的内压进行估算：室温下包裹体的最高内压为 40atm，对应的最小埋藏深度约为 400m。

十七、北海地区上侏罗统自生石英胶结物的成因

北海地区上侏罗统砂岩中常见石英次生加大边和裂缝中充填的石英胶结物。确定这类胶

结物的形成时间对了解热事件和流体运移事件具有重要意义。该实例涉及的内容在 Burley 等（1989）和 Guscott and Burley（1993）的文献中有详细介绍。

1. 研究目的

该研究的目的是确定石英胶结作用发生的温度和成岩环境。该实例的目的是说明，对于高温成岩体系中形成且数据一致的流体包裹体组合来说，数据的解释极其简单。

2. 岩相学

石英胶结物的阴极发光特征显示次生加大边具环带并被几期裂缝切割。最早的一期原生流体包裹体组合沿碎屑颗粒和次生加大边的边界分布，后来形成的两期裂缝被石英胶结物充填，裂缝中同样发育原生流体包裹体。流体包裹体为气液两相、大小不一、具有一致的气液比。

3. 显微测温

从三个流体包裹体组合中收集了数据。第一个流体包裹体组合沿碎屑颗粒—次生加大边的边界分布，均一温度为99.2~101.5℃（图11-45）；第二个流体包裹体组合沿第一期裂缝分布，均一温度为98.8~106.6℃（图11-45）；第三个流体包裹体组合沿第二期裂缝分布，均一温度为121.5~124℃（图11-45）。我们可以发现每个流体包裹体组合中均一温度数据很集中，表明流体包裹体未发生热改造再平衡，如实地记录了最小捕获温度。第一期和第二期裂缝中流体包裹体的冰点温度分别为-7.4℃~-6.9℃、-9.3℃~-8.9℃。

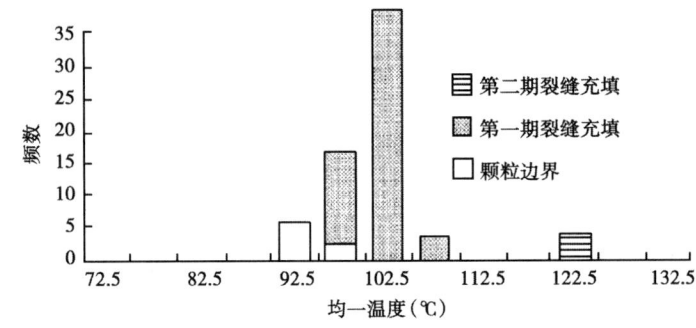

图11-45 北海地区侏罗系砂岩中石英次生加大边和两期裂缝充填胶结物中流体
包裹体的均一温度数据（据 Guscott 和 Burley，1993，修改）
可以看到，同一个流体包裹体组合中数据具有一致性，表明未经过热改造再平衡

4. 解释

同一个流体包裹体组合中均一温度数据具一致性，毋庸置疑它们代表了原始捕获条件而未发生再平衡。数据显示石英沉淀过程中流体的温度和盐度持续升高：最小温度由100℃升至125℃，盐度由10.5%（wt）NaCl 升至13%（wt）NaCl。

十八、阿尔卑斯中部石英矿物中流体包裹体地质温度计和地质压力计

阿尔卑斯期的变质作用形成的石英矿物中的流体包裹体可用来确定变质作用事件的温度和压力。气相色谱和质谱分析表明许多包裹体主要由甲烷组成。该实例已经过简化，更多细节见 Mullis（1979）。

1. 研究目的

该研究的目的是利用流体包裹体确定石英形成期间变质作用的温度和压力。实例的目的

是说明计算包裹体捕获温度和压力时不混溶捕获的重要性。

2. 岩相学

石英样品从阿尔卑斯期的矿物裂缝中采集。早期石英胶结物呈共轴状或拉长的纤维状，晚期石英胶结物呈棱镜状。流体包裹体沿生长带发育，由于其分布平行于生长带，因此可以判定它们为原生。一个生长带内可能发育富液相包裹体，并具有一致的气液比；与之相邻的生长带内则为缺少液相的甲烷包裹体。两类包裹体的密切关系表明石英的沉淀是在（或接近）甲烷和水不混溶的条件下进行的。

3. 显微测温

由富液两相包裹体构成的流体包裹体组合均一温度为 200~260℃；甲烷包裹体的均一温度低于 -82.5℃，最低可达 -108℃。

4. 解释

通过甲烷包裹体的均一温度可以确定其等容线。假设富液两相包裹体代表了不混溶体系中的富水端元，则其均一温度基本等同于真实捕获温度。在甲烷包裹体的等容线上，均一温度对应的压力即捕获压力。因此，石英形成温度为 200~260℃、压力为 1200~3100bar。假如富液两相包裹体并非不混溶体系的一部分，那么本次得到的温度和压力代表了最小捕获温度和压力。

第三节　小　　结

本章介绍的实例都是精心选取的，目的是说明流体包裹体分析和数据解释的原则和流程。从每个实例中，大家都能学到一些成岩环境中有关流体温度和成分方面的内容。涉及将流体包裹体技术与其他分析技术或地质信息（如埋藏史的恢复）结合的研究可在文献中查阅到。本章为了突出仅仅通过流体包裹体即可获得大量的信息，因此上述这些都有意地避开了。

笔者预计，很多读者在学习了本章所列的这些研究实例后，将会对流体包裹体在成岩作用研究方面的潜力充满乐观并饱含热情。倘若如此，笔者将倍感欣慰。但是读者们需要明白的一点是，很多时候通过流体包裹体并不能达到我们的研究目的，这是因为样品中没有我们所需的包裹体。如果想致力于流体包裹体事业，需要耐心和不懈努力。

祝大家快乐地探索！

第十二章 其他分析方法

前面的章节已介绍了成岩领域中流体包裹体研究的理论和应用，主要是基于岩相学，这对于所有研究人员来说是通俗易懂的。本章集中介绍流体包裹体研究可能应用到的其他分析手段，以进一步约束流体包裹体的成分。少数实验室将这类分析作为流体包裹体研究的起始步骤，这对油气勘探来说可能是值得的。然而，在将流体包裹体成因置于成岩共生关系和地质背景的流体包裹体研究中，以及涉及显微测温分析的流体包裹体研究中，这些分析仅在某些特定目的的情况下才使用，并且要以岩相学研究为基础。由于并不是每个实验室都具有这些设备，因此不能对每项技术都进行详细介绍；这里只对某些技术的应用进行总结。这些技术大多数还处于开发阶段，因此成功的应用可能还需要时间和资金的支持。

在现存的分析技术中，没有单项技术能够实现对流体包裹体所有组分的全面分析。对于分析组分所需的浓度和数量而言，每一项技术都有自身的优势和不足。对于单个流体包裹体的研究，需要多种分析技术综合运用，以获得其成分信息。因此，对于每项分析技术的能力进行必要的了解至关重要。

下面介绍的分析方法可分为两类：非破坏性分析（分析过程中不打开流体包裹体）和破坏性分析（分析过程中将流体包裹体打开）。某些技术能够用于单个流体包裹体的分析，而其他技术需要大量的样品（利用多个流体包裹体来作某一项分析）。Roedder（1984，1990）对这些分析方法进行了详细的总结。本章对几项重要方法的应用、优势和不足进行总结，并列出了一些参考文献以使读者们对这些方法的原理和流程进行学习和了解。

第一节 非破坏性技术

非破坏性技术一般为光谱分析，它要求对流体包裹体持续照射，同时测量流体包裹体吸收和发射的光谱。

一、紫外线荧光发射光谱

紫外线荧光发射光谱法是一种相对简单的技术，它利用紫外光源通过显微镜照射流体包裹体。石油包裹体由于包含芳香烃、含氮化合物、含硫化合物和含氧化合物，在紫外光照射下（一般为365nm）通常会发荧光（Bertrand 等，1985；Hagemann 和 Hollerbach，1985）。发射光谱可以通过光谱仪进行定量记录，或者通过肉眼定性观察荧光的颜色，后者反映了石油包裹体组分的差异。

获得的光谱可进一步用于区分不同组分的石油包裹体，从而初步评价其成熟度的差异。紫外光显微镜已成功用于确定不同世代石油包裹体的形成时间和成因（Burruss 等，1980；Burruss 和 Goldstein，1980；Burruss，1981；Burruss 等，1985；McLimans，1987；Guilhaumou 等，1989，1990；Bodnar，1990；Kihle，1993）。通过具有一定 API 度的石油包裹体与不同成熟度的石油之间的荧光光谱对比发现：随着成熟度的升高，石油的荧光具有从黄色到蓝色的变化趋势（McLimans，1987）。对于同一地区的石油包裹体与石油，这种相关性很好；不同地区的样品进行对比时，上述规律的适用性较差。对于荧光光谱与 API 度的关系，也有过类似的报道（Tsui，1990）。McLimans（1987）发现使用波长范围为 270~366nm 的紫外光激发的荧光光谱比使用单个波长的激光激发的荧光光谱包含更多的成分信息，使用脉冲激光激发的荧光寿命与 API 度呈强相关。

该项技术在应用中的局限性主要与信号的收集能力有关。最佳光谱信号由最强的发射光引起，但有些石油包裹体由于成分或尺寸的原因不存在明亮的荧光。另外，主矿物或胶水产生的背景荧光也会造成干扰。虽然这种方法已被证实是有效的，但它仍然是一种原始方法，从中获取的流体包裹体组分信息很少。

二、显微红外吸收光谱

显微红外吸收光谱，又叫显微傅里叶变换红外光谱，是一种利用光学显微镜采集单个流体包裹体光谱信息的技术（Wopenka 等，1990）。设备由多色红外发射光源（1.1~200μm）和检测器组成，后者用于对生成的光谱进行测量。显微傅里叶变换红外光谱可以生成比紫外光谱更精细的光谱，并能得到进一步的应用。然而，目前最大的问题是对包裹体的要求很高，只有很大的包裹体（横断面积至少为 $200\mu m^2$）才能获得有用的光谱。其他问题包括大气中的 H_2O 和 CO_2 的干扰，以及主矿物对红外光的强吸收。

显微傅里叶变换红外光谱技术已经用于包裹体中 CO_2/H_2O 比值的确定（Vry 等，1987；A. T. Anderson 等，1989）、有机质（例如甲烷和高碳烃）类型的识别和量化（Barres 等，1987；Guilhaumou 等，1989，1990；O'Grady 等，1989；Pironon 和 Barres，1990，1992）。包裹体的内压也有可能通过气相组分（如 CO_2 和 CH_4）红外吸收带的形状和位置变化来确定（Dahan 和 Couty，1987）。目前，显微傅里叶变换红外光谱技术主要应用于较大流体包裹体中水、某些气相组分和有机组分的识别。

三、同步加速 X 射线荧光微探针

同步加速 X 射线荧光微探针采用直径约 10~15μm 的 X 射线高能波束（25keV）照射由光学显微镜定位的单个或一群包裹体。被激发的矿物和流体发出特有的 X 射线光谱，并通过能谱仪（EDS）和波谱仪（WDS）接收。该装备置于空气中，因此某些 X 射线光谱可以被空气吸收。同时，包裹体发射的 X 射线被主矿物吸收，而主矿物的光谱可能会干扰包裹体的光谱，因此该技术的检测能力取决于主矿物。

Vanko 等（1992，1993）和 Cline 等（1993）利用该项技术对石英中的单个盐水包裹体进行了分析，他们发现，主矿物表面附近的盐水包裹体通常产生 Cl、K 和 Ca 的 X 射线光谱，Rb、Sr、Br 和其他重元素也能容易地检测到。一般来说，轻元素（例如 Cl、K、S 和 Ca）难以检测，但也可能检测到。通过确定流体包裹体内部的比值（例如 K/Cl 比）或通过测量包裹体光束路径长度和主矿物光束路径长度得出 X 射线峰值强度的校正系数，可以对光谱进行量化。目前，该技术对石英中盐水包裹体的检测限大致为：Cl 为 1000μg/g，K 为 700μg/g，Ca 为 700μg/g，Mn 为 200μg/g，Fe 为 250μg/g，Cu 为 100μg/g，Zn 为 150μg/g，Pb 为 150μg/g，Br 为 50μg/g，Mo 为 500~1000μg/g。

同步加速 X 射线荧光微探针最容易对较大的、形状规则的流体包裹体进行测定，那样的样品光束路径长度容易确定，元素的浓度容易定量化。为得到有效的分析结果，样品要么固定在石英玻璃底座上，要么完全不固定。因为玻璃载玻片和环氧树脂通常含有污染物，将会干扰流体包裹体分析。

四、激光拉曼探针

激光拉曼探针是一种将激光通过光学显微镜聚焦于单个流体包裹体的仪器。由于激光束高度聚集，因此空间分辨率可达 $3\mu m$，这意味着该项技术既可以对包裹体中的某个相进行分析，也可对整个包裹体进行分析。通过探测器对拉曼散射进行检测，可以获得许多原子、固相、液相或溶解组分所特有的光谱（Wopenka 等，1990）。流体包裹体中的子矿物可以利用激光拉曼进行识别（Rosasco 等，1975；McLimans，1987；Pasteris 和 Wanamaker，1988）。将流体包裹体冷冻后，可以利用激光拉曼对其中的盐—水合物和天然气水合物（笼形物）进行识别（Dubessey 等，1982，1992；Seitz 等，1987；Schiffries，1990）。激光拉曼最常见的应用是进行多原子气体（例如 CH_4、CO_2、H_2S、N_2、H_2、O_2 等）的识别和定量。通过拉曼峰位置的变化，可以确定这些气体的部分压力（Fabre 和 Couty，1986；Wopenka 和 Pasteris，1987；Pasteris 等，1988；Dubessy 等，1988；Chou 等，1990；Wilkins 和 Jenatton，1991）。近期的文献对该方法在混合气体系中应用的复杂性进行了阐述（Seitz 等，1993a，b）。溶解于流体中的多核化合物（例如 SO_4^{2-}、NO_3^-、CO_3^{2-}、PO_4^{3-}）也可以利用激光拉曼进行检测。其中，SO_4^{2-} 通常被用来与水峰进行对比，从而量化其浓度（Cunningham 等，1977；Rosasco 和 Roedder，1979；Dubessey 等，1982，1983，1992；Higgins 和 Stein，1986）。此外，通过室温下水的 O—H 伸展峰可以对流体的盐度进行计算（Mernagh 和 Wilde，1989）。

拉曼探针从根本上来说是一种光学技术，这意味着其功能和检测限受包裹体样品、主矿物以及样品拉曼散射效率等光学性质的控制。Pasteris 等（1988）评价了该技术在实际应用过程中的诸多受控因素。流体包裹体中多核化合物的拉曼散射信号是拉曼散射效率、光谱极化程度、化合物数量的函数。穿过光谱仪再折射回来的拉曼射线数量对检测器来说是个光学问题。矿物的透明度对拉曼射线的逸散非常重要。某些矿物和石油包裹体将会吸收掉绝大多数激光并"烹煮"样品和包裹体。主矿物、烃类包裹体、矿物中的有机质以及树胶产生的背景荧光可能会掩盖拉曼信号。矿物介质的各向异性也将影响拉曼散射和极化方向。该项技术使用过程中的最重要影响因素是流体包裹体的形状。形态不规则的包裹体通常具有聚焦或散焦效应，妨碍拉曼信号的有效聚集甚至妨碍激光的有效发射。一般来说，较大的、组分含量较高的流体包裹体的拉曼信号较强。因此，该项技术的检测限取决于样品本身特征。尽管存在这些不确定性，激光拉曼仍是一项有价值的技术，在流体包裹体多核化合物的非破坏性分析方面具有巨大的潜力。

五、质子探针

质子探针是用聚集质子束轰击矿物样品。质子穿入主矿物，将与流体包裹体中的物质反应，产生 X 射线（PIXE：质子激发 X 射线发射）或伽马射线（PIGE：质子激发伽马射线发射），从而获得单个包裹体中元素的特征光谱。由于低能 X 射线存在被主矿物吸收的问题，PIXE 技术宜用于分析原子数大于 30 的元素，元素的检测精度可达 10^{-6} 级（Horn 和 Traxel，1987）。较轻的元素可通过 PIGE 技术进行分析（Anderson 等，1987，1989）。这两种技术都具有对包裹体中溶解离子进行定量和定性分析的潜力，且不会对包裹体造成破坏。

六、核磁共振

核磁共振是一种群体、非破坏性分析技术，用于识别流体包裹体中的水（Poty 等，1987）。Pironon 等（1992）利用该项技术展示了盐水包裹体和人工合成烃类包裹体的差异，他们推断，该项技术的空间分辨率最高可能为 20μm。核磁共振还可用于流体包裹体中 ^{23}Na 和 ^{35}Cl 的检测（Kohn 等，1988）。

第二节　破坏性技术

一、子矿物的分析

在沉积成岩领域，包裹体子矿物最可能在蒸发盐中存在。幸运的是，蒸发盐矿物中的包裹体往往很大（>50μm），因此将子矿物从单个流体包裹体中提取出来进行分析是可行的。通过打开包裹体将子矿物暴露出来的方式也可以对主矿物进行分析。将可能包含流体包裹体的蒸发盐矿物压碎，从而将包裹体中的子矿物释放到介质中进行分析。此外，可以用针状探针或钻头打开流体包裹体，然后将子矿物用微型进样器或细针提取出来。提取出来的子矿物可以采用能谱仪或电子衍射仪来分析，或采用单晶 X 射线衍射仪来分析（Zolensky 和 Bodnar，1982；Blasch 和 Coveney，1988）。如果子矿物没有提取出来，而只是暴露出来，那么可以采用扫描电镜中的能谱仪或电子探针来识别（Le Bel，1976；Metzger 等，1977；Anthony 等，1984）。子矿物的识别可用来约束流体包裹体的组分。

二、利用能谱仪对流体包裹体中的盐类进行分析

可以采用能谱仪对从单个流体包裹体中提取出来的盐类进行定性或半定量分析。提取方法是将流体包裹体样品置于抛光盘内并加热至爆裂温度，从包裹体中逸散出来的流体蒸发后，盐类将残留在抛光盘内；然后可以对盐类进行能谱分析（Kozlowski，1978；Haynes 和 Kesler，1987；Haynes 等，1987，1988）。该项技术对于确定流体包裹体中主要盐类的阳离子比很有用，并可能会得到 Cl、S、Na、Ca 和 K 的数据。该项技术的缺陷是，盐类本身具有非均质性、爆裂过程中一些组分可能会丢失和主矿物的干扰。该项技术的一种改进方法是利用能谱仪对冷冻之后的流体包裹体进行分析（Kelly 和 Burgio，1983）。

三、群体或单个包裹体抽提物的阴、阳离子分析

从包裹体中释放出来的盐水流体可以通过多种方法进行阴、阳离子的定量和半定量分析。然而，释放的方法很重要。最有效的方法是将盐水流体从单个包裹体中直接抽提出来，这种方法首先对主矿物进行钻孔，然后采用微型进样器从大量的流体包裹体中抽提流体（Lazar 和 Holland，1988；Stein 和 Krumhansl，1988）。其优势在于它是从成因已知的单个流体包裹体中抽提流体，有效地避免了来自主矿物的污染。通过对进样器中的流体进行分析，可以得到包裹体的盐度信息。该方法的缺点是它仅适用于非常大的包裹体。

从流体包裹体中释放并抽提离子的另一种方法是将含流体包裹体的主矿物压碎或爆裂，然后进行抽提。通过压碎或爆裂将流体包裹体打开，利用各种溶剂可以将阴、阳离子抽提出来。该方法的最大缺点是它同时对成千上万个流体包裹体进行取样，对于大多数样品而言，

不可能知道不同成因流体包裹体的成分及各自的贡献。人们已采用某些方法来消除某种离子优先吸收的问题，从而增强包裹体中盐类的释放、减少来自主矿物的污染。在大多数压碎和抽提工作中，首先将样品清洗，然后放在干净的玛瑙研钵或不锈钢管中压碎。压碎通常在溶剂（例如水或乙醇）中进行，目的是促使流体包裹体中的离子与主矿物分离。有时溶剂是在压碎之后加入的，这势必会使沉淀的矿物发生重新溶解。第一批提取物包括来自包裹体的离子和来自主矿物的污染；然后用溶剂对样品进行第二次冲洗，目的是将所有的残留离子从包裹体中去除；接着用溶剂对样品进行第三次冲洗，目的是对来自主矿物的污染进行校正。将各种组分加入到过滤液中，以促进包裹体组分的有效过滤并阻止吸收。压碎和抽提流程的更多细节见 Norman（1987）、Bottrell 和 Yardley（1987，1988）、Bottrell 等（1988）、Changkakoti 等（1988）、Aulstead 等（1988）、Rankin 等（1992）、Bennet 和 Barker（1992）、Banks 和 Yardley（1992）、Channer 和 Spooner（1992）的文献。提取物包括来自包裹体的阴、阳离子，也可能含有少量来自主矿物的污染，由于不同离子的差异吸收，提取物可能会发生不同程度的改变。尽管压碎和抽提是从流体包裹体中提取组分的有效方法，但存在不确定性。

流体包裹体抽提物的分析可以通过多种方法来实现，这取决于抽提出来的离子类型。阳离子分析常用的方法包括原子吸收光谱（Aulstead 等，1988）、DCP（Stein 和 Krumhansl，1988）、ICP-AES（Stein 和 Krumhansl，1988；Banks 和 Yardley，1992；Rankin 等，1992）、ICP-MS、中子激活（Norman 等，1987）和离子色谱（Lazar 和 Holland，1988）。阴离子分析可以通过中子激活（Sabouraud，1974）和离子色谱（Lazar 和 Holland，1988；Channer 和 Spooner，1992）。

流体包裹体抽提物的分析是热门研究领域，可以实现盐水包裹体中阴、阳离子的定量分析。

四、将溶质直接送入仪器进行分析

在近期关于流体包裹体成分分析的重要工作中，采用强激光或其他方式将溶质释放并直接送入仪器进行检测。对于这类方法，流体释放过程中可能会发生未知的分馏作用，因此分析结果未必能代表包裹体的成分。另外，对于高能提取（利用激光或离子束对主矿物进行轰击使之爆破）而言，因主矿物汽化作用造成的污染以及汽化过程中某些溶质的亏损将会造成误差。这些方法在定量分析方面的精度目前不得而知，只有通过已知成分的人工合成包裹体建立校正流程并获得仪器的检测限之后才能知道。

前人通过简单的爆裂并使用载运气体将溶质送入 ICP 或者 ICP-MS 进行分析（Thompson 等，1980；Alderton 等，1982；Wets 等，1985），但是大多数研究使用激光或离子束对单个流体包裹体进行成分提取。关于激光剥蚀并直接送入 ICP 或 ICP-MS 进行分析已有尝试（Chenery 和 Rankin，1989；Horn 和 Tye，1989；Canals 等，1992；Rankin 等，1992；Shepherd 和 Chenery，1993）。现有的工作表明，对 $10\sim15\mu m$ 的流体包裹体进行激光剥蚀并送入 ICP 或 ICP-MS 可实现主量元素和微量元素的分析。激光等离子发射光谱（LPES）可对流体包裹体中的 Mg 和 Ca 进行分析（Boiron 等，1992）。激光探针质谱（LPMS）利用激光将包裹体中的物质释放出来并部分离子化，然后使离子加速通过质谱仪进行分析（Deloule 和 Eloy，1982）。二次离子质谱（SIMS）采用离子束轰击主矿物，并将包裹体中的物质送入质谱仪（Diamond 等，1990），在流体包裹体成分分析方面具有巨大的潜力。

另外一项具有巨大潜力的技术是激光探针惰性气体质谱（LMNGMS）。该项技术采用激光挖掘流体包裹体中的物质，然后采用惰性气体质谱仪分析其组分。Ar、Kr 和 Xe 惰性气体的丰度及其同位素比值可以分析出来，Cl、Br、I 和 K 可以通过中子照射转换为惰性气体（在样品释放之前）之后分析出来，分析精度为 5%~10%。原则上，Ca、Ba、U、Se 和 Te 也可检测。该项技术在单个直径为 20~50μm 的流体包裹体的成分分析方面已有成功的案例（Bohlke 等，1989；Bohlke 和 Irwin，1992）。

五、包裹体中流体的同位素分析

关于包裹体中流体的提取及 H、O、C、S 稳定同位素的定量分析已有大量文献报道。多数文献中采用群体提取技术，因此存在混样的可能性。某些研究对氢气扩散或者主矿物与流体间同位素交换的影响进行了评估。但是，这些研究确实提供了关于古流体稳定同位素组成的某些有用信息（Knauth 和 Beeunas，1986）。

令人振奋的应用之一是包裹体流体的放射性定年。这些方法多采用群体取样技术，然后进行质谱分析。不过，目前已采用激光探针对单个流体包裹体中的某些同位素体系进行了分析（Bohlke 和 Irwin，1992）。Pb/Pb 体系已得到应用（Changkakoti 等，1988）。Bannon 等（1987）报道了流体包裹体的 K/Ar 定年，McLimans 等（1992）和 Brannon 等（1992）近期报道了该技术在 Rb/Sr 体系中的成功应用。

包裹体中溶质和流体的同位素组成分析展现了令人振奋的前景，毫无疑问在未来会取得进展。

六、气体组分的分析

在过去几年中，流体包裹体中气体的分析得到了人们的关注。1991 年，《Journal of Geochemical Exploration》期刊出版了一期这方面的专辑（第 42 卷第 1 期）。气体的提取和分析方法很多。对于大多数方法而言，取样过程采用群体方法，但有些方法尝试从单个包裹体中提取气体，但未对包裹体进行挑选，或者未根据岩相学特征进行挑选。气体的分析通过电容压力计、气相色谱仪（GC）、质谱仪（MC）或者 GC-MC 进行。

前人尝试过很多提取方法，有些目前还在使用。可以将样品压碎，从而将流体包裹体中的气体释放出来，这可以通过将样品进行简单研磨（Roedder，1972）、在真空不锈钢管中压碎（Kreulen 和 Schuiling，1982）、或在设计巧妙的装置中压碎来实现。有些群体提取方法采用热爆裂来释放气体组分（Kesler 等，1986），其他技术采用更有选择性的方法，尝试从单个流体包裹体或从视域中选择合适的包裹体提取气体组分。Burruss（1987b）设计了一个压碎腔，它直接与气相色谱仪相连，可以对 1mg 含有包裹体的矿物样品进行石油和天然气的成分分析。有些研究者想出了用针状探头或金刚石打开单个流体包裹体的方法，以释放其中的气体成分，其他研究者采用激光轰炸单个流体包裹体或流体包裹体组合。另外，也有人使用爆裂法，将大块样品放入加热腔，随着温度的升高，包裹体将发生爆裂，然后采用四极质谱仪分析每个爆裂温度下释放出来的气体（Barker 和 Smith，1986）；许多研究者已致力于这类装置的设计。

包裹体中的物质提取出来之后，可采用多种技术进行半定量或定量分析。可检测物质包括：N_2、Ar、CO、CH_4、CO_2、C_2H_4、C_2H_2、COS、C_3H_6、C_3H_8、C_3H_4、H_2O、SO_2、O_2、H_2S、SO_2、NH_3、HCl、HCN、H_2 和许多高碳烃。气相色谱法为一项有用的技术，它提供了

关于天然气和石油中有机化合物指纹的详细信息（Burruss，1987b）。从包裹体中提取的石油的气相色谱—质谱（GC-MS）分析为油气勘探提供了非常重要的参数，可用于生物标志物分析、热成熟度估算和油—源对比。Bray 等（1991）总结了利用气相色谱（GC）分析气体混合物的技术流程。四极质谱和气相色谱—质谱（GC-MS）在分析流体包裹体中的气相组分时得到广泛应用（Barker 和 Smith，1986；Landis 等，1987；Graney 等，1991）。尽管这些技术在很长一段时间里应用广泛，但是这些仪器的校正和确定流体包裹体组分的代表性分析依然需要进一步的工作。

参 考 文 献

ABEGG, F. E., 1990, Fluid-inclusion analysis of dolomite in lithoclasts from the Morgan Creek Limestone (Upper Cambrian) of central Texas: The Compass, v. 67, p. 135-146.

ADAMS, L. H., AND GIBSON, R. E., 1930, The melting curve of sodium chloride dihydrate. An experimental study of an incongruent melting at pressures up to twelve thousand atmospheres: Journal of the American Chemical Society, v. 52, p. 4252-4264.

ALDERTON, D. H. M., THOMPSON, M., RANKIN, A. H., AND CHRYSSOULIS, S. L., 1982, Developments of the ICP-linked decrepitation technique for the analysis of fluid inclusions in quartz: Chemical Geology, v. 37, p. 203-213.

ANDERSON, A. J., CLARK, A. H., MAX, P., PALMER, G. R., MACARTHUR, J. D., BODNAR, R. J., AND ROEDDER, E., 1987, In situ elemental analysis of fluid inclusions using PIXE and PIGME (Abstract): GAC/MAC Program and Abstracts, v. 12, p. 21.

ANDERSON, A. J., CLARK, A. H., MAX, P., PALMER, G. R., MACARTHUR, J. D., AND ROEDDER, E., 1989, Proton-induced X-ray and gamma-ray emission analysis of unopened fluid inclusions: Economic Geology, v. 84, p. 924-939.

ANDERSON, A. J., SMITH, D. M. AND BODNAR, R. J., 1992, An adaptation of the spindle stage for geometric analysis of fluid inclusions with applications (Abstract): PACROFI IV, Fourth Biennial Pan-American Conference on Research on Fluid Inclusions, Program and Abstracts, Lake Arrowhead, CA, v. 14, p. 10.

ANDERSON, A. T., JR., NEWMAN, S., WILLIAMS, S. N., DRUITT, T. H., SKIRIUS, C., AND STOLPER, E., 1989, H_2O, CO_2, Cl, and gas in Plinian and ash-flow Bishop rhyolite: Geology, v. 17, p. 221-225.

ANDERSON, J. E., 1989, Diagenesis of the Lansing and Kansas City groups (Upper Pennsylvanian), northwestern Kansas and southwestern Nebraska, Unpublished M. S. Thesis, University of Kansas, Lawrence, 259 p.

ANTHONY, E. Y., REYNOLDS, T. J., AND BEANE, R. E., 1984, Identification of daughter minerals in fluid inclusions using scanning electron microscopy and energy dispersive analysis: American Mineralogist, v. 69, p. 1053-1057.

ARMSTRONG, A. K., SNAVELY, P. D., AND ADDICOTT, W. D., 1980, Porosity evolution of Upper Miocene Reefs, Almeria Province, Southern Spain: American Association of Petroleum Geologists Bulletin, v. 64, p. 188-208.

AULSTEAD, K. L., SPENCER, R. J., AND KROUSE, H. R., 1988, Fluid inclusion and isotopic evidence on dolomitization, Devonian of Western Canada: Geochimica et Cosmochimica Acta, v. 52, p. 1027-1035.

BAKKER, R. J., AND JANSEN, J. B. H., 1990, Preferential water leakage from fluid inclusions by means of mobile dislocations: Nature, v. 345, p. 58-60.

BAKKER, R. J., AND JANSEN, J. B. H., 1991, Experimental post-entrapment water loss from synthetic CO_2—H_2O inclusions in natural quartz: Geochimica et Cosmochimica Acta, v. 55, p. 2215-2230.

BANKS, D. A., AND YARDLEY, B. W. D., 1992, Crushleach analysis of fluid inclusions in small natural and synthetic samples: Geochimica et Cosmochimica Acta, v. 56, p. 245-248.

BANNON, M. P., TURNER, G., AND KELLEY, S. P., 1987, ^{40}Ar-^{39}Ar and thermometric analysis of fluid inclusions in quartz from mineralization associated with the Cornubian Batholith, SW England (Abstract): ECROFI, European Current Research on Fluid Inclusions, IX Symposium, Oporto, p. 7-8.

BARKER, C. E., 1992, Sample Temperatures Reached During Cathodoluminescence Observations: Preliminary Measurements Using Reequilibrated Fluid Inclusions: Society for Luminescent Microscopy and Spectroscopy Newsletter (unpaginated).

BARKER, C. E., AND GOLDSTEIN, R. H., 1990, Fluid inclusion technique for determining maximum temperature and its comparison to the vitrinite reflectance geothermometer: Geology, v. 18, p. 1003-1006.

BARKER, C. E., GOLDSTEIN, R. H., HATCH, J. R., WALTON, A. W., AND WOJCIK, K. M., 1992, Burial history and thermal maturation of Pennsylvanian rocks, Cherokee basin, Southeastern Kansas, in Johnson and Cardott, eds., Source Rocks in the Southern Midcontinent, Oklahoma Geological Survey Circular 93, p. 299-310.

BARKER, C. E., AND HALLEY, R. B., 1988, Fluid inclusions in vadose cement with consistent vapor to liquid ratios, Pleistocene Miami Limestone, southeastern Florida: Geochimica et Cosmochimica Acta, v. 52, p. 1019-1025.

BARKER, C. E., AND KOPP, O. C., 1991, Luminescence Microscopy and Spectroscopy: Qualitative and Quantitative Applications: Society of Economic Paleontologists and Mineralogists Short Course, v. 25, p. 195.

BARKER, C. E., AND PAWLEWICZ, M. J., 1986, The correlation of vitrinite reflectance with maximum temperature in humic organic matter, in Buntebarth, G., and Stegena, L., eds., Paleogeothermics: Berlin, Springer Verlag, p. 79-93.

BARKER, C. E., AND REYNOLDS, T. J., 1984, Preparing doubly polished sections of temperature sensitive sedimentary rocks: Journal of Sedimentary Petrology, V. 54, p. 635-636.

BARKER, C., AND SMITH, M. P., 1986, Mass spectrometric determination of gases in individual fluid inclusions in natural minerals: Analytical Chemistry, V. 58, p. 1330-1333.

BARRES, O., BURNEAU, A., DUBESSY, J., AND PAGEL, M., 1987, Application of micro-FT-IR spectroscopy to individual hydrocarbon fluid inclusion analysis: Applied Spectroscopy, v. 41, p. 1000-1008.

BEIN, A. S. D., HOVORKA, R. S. F., AND ROEDDER, E., 1991, Fluid inclusions in bedded Permian halite, PaloDuro Basin, Texas: Evidence for modification of seawater in evaporite brine-pools and subsequent early diagenesis: Journal of Sedimentary Petrology, v. 61, p. 1-14.

BENNETT, D. G., AND BARKER, A. J., 1992, High salinity fluids: The result of retrograde metamorphism in thrust zones: Geochimica et Cosmochimica Acta, v. 56, p. 81-95.

BERTRAND, P., PITTION, J., AND BERNARD, C., 1985, Fluorescence of sedimentary organic matter in relation to its chemical composition: Organic Geochemistry, v. 10, p. 641-647.

BLACIC, J. D., 1975, Plastic-deformation mechanisms in quartz: The effect of water: Tectonophysics, v. 27, p. 271-294.

BLACIC, J. D., 1981, Water diffusion in quartz at high pressure: Tectonic implications: Geophysics Research Letters, v. 8, p. 721-723.

BLASCH, S. R., AND COVENEY, R. M., JR., 1988, Goethite-bearing brine inclusions, petroleum inclusions, and the geochemical conditions of ore deposition at the Jumbo mine, Kansas: Geochimica et Cosmochimica Acta, v. 52, p. 1007-1017.

BLOUNT, C. W., AND PRICE, L. C., 1982, Solubility of methane in water under natural conditions: A laboratory study: United States Department of Energy Report DOE/ET/12145-1, DE82 017680.

BODNAR, R. J., 1983, A method of calculating fluid inclusion volumes based on vapor bubble diameters and p-V-T-X properties of inclusion fluids: Economic Geology, v. 78, p. 535-542.

BODNAR, R. J., 1990, Petroleum migration in the Miocene Monterey Formation, California, USA: Constraints from fluid-inclusion studies: Mineralogical Magazine, v. 54, p. 295-403.

BODNAR, R. J., 1992a, Revised equation and table for freezing point depressions of H_2O-salt fluid inclusions (Abstract): PACROFI IV, Fourth Biennial Pan-American Conference on Research on Fluid Inclusions, Program and Abstracts, Lake Arrowhead, CA, v. 14, p. 15.

BODNAR, R. J., 1992b, The system H_2O-NaCl (Abstract): PACROFI IV, Fourth Biennial Pan-American Conference on Research on Fluid Inclusions, Program and Abstracts, Lake Arrowhead, CA, v. 4, p. 108-111.

BODNAR, R. J. , AND BETHKE, P. M. , 1984, Systematics of stretching of fluid inclusions; fluorite and sphalerite at 1 atmosphere confining pressure: Economic Geology, v. 79, p. 141-161.

BODNAR, R. J. , BINNS, P. R. , AND HALL, D. L. , 1989, Synthetic fluid inclusions VI. Quantitative evaluation of the decrepitation behavior of fluid inclusions in quartz at one atmosphere confining pressure: Journal of Metamorphic Geology, v. 7, p. 229-242.

BODNAR, R. J. , REYNOLDS, T. J. , AND KUEHN, C. A. , 1985, Fluid-inclusion systematics in epithermal systems, in Berger, B. R. , and Bethke, P. M. , eds. , Geology and Geochemistry of Epithermal Systems: Society of Economic Geologists, Reviews in Economic Geology, v. 2, p. 73-97.

BODNAR, R. J. , AND STERNER, S. M. , 1985, Synthetic fluid inclusions in natural quartz. 11. Application to PVT studies: Geochimica et Cosmochimica Acta, v. 49, p. 1855-1859.

BOHLKE, J. K. , AND IRWIN, J. J. , 1992, Laser microprobe analyses of noble gas isotopes and halogens in fluid inclusions: Analyses of microstandards and synthetic inclusions in quartz: Geochimica et Cosmochimica Acta, v. 56, p. 187-201.

BOHLKE, J. K. , KIRSCHBAUM, C. , AND IRWIN, J. , 1989, Simultaneous analyses of noble-gas isotopes and halogens in fluid inclusions in neutron-irradiated quartz veins by use of a laser-microprobe noble-gas mass spectrometer: United States Geological Survey Bulletin, v. 1890, p. 61-88.

BOIRON, M. C. , DUBESSY, J. , BRIAND, A. , MAUCHIEN, P. , AND ALLE, P. , 1992, Analysis of monoatomic ions in individual fluid inclusions: A comparative study using L. P. E. S. and S. I. M. S. (Abstract): PACROFI IV, Pan-American Conference on Research on Fluid Inclusions, Program and Abstracts, Lake Arrowhead, CA, v. 4, p. 17-18.

BOLES, J. R. , 1978, Active ankerite cementation in the subsurface of Eocene of Southwest Texas: Contributions of Mineralogy and Petrology, v. 68, p. 13-22.

BOTTRELL, S. H. , AND YARDLEY, B. W. D. , 1987, A modified crush-leach method for the analysis of fluid inclusion electrolytes (Abstract): ECROFI, European Current Research on Fluid Inclusions, IX Symposium, O-porto, p. 15-16.

BOTTRELL, S. H. , AND YARDLEY, B. W. D. , 1988, The composition of a primary granite-derived ore fluid from S. W. England, determined by fluid inclusion analysis: Geochimica et Cosmochimica Acta, v. 52, p. 585-588.

BOTTRELL, S. H. , YARDLEY, B. W. D. , AND BUCKLEY, F. , 1988, A modified crush-leach method for the analysis of fluid inclusion electrolytes: Bulletin de MinCralogie, v. 111, p. 279-290.

BRANNON, J. C. , PODOSEK, F. A. , AND McLIMANS, R. K. , 1992, Alleghenian age of the Upper Mississippi Valley zinc-lead deposit determined by Rb-Sr dating of sphalerite: Nature, v. 356, p. 509-511.

BRANTLEY, S. L. , 1992, The effect of fluid chemistry on quartz microcrack lifetimes: The Earth and Planetary Science Express, p. 145-156.

BRANTLEY, S. L. , EVANS, B. , HICKMAN, S. H. , AND CERAR, D. A. , 1990, Healing of microcracks in quartz: Implications for fluid flow: Geology, v. 18, p. 136-139.

BRAY, C. J. , SPOONER, E. T. C. , AND THOMAS, A. V. , 1991, Fluid inclusion volatile analysis by heated crushing, on-line gas chromatography; applications to Archean fluids: Journal of Geochemical Exploration, v. 42, p. 167-193.

BURLEY, S. D. , MULLIS, J. , AND MATTER, A. , 1989, Timing diagenesis in the Tartan reservoir (UK North Sea): Constraints from combined cathodoluminescence microscopy and fluid inclusion studies: Marine and Petroleum Geology, v. 6, p. 98-120.

BURRUSS, R. C. , 1981, Hydrocarbon fluid inclusions in studies of sedimentary diagenesis, in Hollister, L. S. , and Crawford, M. L. , eds. , Short Course in Fluid Inclusions: Application to Petrology: Mineralogical Association of Canada Short Course Handbook, v. 6, p. 138-156.

BURRUSS, R. C., 1987a, Paleotemperatures from fluid inclusions: Advances in theory and technique, in Naeser, N. D., and McCulloh, T. H., Thermal History of Sedimentary Basins, Methods and Case Histories, American Association of Petroleum Geologists Special Publication 41, p. 121-131.

BURRUSS, R. C., 1987b, Crushing-cell, capillary column gas chromatography of petroleum fluid inclusions: Method and application to petroleum source rocks, reservoirs, and low temperature hydrothermal ores (Abstract): American Current Research on Fluid Inclusions, Socorro, NM, Program and Abstracts (unpaginated).

BURRUSS, R. C., 1991, Practical aspects of fluorescence microscopy of petroleum fluid inclusions, in Barker, C. E., and Kopp, O. C., eds., Luminescence Microscopy and Spectroscopy: Society of Economic Paleontologists and Mineralogists Short Course, v. 25, p. 1-7.

BURRUSS, R. C., 1992, Phase behavior in petroleum-water (brine) systems applied to fluid inclusion studies (Abstract): PACROFI IV, Pan-American Conference on Research on Fluid Inclusions, Program and Abstracts, Lake Arrowhead, CA, v. 4, p. 116-118.

BURRUSS, R. C., CERCONE, K. R., AND HARRIS, P. M., 1985, Timing of hydrocarbon migration: evidence from fluid inclusions in calcite cements, tectonics, and burial history, in Schneidermann, N., and Harris, P. M., eds., Carbonate Cements: Society of Economic Paleontologists and Mineralogists Special Publication 26, p. 277-289.

BURRUSS, R. C., AND GOLDSTEIN, R. H., 1980, Time and temperature of hydrocarbon migration: fluid inclusion evidence from the Fayetteville Formation, N. W. Arkansas (Abstract): Geological Society of America Abstracts with Program, v. 12, p. 396.

BURRUSS, R. C., AND HOLLISTER, L. S., 1979, Evidence from fluid inclusions for a paleogeothermal gradient at the geothermal test wells sites, Los Alamos, New Mexico: Journal of Volcanology and Geothermal Research, v. 5, p. 163-177.

BURRUSS, R. C., AND REYNOLDS, T. J., 1993, Nucleation, Growth, and Dissociation of Methane Gas Hydrate: Microscope Observations in Natural Fluid Inclusions in Fluorite: United States Geological Survey Open-file Report 93-388 (video tape).

BURRUSS, R. C., TOTH, D. J., AND GOLDSTEIN, R. H., 1980, Fluorescence microscopy of hydrocarbon fluid inclusions: Relative timing of hydrocarbon migration events in the Arkoma basin, N. W. Arkansas (Abstract): EOS, v. 61, p. 400.

CANALS, A., GUILHAUMOU, N., RAMSEY, M. H., COLES, B. W., AND ROSENBERG, E., 1992, Laser ablation ICP-AES and X-ray micro-probe for analysis of individual fluid inclusion: The case of halite from Mulhouse basin, (Abstract): PACROFI IV, Pan-American Conference on Research on Fluid Inclusions, Program and Abstracts, Lake Arrowhead, CA, v. 4, p. 19.

CAROTHERS, W. W., AND KHARAKA, Y. K., 1978, Aliphatic acid anions in oil field waters-Implications for origin of natural gas: American Association of Petroleum Geologists Bulletin, v. 62, p. 2441-2453.

CAROTHERS, W. W., AND KHARAKA, Y. K., 1980, Stable carbon isotopes in oil-field waters and the origin of CO_2: Geochimica et Cosmochimica Acta, v. 44, p. 323-332.

CARPENTER, A. B., 1978, Origin and chemical evolution of brines in sedimentary basins: Oklahoma Geological Survey Circular, v. 79, p. 60-77.

CASAS, E., LOWENSTEIN, T. K., SPENCER, R. J., AND PENGXI, Z., 1992, Carnallite mineralization in the nonmarine, Qaidam basin, China: Evidence for the early diagenetic origin of potash evaporites: Journal of Sedimentary Petrology, v. 62, p. 881-898.

CHANGKAKOTI, A., GRAY, J., KRSTIC, D., CUMMING, G. L., AND MORTON, R. D., 1988, Determination of radiogenic isotopes (Rb/Sr, Sd/Nd and Pb/Pb) in fluid inclusion waters: An example from the Bluebell Pb-Zn deposit, British Columbia, Canada: Geochimica et Cosmochimica Acta, v. 52, p. 961-967.

CHANNER, D. M. D., AND SPOONER, E. T. C., 1992, Analysis of fluid inclusion leachates from quartz by ion chromatography: Geochimica et Cosmochimica Acta, v. 56, p. 249-259.

CHENERY, S. R. N., AND RANKIN, A. H., 1989, The use of laser ablation microprobe (LAMP) attached to an inductively coupled plasma spectrometer for the elemental analysis of individual fluid inclusions (Abstract): ECROFI, European Current Research on Fluid Inclusions, X Symposium, London, p. 21.

CHOU, I-M., PASTERIS, J. D., AND SEITZ, J. C., 1990, High-density volatiles in the system C-O-H-N for the calibration of a laser Raman microprobe: Geochimica et Cosmochimica Acta, v. 54, p. 535-543.

CLINE, J. S., VANKO, D. A., GHAZI, A. M., SUTTON, S. R., AND ROEDDER, E., 1993, Synchrotron X-ray fluorescence analysis of dense brine and lower salinity inclusions from the Questa porphyry molybdenum deposit, Questa, New Mexico, U. S. A.: ECROFI XII, Twelfth Biennial Symposium, European Current Research on Fluid Inclusions, Warsaw-Cracow, p. 39-41.

COLLINS, A. G., 1975, Geochemistry of Oilfield Brines: Amsterdam, Elsevier Scientific Publishing Company, 496. p.

COLLINS, P. L. F., 1979, Gas hydrates in CO_2-bearing fluid inclusions and the use of freezing data for estimation of salinity: Economic Geology, v. 74, p. 1435-1444.

COMINGS, B. D., AND CERCONE, K. R., 1986, Experimental contamination of fluid inclusions in calcite: Society of Economic Paleontologists and Mineralogists Abstracts with Programs, v. 3, p. 24.

CRAWFORD, M. L., 1981, Phase equilibria in aqueous fluid inclusions, in Hollister, L. S., and Crawford, M. L., eds., Fluid Inclusions: Applications to Petrology: Mineralogical Association of Canada Short Course Handbook 6, p. 75-100.

CUNNINGHAM, K. M., GOLDBERG, M. C., AND WEINER, E. R., 1977, Investigation of detection limits for solutes in water measured by laser Raman spectrometry: Analytical Chemistry, v. 49, p. 70-75.

CYS, J., AND MAZZULLO, S., 1977, Biohermal submarine cements, Laborcita Formation (Permian), northern Sacramento Mountains, New Mexico, in Butler, J., ed., Geology of the Sacramento Mountains, Otero County, New Mexico: West Texas Geological Society Publication 1977-68, p. 39-51.

DAHAN, N., AND COUTY, R., 1987, Infrared microspectroscopy of hydrocarbon fluid inclusions in fluorite. Effect of heating under confining pressure (400°C -400 bars): Compte Rendue AcadCmie des Sciences, Paris, v. 305, p. 687-589.

DAVIS, D. W., LOWENSTEIN, T. K., AND SPENCER, R. J., 1990, Melting behavior of fluid inclusions in laboratory-grown halite crystals in the systems $NaCl-H_2O$, $NaCl-KCl-H_2O$, $NaCl-MgCl_2-H_2O$, and $NaCl-CaCl_2-H_2O$: Geochimica et Cosmochimica Acta, v. 54, p. 591-601.

DELOULE, E., AND ELOY, J. F., 1982, Improvements of laser probe mass spectrometry for the chemical analysis of fluid inclusions in ores: Chemical Geology, v. 37, p. 191-202.

DIAMOND, L. W., MARSHALL, D. D., JACKMAN, J. A., AND SKIPPEN, G. B., 1990, Elemental analysis of individual fluid inclusions in minerals by secondary ion mass spectrometry (SIMS): Application to cation ratios of fluid inclusions in an Archaean mesothermal goldquartz vein: Geochimica et Cosmochimica Acta, v. 54, p. 545-552.

DICKEY, P. A., 1969, Increasing concentration of subsurface brines with depth: Chemical Geology, v. 4, p. 361-370.

DICKSON, J. A. D., 1965, A modified staining technique for carbonates in thin section: Nature, v. 205, p. 587.

DIX, D. R., AND JACKSON, M. P. A., 1982, Lithology, Microstructures, Fluid Inclusions and Geochemistry of Rock Salt and of the Cap-rock Contact in Oakwood Dome, East Texas: Significance for Nuclear Waste Storage: Texas Bureau of Economic Geology Reports of Investigations, v. 120, 63 p.

DOLOMIEU, DEODAT DE, 1792, Sur de l'huile de pétrole dans le cristal de roche et les fluides élastiques tirés duquartz: Observations sur la Physique, v. 40, p. 318-319.

DUAN, Z., MOLLER, N., GREENBERG, J., AND WEARE, J. H., 1992, The prediction of methane solubility in natural waters to high ionic strength from 0 to 250°C and from 0 to 1600 bar: Geochimica et Cosmochimica Acta, v. 56, p. 1451-1460.

DUBESSY, J., AUDEOUD, D., WIKINS, R., AND KOSZTOLANYI, C., 1982, The use of the Raman microprobe MOLE in the determination of the electrolytes dissolved in the aqueous phase of fluid inclusions: Chemical Geology, v. 37, p. 137-150.

DUBESSY, J., BOIRON, M., MOISSETTE, A., MONNIN, C., AND SRETENSKAYA, N., 1992, Determinations of water, hydrates and pH in fluid inclusions by microRaman spectrometry: European Journal of Mineralogy, v. 4, p. 885-894.

DUBESSY, J., GEISLER, D., KOSZTOLANYI, C., AND VERNET, M., 1983, The determination of sulphate in fluid inclusions using the M.O.L.E. Raman microprobe. Application to a Keuper halite and geochemical consequences: Geochimica et Cosmochimica Acta, v. 47, p. 1-10.

FABRE D., AND COUTY R., 1986, Etude, par spectroscopie Raman, du methane comprime jusqu'a 3 kbar. Application a la mesure de pression dans les inclusions fluides contenues dans les minéraux: Compte Rendue Académie des Sciences, Paris, v. 303 p. 1305-1308.

FISHER, J. R., 1976, The volumetric properties of H_2O-a graphical portrayal: Journal of Research, United States Geological Survey, v. 4, p. 189-193.

FOLK, R. L., 1965, Some aspects of recrystallization in ancient limestones, in Pray, L. C. and Murray, R. C., eds., Dolomitization and Limestone Diagenesis: A Symposium: Society of Economic Paleontologists and Mineralogists Special Publication, v. 13, p. 14-48.

FUJINO, K., LEWIS, E. L., AND PERKIN, R. G., 1974, The freezing point of seawater at pressures up to 100 bars: Journal of Geophysical Research, v. 79, p. 1792-1797.

GAFFEY, S. J., 1988, Water in skeletal carbonates: Journal of Sedimentary Petrology, v. 58, p. 397-414.

GAFFEY, S. J., 1990, Skeletal versus nonbiogenic carbonates-UV-Visible-Near IR (0.3-2.7 mm) reflectance properties, in Coyne, L. M., McKeever, S. W., and Blake, D. F., eds., Spectroscopic Characterization of Minerals and Their Surfaces: Washington, D. C., American Chemical Society Symposium Series No. 415, p. 94-116.

GERLACH, H. AND HELLER, S., 1966, Concerning artifically produced fluid inclusions in rock salt crystals: Deutsche Gesellschaft fur Geologische Wissenschaften, Reihe B, Mineralogische Lagerstattenforschung, v. 11, p. 195-214 (in German).

GINSBURG, R. N., AND JAMES, N. P., 1976, Submarine botryoidal aragonite in Holocene reef limestones, Belize: Geology, v. 4, p. 431-436.

GOLDSTEIN, R. H., 1986a, Reequilibration of fluid inclusions in low-temperature calcium-carbonate cement: Geology, v. 14, p. 792-795.

GOLDSTEIN, R. H., 1986b, Integrative Carbonate Diagenesis Studies: Fluid Inclusions in Calcium Carbonate Cement: Paleosols and Cement Stratigraphy of Late Pennslylvanian Cyclic Strata, New Mexico: Unpublished Ph.D. Dissertation, University of Wisconsin, Madison, 343 p.

GOLDSTEIN, R. H., 1988, Cement stratigraphy of Pennsylvanian Holder Formation, Sacramento Mountains, New Mexico: American Association of Petroleum Geologists Bulletin, v. 72, p. 425-438.

GOLDSTEIN, R. H., 1990, Petrographic and geochemical evidence for origin of paleospeleothems, New Mexico: Implications for the application of fluid inclusions to studies of diagenesis: Journal of Sedimentary Petrology, v. 60, p. 282-292.

GOLDSTEIN, R. H., 1993, Fluid inclusions as microfabrics: a petrographic method to determine diagenetic history, in Rezak, R. and Lavoi, D., eds., Carbonate Microfabrics, Frontiers in Sedimentary Geology: New York, Springer-Verlag, p. 279-290.

GOLDSTEIN, R. H., FRANSEEN, E. K., AND MILLS, M. S., 1990, Diagenesis associated with subaerial exposure of Miocene strata, southeastern Spain: Implications for sea-level change and preservation of low-temperature fluid inclusions in calcite cement: Geochimica et Cosmochimica Acta, v. 54, p. 699-704.

GOLDSTEIN, R. H., STEPHENS, B. P., AND LEHRMANN, D. J., 1991, Fluid inclusions elucidate conditions of dolomitization in Eocene of Enewetak Atoll and Mid- Cretaceous Valles Platform of Mexico: Dolomieu Conference on Carbonate Platforms and Dolomitization Abstracts, Ortisei, Italy, p. 92-93.

GRANEY, J. R., KESLER, S. E., AND JONES, H. D., 1991, Application of gas analysis of jasperoid inclusion fluids to exploration for micron gold deposits: Journal of Geochemical Exploration, v. 42, p. 91-106.

GRATIER, J. P., AND JENATON, L., 1984, Deformation by solution-deposition, and re-equilibration of crystals depending on temperature, internal pressure and stress: Journal of Structural Geology, v. 6, p. 189-200.

GREGG, J. M., AND SHELTON, K. L., 1990, Dolomitization and dolomite neomorphism in the back reef facies of the Bonneterre and Davis Formations (Cambrian), southeast Missouri : Journal of Sedimentary Petrology, v. 60, p. 549-562.

GUILHAUMOU, N., SZYDLOWSKI, N., AND PRADIER, B., 1989, Characterization of hydrocarbon fluid inclusions by infra red and fluorescence microspectrometry (Abstract): ECROFI, European Current Research on Fluid Inclusions, X Symposium, London, v. 40 (unpaginated).

GUILHAUMOU, N., SZYDLOWSKI, N., AND PRADIER, B., 1990, Characterization of hydrocarbon fluid inclusions by infra-red and fluorescence microspectrometry: Mineralogical Magazine, v. 54, p. 311-324.

GUSCOTT, S. C., AND BURLEY, S. D., 1993, A systematic approach to reconstructing palaeofluid evolution from fluid inclusions in authigenic quartz overgrowths, in Parnell, J., and others, eds., Conference Proceedings, Geofluids, v. 93, p. 323-328.

HAAS, J. L., JR., 1978, An Empirical Equation with Tables of Smoothed Solubilities of Methane in Water and Aqueous Sodium Chloride Solutions up to 25 Weight Percent, 360°C, and 138 MPa.: United States Geological Survey Open-File Report 78-1004, 41 p.

HAGEMANN, H. W., AND HOLLERBACH, A., 1985, The fluorescence behavior of crude oils with respect to their thermal maturation and degradation: Organic Geochemistry, v. 10. p. 473-480.

HALL, D. L., BODNAR, R. J., AND CRAIG, J. R., 1991, Evidence for postentrapment diffusion of hydrogen into peak metamorphic fluid inclusions from the massive sulfide deposits at Ducktown, Tennessee: American Mineralogist, v. 76, p. 1344-1355.

HALL, D. L., AND STERNER, S. M., 1992, The effect of a vapor phase on fluid inclusion salinity determinations: Experimental evidence from the system $NaCl-H_2O$ (Abstract): PACROFI IV, Pan-American Conference on Research on Fluid Inclusions, Program and Abstracts, Lake Arrowhead, CA, v. 4, p. 38.

HALL, D. L., STERNER, S. M., AND BODNAR, R. J., 1988, Freezing point depression of $NaCl-KCl-H_2O$ solutions: Economic Geology, v. 83, p. 197-202.

HALL, D. L., STERNER, S. M., AND BODNAR, R. J., 1989, Experimental evidence for hydrogen diffusion into fluid inclusions in quartz (Abstract): Geological Society of America Abstracts with Programs, v. 21, p. A-358.

HALL, D. L., STERNER, S. M., AND WHEELER, J. R., 1993, One-atmosphere decrepitation behavior of synthetic fluid inclusions in natural calcite: Implications for preservation of calcite-hosted inclusions during burial: ECROFI XII, Twelfth Biennial Symposium, European Current Research on Fluid Inclusions, Warsaw-Cracow, p. 91-92.

HALL, D. L., AND WHEELER, J. R., 1992, Fluid composition and the decrepitation behavior of synthetic fluid inclusions in quartz (Abstract): PACROFI IV, Pan- American Conference on Research on Fluid Inclusions, Program and Abstracts, Lake Arrowhead, CA, v. 4, p. 39.

HANOR, J. S., 1980, Dissolved methane in sedimentary brines: potential effect on the PVT properties of fluid inclusions: Economic Geology, v. 75, p. 603-609.

HANOR, J. S., 1984, Variation in the chemical composition of oil-field brines with depth of northern Louisiana and southern Arkansas: Implications for mechanisms and rates of mass transport and diagenetic reaction: Transactions Gulf Coast Association of Geological Societies, v. 34, p. 55-61.

HASZELDINE, R. S., SAMSON, I. M., AND CORNFORD, C., 1984, Dating diagenesis in a petroleum basin, a new fluid inclusion method: Nature, v. 307, p. 354-357.

HAYNES, F. M., 1988, Fluid-inclusion evidence of basinal brines in Archean basement, Thunder Bay Pb-Zn-Ba district, Ontario, Canada: Canadian Journal of Earth Sciences, v. 25, p. 1884-1894.

HAYNES, F. M., AND KESLER, S. E., 1987, Chemical evolution of brines during Mississippi Valley-type mineralization: Evidence from East Tennessee and Pine Point: Economic Geology, v. 82, p. 53-71.

HAYNES, F. M., STERNER, S. M. AND BODNAR, R. J., 1987, Chemical analysis of fluid inclusions by SEM/EDA: Methodology and results from synthetic inclusions in natural quartz (Abstract): American Current Research on Fluid Inclusions, Socorro, NM, Program and Abstracts (unpaginated).

HAYNES, F. M., STERNER, S. M., AND BODNAR, R. J., 1988, Synthetic fluid inclusions in natural quartz. IV. Chemical analyses of fluid inclusions by SEM/EDA: Evaluation of method: Geochimica et Cosmochimica Acta, v. 52, p. 969-977.

HECKEL, P. H., 1980, Paleogeography of eustatic model for deposition of midcontinent Upper Pennsylvanian cyclothems, in Fouch, T. D., and Magathan, E. R., eds., Paleozoic Paleogeography of the West-central United States: Rocky Mountain Section, Society of Economic Paleontologists and Mineralogists, Rocky Mountain Paleogeography Symposium, v. 1, p. 197-216.

HENNIKER, J. C., 1949, The depth of the surface zone of a liquid: Reviews in Modern Physics, v. 21, p. 322-341.

HIGGINS, K. L., AND STEIN, C. L., 1986, Micro-Raman spectroscopy of fluid inclusions in a hopper crystal in halite, in Romig, A. D., Jr., and Chambers, W. F., eds., Microbeam Analysis: San Francisco, San Francisco Press, Inc., p. 31-34.

HORITA, J., FRIEDMAN, T. J., LAZAR, B., AND HOLLAND, H. D., 1991, The composition of Permian seawater: Geochimica et Cosmochimica Acta, v. 55, p. 417-432.

HORN, E. E, AND TRAXEL, K., 1987, Investigations of individual fluid inclusions with the Heidelberg proton microprobe-A nondestructive analytical method: Chemical Geology, v. 61, p. 29-35.

HORN, E. E., AND TYE, C. T., 1989, Analysis of fluid inclusions in minerals by VG laser ablation ICP-MS (Abstract): PACROFI, Second Pan-American Conference on Research on Fluid Inclusions, Program and Abstracts, Blacksburg, VA, v. 2., p. 32.

HORSFIELD, B., AND McLIMANS, R. K., 1984, Geothermometry and geochemistry and aqueous and oilbearing fluid inclusions from Fateh field, Dubai: Organic Geochemistry, v. 6, p. 733-740.

HUNT, J. M., 1979, Petroleum Geochemistry and Geology: San Francisco, Freeman, 617 p.

ITARD, Y., CHAMPENOIS, M., CHEILLETZ, A., AND RAMBOZ, C. C., 1989, Volume estimation of fluid inclusions using an interactive image analyzer (Abstract): ECROFI, European Current Research on Fluid Inclusions, X Symposium, London, p. 54.

JAMES, N. P., AND BONE, Y., 1992, Synsedimentary cemented calcarenite layers in Oligo-Miocene cool-water shelf limestones, Eucla platform, Southern Australia: Journal of Sedimentary Petrology, v. 62, p. 860-872.

JANSSEN-VAN ROSMALEN, R., AND BENNEMA, P., 1977, The role of hydrodynamics and supersaturation in the formation of liquid inclusions in KDP: Journal of Crystal Growth, v. 42, p. 224-227.

JOHNSON, W. J., AND GOLDSTEIN, R. H., 1993, Cambrian sea water preserved as inclusions in marine lowmagnesium calcite cement: Nature, v. 362, p. 335-337.

JONES, P. H., 1976, Natural Gas Resources of the Geopressured Zones in the Northern Gulf of Mexico Basin, in Natural Gas from Unconventional Geologic Sources: National Research Council, National Academy of Sciences, p. 17-33.

KALYUZHNYI, V. A., 1971, The refilling of liquid inclusions in minerals and its genetic significance: L′vov. Gos. Univ. Mineral. Sbornik, v. 25, p. 124-131.

KANNO, H., AND ANGELL, C. A., 1977, Homogeneous nucleation and glass formation in aqueous alkali halide solutions at high pressures: The Journal of Physical Chemistry, v. 81, p. 2639-2643.

KEKULAWALA, K. R. S. S., PATERSON, M. S., AND BOLAND, J. N., 1981, An experimental study of the role of water in quartz deformation, in Mechanical Behavior of Crustal Rocks, Geophysics Monograph 24, American Geophysical Union, p. 49-60.

KELLY, W. C., AND BURGIO, P. A., 1983, Cryogenic scanning electron microscopy of fluid inclusions in ore and gangue minerals: Economic Geology, v. 78, p. 1262-1267.

KENDALL, A. C., AND BROUGHTON, P. L., 1978, Origin of fabrics in speleothems composed of columnar calcite crystals: Journal of Sedimentary Petrology, v. 48, p. 519-538.

KESLER, S. E., HAYNES, P. S., CREECH, M. Z., AND GORMAN, J. A., 1986, Application of fluid inclusion and rock-gas analysis in mineral exploration: Journal of Geochemical Exploration, v. 25, p. 201-215.

KHARAKA, Y. K., CAROTHERS, W. W., AND ROSENBAUER, R. J., 1983, Thermal decarboxylation of acetic acid: Implications for origin of natural gas: Geochimica et Cosmochimica Acta, v. 47, p. 397-402.

KHARAKA, Y. K., LAW, L. M., CAROTHERS, W. W., AND GOERLITZ, D. F., 1986, Role of organic species dissolved in formation waters from sedimentary basins in mineral diagenesis, in Guatier, D. L., Roles of Organic Matter in Sediment Diagenesis: Society of Economic Paleontologists and Mineralogists Special Publication 38, p. 111-122.

KIHLE, J., 1993, Non-destructive fingerprinting of single hydrocarbon fluid inclusions: micro-luminescence spectroscopy; state of the art and prospects for tomorrow: Organic Geochemistry Poster Sessions from the Sixteenth International Meeting on Organic Geochemistry, p. 784-790.

KIHLE, J., AND JOHANSEN, H., 1994, Low-temperature isothermal trapping of hydrocarbon fluid inclusions in synthetic crystals of KH_2PO_4: Geochimica et Cosmochimica Acta, v. 58, p. 1193-1202.

KLOSTERMAN, M. J., 1981, Applications of fluid inclusion techniques to burial diagenesis in carbonate rock sequences: in Applied Carbonate Research Program Technical Series Contributions, v. 7, Baton Rouge, Louisiana State University, 102 p.

KNAUTH, L. P., AND BEEUNAS, M. A., 1986, Isotope geochemistry of fluid inclusions in Permian halite with implications for the isotopic history of ocean water and the origin of saline formation waters: Geochimica et Cosmochimica Acta, v. 50, p. 419-433.

KOHN, S. C., DUPREE, R., AND FARNAN, I., 1988, Volatiles in silicate glasses: A magic angle spinning NMR study (Abstract): Terra Cognita, v. 8, p. 66-69.

KOZLOWSKI, A., 1978, Pneumatolytic and hydrothermal activity in the Karkonosze-Izera block: Acta Geologica Polonica, v. 28, p. 171-222.

KRAMER, J. R., 1969, Subsurface brines and mineral equilibria: Chemical Geology, v. 4, p. 37-50.

KREULEN, R., AND SCHUILING, R. D., 1982, N_2-CH_4-CO_2 fluids during formation of the Dome d I′Agout, France: Geochimica et Cosmochimica Acta, v. 46, p. 193-203.

LACAZETTE, A., 1990, Application of linear elastic fracture mechanics to the quantitative evaluation of fluid-inclusion decrepitation: Geology, v. 18, p. 782-785.

LACAZETTE, A., 1991, Natural hydraulic fracturing in the Bald Eagle Sandstone in central Pennsylvania and the Ithaca Siltstone at Watkins Glen, New York: Ph. D. Dissertation, The Pennsylvania State University, Stat College, 225 p.

LAMBERT, M. W., 1990, Fluid-inclusion evidence for deep burial origin of late diagenetic spar in Martinez Mound bioherm, Lower Wolfcampian Laborcita Formation, New Mexico: The Compass, v. 67, p. 130-134.

LAND, L. S., 1973, Contemporaneous dolomitization of Middle Pleistocene reefs by meteoric water, North Jamaica: Bulletin of Marine Science, v. 23, p. 64-92.

LANDIS, G. P., HOFSTRA, A. H., LEACH, D. L., AND RYE, R. O., 1987, Quantitative analysis of fluid-inclusion gases-Applications to studies of ore deposits (Abstract): United States Geological Survey Circular 995, p. 38-39.

LAWLER, J. P., AND CRAWFORD, M. L., 1983, Stretching of fluid inclusions resulting from a low-temperature microthermometric technique: Economic Geology, v. 78, p. 527-529.

LAZAR, B., AND HOLLAND, H. D., 1988, Analysis of fluid inclusions in halite: Geochimica et Cosmochimica Acta, v. 52, p. 485-490.

LE BEL, L., 1976, Preliminary note on the mineralogy of solid phases in quartz phenocryst inclusions in the porphyry copper from Cerro Verde/Santa Rosa, S. Peru: Bull. SOC. Vaudoise Sci. Nat., v. 73, p. 201-208 (in French).

LEMMLEIN, G. G., 1951, The fissure-healing process in crystals and change in cavity shape in secondary liquid inclusions: Akademiya Nauk SSSR Doklady, v. 78, p. 685-688 (in Russian).

LEMMLEIN, G. G., AND KLIYA, M. O., 1952, Distinctive features of the healing of a crack in a crystal under conditions of declining temperature. Akademiya Nauk SSSR Doklady, v. 87, p. 957-960 (in Russian; translated in International Geologic Review, v. 2, p. 125-128, 1960).

LEROY, J., 1979, Contribution a l'etalonnage de la pression interne des inclusions fluides lors de leur decrepitation: Bulletin de Mineralogic, v. 120, p. 584-593.

LOHMANN, K. C., 1978, Closed system diagenesis of high magnesium calcite and cements: Geological Society of America, Abstracts with Programs, v. 10, p. 446.

LOWENSTEIN, T. K., AND SPENCER, R. J., 1990, Syndepositional origin of potash evaporites: Petrographic and fluid inclusion evidence: American Journal of Science, v. 290, p. 1-42.

LYMAN, J. AND FLEMING, R. H., 1940, The composition of seawater: Journal of Marine Research, v. 3, p. 134-146.

MAJOR, R., 1985, Isotopic evidence for burial diagenesis of a Permian (Wolfcampian) phylloid algal bioherm (Abstract): Society of Economic Paleonotologists and Mineralogists Annual Midyear Meeting Abstracts, v. 2, p. 58.

MAVROGENES, J. A., AND BODNAR, R. J., 1994, Hydrogen movement into and out of fluid inclusions in quartz: Experimental evidence and geologic implications: Geochimica et Cosmochimica Acta, v. 58, p. 141-148.

McGEE, K. A., SUSAK, N. J., SUTTON, A. J., AND HAAS, J. L., JR., 1981, The Solubility of Methane in Sodium Chloride Brines: United States Geological Survey Open-File Report 81, 41 p.

McLAREN, A. C., COOK, R. F., HYDE, S. T., AND TOBIN, R. C., 1983, The mechanism of the formation and growth of water bubbles and associated dislocation loops in synthetic quartz: Physics and Chemistry of Minerals, v. 9, p. 79-94.

McLIMANS, R. K., 1987, The application of fluid inclusions to migration of oil and diagenesis in petroleum reservoirs: Applied Geochemistry, v. 2, p. 585-603.

McLIMANS, R. K., BRANNON, J. C., AND PODOSEK, F. A., 1992, Upper Mississippi Valley Zn-Pb district:

Geochemistry of ore fluids and age of mineralization as determined from studies of fluid inclusions (Abstract): PACROFI IV, Pan-American Conference on Research on Fluid Inclusions, Program and Abstracts, Lake Arrowhead, CA, v. 4, p. 59.

McNEIL, B., AND MORRIS, E., 1992, The preparation of double-polished fluid inclusion wafers from friable, water-sensitive material: Mineralogical Magazine, v. 56, p. 120-122.

MERNAGH, T. P., AND WILDE, A. R., 1989, The use of the laser Raman microprobe for the determination of salinity in fluid inclusions: Geochimica et Cosmochimica Acta, v. 53, p. 765-771.

METZGER, F. W., KELLY, W. C., NESBITT, B. E., AND ESSENE, E. J., 1977, Scanning electron microscopy of daughter minerals in fluid inclusions: Economic Geology, v. 72, p. 141-152.

MEUNIER, J. D., 1989, Assessment of low-temperature fluid inclusions in calcite using microthermometry: Economic Geology, v. 84, p. 167-170.

MEYERS, W. J., AND LOHMANN, K. C., 1985, Isotope geochemistry of regionally extensive calcite cement zones and marine components in Mississippian limestones, New Mexico, in Schneidermann, N., and Harris, P. M., eds., Carbonate Cements: Society of Economic Paleontologists and Mineralogists Special Publication 36, p. 223-239.

LLIKEN, K. L., LAND, L. S., AND LOUCKS, R. G., 1981, History of burial diageneis determined from isotopic geochemistry, Frio Formation, Brazoria County, Texas: American Association of Petroleum Geologists Bulletin, v. 65, p. 1397-1413.

MOORE, C. H., AND DRUCKMAN, Y., 1981, Burial diagenesis and porosity evolution, Upper Jurassic Smackover, Arkansas and Louisiana: American Association of Petroleum Geologists Bulletin, v. 65, p. 597-628.

MOORE, J. N., AND ADAMS, M. C., 1988, Evolution of the thermal cap in two wells from the Salton Sea geothermal system, California: Geothermics, v. 17, p. 695-710.

MORGAN, G. B., CHOU, I-M., PASTERIS, J. D., AND OLSEN, S. N., 1993, Re-equilibration of CO_2 fluid inclusions at controlled hydrogen fugacities: Journal of Metamorphic Geology, v. 11, p. 155-164.

MULLIS, J., 1979, The system methane-water as a geologic thermometer and barometer from the external part of the central Alps: Bulletin de Minkralogie, v. 102, p. 526-536.

NARR, W. M., AND BURRUSS, R. C., 1984, Origin of reservoir fractures in Little Knife Field, North Dakota: American Association of Petroleum Geologists Bulletin, v. 68, p. 1087-1100.

NEDKITNE, T., KARLSON, D. A., BJORLYKKE, K., AND LARTER, S., 1993, Relationship between reservoir diagenetic evolution and petroleum emplacement in the Ula Field, North Sea: Marine and Petroleum Geology, v. 10, p. 225-270.

NELSON, K. H., AND THOMPSON, T. G., 1954, Deposition of salts from sea water by frigid concentration: Journal of Marine Research, v. 13, p. 166-182.

NELSON, R. C., 1973, Fluid inclusions as a clue to diagenesis of carbonate rocks (Abstract): Geological Society of America Abstracts with Programs, v. 5, p. 748.

NICHOLS, F. A., AND MULLINS, W. W., 1965, Morphological changes of a surface of revolution due to capillarity-induced surface diffusion: Journal of Applied Physics, v. 36, p. 1826-1835.

NORMAN, D. I., 1987, Analysis of Rb-Sr and Sm-Nd in fluid inclusion waters (Abstract): American Current Research on Fluid Inclusions, Socorro, NM, Program and Abstracts, (unpaginated).

NORMAN, D., KYLE, P., SEGALSTAD, T., AND WALDER, I., 1987, Mobility of trace elements in thermal waters in granite terranes (Abstract): NATO Advanced Research Workshop. Fluid movements, element transport, and the composition of the deep crust, Lindas, Norway (unpaginated).

O'GRADY, M. R., BODNAR, R. J., HELLGETH, J. W., CONROY, C. M., TAYLOR, L. T., AND KNIGHT, C. L., 1989, Fourier-transform infrared (FTIR) microspectrometry of individual petroleum fluid inclusions in geological samples, in Russell, P. E., ed., Microbeam Analysis-1989, San Francisco, San Francisco Press Inc., p. 579-582.

O'HEARN, T. C., 1985, A fluid inclusion study of diagenetic mineral phases, Upper Jurassic Smackover Formation, Southwest Arkansas and Northeast Texas, M. S. Thesis, Louisiana State University, Baton Rouge.

OAKES, C. S., BODNAR, R. J., AND SIMONSON, J. M., 1990, The system $NaCl-CaCl_2-H_2O$. I. The ice liquidus at 1 atm total pressure: Geochimica et Cosmochimica Acta, v. 54, p. 603-610.

OAKES, C. S., SHEETS, R. W., AND BODNAR, R. J., 1992, $(NaCl+CaCl_2)$ {aq}: Phase equilibria and volumetric properties (Abstract), PACROFI IV, Pan-American Conference on Research on Fluid Inclusions, Program and Abstracts, Lake Arrowhead, CA, v. 4, p. 128-132.

OSBORNE, M., AND HASZELDINE, S., 1993, Evidence for resetting of fluid inclusion temperatures from quartz cements in oilfields: Marine and Petroleum Geology, v. 10, p. 271-278.

PAGEL, M., WALGENWITZ, F., AND DUBESSY, J., 1986, Fluid inclusions in oil and gas-bearing sedimentary formations, in Burrus, J., ed., Thermal Modeling in Sedimentary Basins, Collection Colloques et Seminaires, v. 44, p. 565-583.

PASTERIS, J. D., AND WANAMAKER, B. J., 1988, Laser Raman microprobe analysis of experimentally reequilibrated fluid inclusions in olivine: Some implications for mantle fluids: American Mineralogist, v. 73, p. 1074-1088.

PASTERIS, J. D., WOPENKA, B., AND SEITZ, J. C., 1988, Practical aspects of quantitative laser Raman microprobe spectroscopy for the study of fluid inclusions: Geochimica et Cosmochimica Acta, v. 52, p. 979-988.

PECHER, A., 1981, Experimental decrepitation and reequilibration of fluid inclusions in synthetic quartz: Tectonophysics, v. 78, p. 567-583.

PECHER, A., AND BOUILLIER, A., 1984, Evolution a pression et tempkrature elkvCes d'inclusion fluides dans un quartz synthktique: Bulletin de Minkralogie, v. 107, p. 139-153.

PENG, D. Y., AND ROBINSON, D. B., 1976, A new two constant equation of state: Industrial Engineering Chemical Fundamentals, v. 15, p. 59-64.

PETER, J. M., PELTONEN, P., SCOTT, S. D., SIMONEIT, B. R. T., AND KAWKA, O. E., 1991, 14C ages of hydrothermal petroleum and carbonate in Guaymas Basin, Gulf of California: Implications for oil generation, expulsion, and migration: Geology, v. 19, p. 253-256.

PETRICHENKO, O. I., 1973, Methods of Study of Inclusions in Minerals of Saline Deposits. "Naukova Dumka" Pub. House, Kiev, 92 p. (in Ukranian; translated in Fluid Inclusion Research-Proceeding of COFFI, v. 12, 1979).

PHARES, R. A., 1991, Characterization and reservoir performance of the Lansing-Kansas City "I" and "J" zones (Upper Pennsylvanian) in the Pen Oil Field, Graham County, Kansas: Unpublished M. S. Thesis, University of Kansas, Lawrence, 445 p.

PICHAVANT, M., RAMBOZ, C., AND WEISBROD, A., 1982, Fluid immiscibility in natural processes: use and misuse of fluid inclusion data, I. Phase equilibria analysis-a theoretical and geometrical approach: Chemical Geology, v. 37, p. 1-27.

PIRONON, J., AND BARRES, O., 1990, Semi-quantitative FT-IR microanalysis limits: Evidence from synthetic hydrocarbon fluid inclusions in sylvite: Geochimica et Cosmochimica Acta, v. 54, p. 509-518.

PIRONON, J., AND BARRES, O., 1992, Influence of brinehydrocarbon interactions on FT-IR microspectroscopic analyses of intracrystalline liquid inclusions: Geochimica et Cosmochimica Acta, v. 56, p. 169-174.

PIRONON, J., DEREPPE, J-M., AND MOREAU, C., 1992, H NMR analysis of fluid content in rocks (Abstract): PACROFI IV, Pan-American Conference on Research on Fluid Inclusions, Program and Abstracts, Lake Arrowhead, CA, v. 4, p. 65.

POTTER, R. W., 1977, Pressure corrections for fluid inclusion homogenization temperatures based on the volumetric properties of the system NaCl–H_2O: United States Geological Survey Journal of Research, v. 5, p. 603–607.

POTTER, R. W. 11, AND BROWN, D. L., 1975, The volumetric properties of aqueous sodium chloride solutions from 0°C to 500°C at pressures up to 2000 bars based on a regression of the available literature data: United States Geological Survey Open–File Report 75–636, 31 p.

POTTER, R. W. 11, AND BROWN, D. L., 1977, The volumetric properties of aqueous sodium chloride solutions from 0" to 500°C at pressures up to 2000 bars based on a regression of available data in the literature: Preliminary steam tables for NaCl solutions: United States Geological Survey Bulletin 1421–C, p. C1–C36.

POTTER, R. W. 11, AND CLYNNE, M. A., 1978, Pressure correction for fluid inclusion homogenization temperatures (Abstract): International Association on the Genesis of Ore Deposits, 5th Symposium, Program and Abstracts, Alta, UT, p. 146.

POTTER, R. W. 11, CLYNNE, M. A., AND BROWN, D. L., 1978, Freezing point depression of aqueous sodium chloride solutions: Economic Geology, v. 73, p. 284–285.

POTY, B., DEREPPE, J. M., LANDAIS, P., AND PIRONON, J., 1987, Use of 1H NMR for discrimination of solutions having different proton concentrations. Applications to fluid inclusions (Abstract): ECROFI, European Current Research on Fluid Inclusions, IX Symposium, Oporto, p. 101–102.

PRAY, L. C., 1961, Geology of the Sacramento Mountains Escarpment, Otero County, New Mexico: New Mexico Bureau of Mines and Mineral Resources Bulletin, v. 35, 144 p.

PREZBINDOWSKI, D. R. AND LARESE, R. E., 1987, Experimental stretching of fluid inclusions in calcite – Implications for diagenetic studies: Geology, v. 15, p. 333–336.

PREZBINDOWSKI, D. R. AND TAPP, J. B., 1991, Dynamics of fluid inclusion alteration in sedimentary rocks: a review and discussion: Organic Geochemistry, v. 17, p. 131–142.

RAMSEYER, K., FISCHER, J., MATTER, A., EBBERHARDT, P., AND GEISS, J., 1989, A cathodoluminescence microscope for low luminescence: Journal of Sedimentary Petrology, v. 59, p. 619–622.

RANKIN, A. H., RAMSEY, M. H., COLES, B., VAN LANGEVELDE, F., AND THOMAS, C. R., 1992, The composition of hypersaline, iron–rich granitic fluids based on laser–ICP and Synchrotron–XRF microprobe analysis of individual fluid inclusions in topaz, Mole Granite, eastern Australia: Geochimica et Cosmochimica Acta, v. 56, p. 67–79.

REEDER, R. J. AND WARD, W. B., 1985, Possible stretching mechanisms in fluid inclusions in calcite: Geological Society of America Abstracts with Programs, v. 17, p. 696–697.

ROEDDER, E., 1962, Ancient fluids in crystals: Scientific American, v. 207, p. 38–47.

ROEDDER, E., 1967, Metastable superheated ice in liquidwater inclusions under high negative pressure: Science, v. 155, p. 1413–1417.

ROEDDER, E., 1970, Application of an improved crushing stage to studies of gases in fluid inclusions: Schweizerische Mineralogische und Petrographische Mitteilungen, v. 50, p. 41–58.

ROEDDER, E., 1971, Metastability in fluid inclusions: Society of Mining Geology of Japan, Special Issue 3, (Proc. IMA-IAGOD Meetings 70, IAGOD Vol.), p. 327–334.

ROEDDER, E., 1972, Composition of Fluid Inclusions: United States Geological Survey Professional Paper 44055, 164 p.

ROEDDER, E., 1979, Fluid inclusion evidence on the environment of sedimentary diagenesis, review, in Scholle, P. A. and Schlunger, P. R., eds., Aspects of Diagenesis: Society of Economic Paleontologists and Mineralogists Special Publication 26, p. 89–107.

ROEDDER, E., 1984, Fluid Inclusions: Mineralogical Society of America, Reviews in Mineralogy, v. 12, 644 p.

ROEDDER, E., 1990, Fluid inclusion analysis – Prologue and epilogue: Geochimica et Cosmochimica Acta, v.

ROEDDER, E., 1992, Optical microscopy identification of the phases in fluid inclusions in minerals: Microscope, v. 40., p. 59-79.

ROEDDER, E., AND BELKIN, H. E., 1979, Application of studies of fluid inclusions in Permian Salado salt, New Mexico, to problems of siting the Waste Isolation Pilot Plant, in McCarthy, G. J., ed., Scientific Basis for Nuclear Waste Management, Volume 1, New York, Plenum Press, p. 313-321.

ROEDDER, E., AND BELKIN, H. E., 1980, Thermal gradient migration of fluid inclusions in single crystals of salt from the Waste Isolation Pilot Plant Site (WIPP), in Northrup, C. J. M., ed., Scientific Basis for Nuclear Waste Management, Volume 2, New York, Plenum Press, p. 453-464.

ROEDDER, E., AND BELKIN, H. E., 1981, Petrographic study of fluid inclusions in salt core samples from Asse mine, Federal Republic of Germany, United States Geological Survey Open-File Report 81-1128, p. 32.

ROEDDER, E., AND HOWARD, K. W., 1988, Taolin Zn-Pb fluorite deposit, Peoples Republic of China: an example of some problems in fluid inclusion research in mineral deposits: Journal of the Geological Society of London, v. 145, p. 163-174.

ROSASCO, C. J., ETZ, E. S., AND CASSATT, W. A., 1975, The analysis of discrete fine particles by Raman spectroscopy: Applied Spectroscopy, v. 19, p. 396-404.

ROSASCO, G. J., AND ROEDDER, E., 1979, Application of a new Raman microprobe spectrometer to nondestructive analysis of sulfate and other ions in individual phases in fluid inclusions in minerals: Geochimica et Coschimica Acta, v. 43, p. 1907-1915.

ROWAN, E. L., BODNAR, R. J., AND BETHKE, P. M., 1985, Stretching of fluid inclusions in fluorite at confining pressures up to 1 kilobar: United States Geological Survey Open-File Report 85-471, 34 p.

SABOURAUD-ROSSET, C., 1969, Expdriences sur les inclusions hypersalinds (NaCl-H$_2$O et KCl-H$_2$O). Diagnose de la halite et de la sylvite intracristalline: Compte Rendue AcadCmie des Sciences, Paris, v. 268, p. 1671-1674.

SABOURAUD-ROSSET, C., 1972, Microcryoscopie des inclusions liquides du gypse et salinitC des milieux gCnCrateurs: Revue de Geographie Physique et de Geologie Dynamique, v. 14, p. 133-144.

SABOURAUD-ROSSET, C., 1974, Détermination par activation neutronique des rapports Cl/Br des inclusions fluides de divers gypses. Correlation avec les données de la microcryoscopie et interpretations génétiques: Sedimentology, v. 21, p. 415-431.

SABOURAUD-ROSSET, C., 1976, Solid and Liquid Inclusions in Gypsum: These d'Etat, UniversitéParis Sud, Centre d'Orsay, 173 p.

SALLER, A. H., 1984a, Petrologic and geochemical constraints on the origin of subsurface dolomite, Enewetak Atoll: An example of dolomitization by normal seawater: Geology, v. 12, p. 217-220.

SALLER, A. H., 1984b, Diagenesis of Cenozoic limestones on Enewetak Atoll: Ph. D. Dissertation, Louisiana State University, Baton Rouge, 362 p.

SALLER, A. H., AND KOEPNICK, R. B., 1990, Eocene to early Miocene growth of Enewetak Atoll: Insight from strontium-isotope data: Geological Society of America Bulletin, v. 102, p. 381-390.

SCHIFFRIES, C. M., 1990, Liquid-absent aqueous fluid inclusions and phase equilibria in the system $CaCl_2$-NaCl-H_2O: Geochimica et Cosmochimica Acta, v. 54, p. 611-619.

SEITZ, J. C., AND PASTERIS, J. D., 1990, Theoretical and practical aspects of differential partitioning of gases by clathrate hydrates in fluid inclusions: Geochimica et Cosmochimica Acta, v. 54, p. 631-639.

SEITZ, J. C., PASTERIS, J. D., AND CHOU, I-M, 1993a, Raman spectroscopic characterization of gas mixtures. I. Quantitative composition and pressure determination of CH_4, N_2 and their mixtures: American Journal of Science, v. 293, p. 297-321.

SEITZ, J. C., PASTERIS, J. D., AND MORGAN, G. B. VI, 1993b, Quantitative analysis of mixed volatile fluids by Raman microprobe spectroscopy: A cautionary note on spectral resolution and peak shape: Applied Spectroscopy, v. 47, p. 816-820.

SEITZ, J. C., PASTERIS, J. D., AND WOPENKA, B., 1987, Characterization of $CO_2-CH_4-H_2O$ fluid inclusions by microthermometry and laser Raman microprobe spectroscopy: Inferences for clathrate and fluid equilibria: Geochimica et Cosmochimica Acta, v. 51, p. 1651-1664.

SELLY, R. C., 1985, Elements of Petroleum Geology: New York, W. H. Freeman and Company, 449 p.

SHELTON, K. L., BAUER, R. M., AND GREGG, J. M., 1992, Fluid inclusion studies of regionally extensive epigenetic dolomites, Bonneterre Dolomite (Cambrian), southeast Missouri: Evidence of multiple fluids during dolomitization and lead-zinc mineralization: Geological Society of America Bulletin, v. 104, p. 675-683.

SHELTON, K. L., AND ORVILLE, P. M., 1980, Formation of synthetic fluid inclusions in natural quartz: American Mineralogist, v. 65, p. 1233-1236.

SHEPHERD, T. J., AND CHENERY, S. R., 1993, Chemical characterisation of single inclusions by laser ablation microprobe-inductively coupled plasma-mass spectrometry (LAMP-ICP-MS): ECROFI XII, Twelfth Biennial Symposium, European Current Research on Fluid Inclusions, Warsaw-Cracow, p. 194.

SHEPHERD, T. J., RANKIN, A. H. AND ALDERTON, D. H. M., 1985, A Practical Guide to Fluid Inclusion Studies: Glasgow, Blackie and Son, p. 239.

SKINNER, B. J., 1966, Thermal expansion, in Clark, S. P., Jr., ed., Handbook of Physical Constants, Revised Edition, Geological Society of America Memoirs, v. 97, p. 75-96.

SMITH, D. L., AND EVANS, B., 1984, Diffusional crack healing in quartz: Journal of Geophysical Research, v. 89, p. 4125-4135.

SORBY, H. C., 1858, On the microscopic structure of crystals, indicating the origin of minerals and rocks: Geological Society of London Quarterly Journal, v. 14, p. 453-500.

SPENCER, R. J., MOLLER, N., AND WEARE, J. H., 1990, The prediction of mineral solubilities in natural waters: A chemical equilibrium model for the $Na-K-Ca-Mg-Cl-SO_4-H_2O$ system at temperatures below 25°C: Geochimica et Cosmochimica Acta, v. 54, p. 575-590.

STEIN, C. L., AND KRUMHANSL, J. L., 1988, A model for the evolution of brines in salt from the lower Salado Formation, southeastern New Mexico: Geochimica et Cosmochimica Acta, v. 52, p. 1037-1046.

STEPHENS, B. P., 1988, Origin of dolomite in the Tamabra Formation (Mid-Cretaceous) east-central Mexico: Unpublished M. S. Thesis, University of Kansas, Lawrence, 157 p.

STERNER, S. M., AND BODNAR, R. J., 1984, Synthetic fluid inclusions in natural quartz I. Compositional types synthesized and applications to experimental geochemistry: Geochimica et Cosmochimica Acta, v. 48, p. 2659-2668.

STERNER, S. M., HALL, D. L., AND BODNAR, R. J., 1988, Synthetic fluid inclusions. V. Solubility relations in the system $NaCl-KCl-H_2O$ under vapor-saturated conditions: Geochimica et Cosmochimica Acta, v. 52, p. 989-1005.

STOESSEL, R. K., AND BYRNE, P. A., 1982, Salting out of methane in single-salt solutions at 25°C and below 800 psi: Geochimica et Cosmochimica Acta, v. 46, p. 1327-1332.

SWANENBERG, H. E. C., 1980, Fluid inclusions in highgrade metamorphic rocks from s. W. Norway: Geologica Ultraiectina, University Utrecht, v. 20, p. 147.

THOMPSON, M., RANKIN, A. H., WALTON, S. J., HALLS, C., AND FOO, B. N., 1980, The analysis of fluid inclusion decrepitate by inductively-coupled plasma atomic emission spectroscopy: an exploratory study: Chemical Geology, v. 30, p. 121-133.

TILLEY, B. J., NESBITT, B. E., AND LONGSTAFFE, F. J., 1989, Thermal history of Alberta deep basin: Comparative study of fluid inclusion and vitrinite reflectance data: The American Association of Petroleum Geologists

Bulletin, v. 73, p. 1206-1222.

TOBIN, R. C., 1991, Diagenesis, thermal maturation and burial history of the Upper Cambrian Bonneterre dolomite, southeastern Missouri: an interpretation of thermal history from petrographic and fluid inclusion evidence: Organic Geochemistry, v. 17, p. 143-151.

TSUI, T. F., 1990, Characterizing fluid inclusion oils via UV fluorescence microspectrophotometry——A method for projecting oil quality and constraining oil migration history (Abstract): American Association of Petroleum Geologists Bulletin, v. 74, p. 781.

TURGARINOV, A. I., AND VERNADSKY, V. I., 1970, Dependence of the decrepitation temperature of minerals on their gas-liquid inclusions and hardness: Akademiya Nauk SSSR Doklady, v. 195, p. 112-114.

ULRICH, M. R. AND BODNAR, R. J., 1984, Systematics of stretching of fluid inclusions in barite at 1 atm confining pressure: Geological Society of America Astracts with Programs, v. 16, p. 680.

ULRICH, M. R. AND BODNAR, R. J., 1988, Systematics of stretching of fluid inclusions II: barite at 1 atm confining pressure: Economic Geology, v. 83, p. 1037-1046.

VANKO, D. A., BODNAR, R. J., AND STERNER, S. M., 1988, Synthetic fluid inclusions: VIII. Vapor-saturated halite solubility in part of the sytem $NaCl-CaCl_2-H_2O$, with application to fluid inclusions from oceanic hydrothermal systems: Geochimica et Cosmochimica Acta, v. 52, p. 2451.

VANKO, D. A., GHAZI, A. M., SUTTON, S. R., AND CLINE, J., 1993, Synchrotron X-ray fluorescence microprobe applied to the analysis of fluid inclusions: ECROFI XII, Twelfth Biennial Symposium, European Current Research on Fluid Inclusions, Warsaw-Cracow, p. 230-232.

VANKO, D. A., SUTTON, S. R., RIVERS, M. L., BODNAR, R. J., AND ROEDDER, E., 1992, Synchrotron XRF microprobe analysis of fluid inclusions (Abstract): PACROFI IV, Pan-American Conference on Research on Fluid Inclusions, Program and Abstracts, Lake Arrowhead, CA, v. 4, p. 83.

VIETS, J. G., LEACH, D. L., MEIER, A. L., ROSE, S. C., AND ROWAN, E. L., 1985, Application of inductively coupled plasma mass spectrometry of the analysis of fluids extracted from Mississippi Valley-type deposits of the mid-continent, USA (Abstract): Geological Society of America Abstracts with Programs, v. 17, p. 740.

VISSER, W., 1982, Maximum diagenetic temperature in a petroleum source-rock from Venezuela by fluid inclusion geothermometry: Chemical Geology, v. 83, p. 95-101.

VITYK, M., DEMIHOV, Y., AND KROUSE, H. R., 1993, Preservation of 8*0 values of fluid inclusion's water in quartz over geological time in an epithermal environment: ECROFI XII, Twelfth Biennial Symposium, European Current Research on Fluid Inclusions, Warsaw-Cracow, p. 239-241.

VRY, J., BROWN, P. E., AND BEAUCHAINE, J., 1987, Application of micro-FTIR spectroscopy to the study of fluid inclusions (Abstract): EOS, v. 68, p. 1538.

WAGNER, P. D., AND MATT'HEWS, R. K., 1982, Porosity preservation in the Upper Smackover (Jurassic) carbonate grainstone, Walker Creek Field, Arkansas: Response of paleophreatic lenses to burial processes- Reply: Journal of Sedimentary Petrology, v. 52, p. 24-25.

WALKER, G., AND BURLEY, S. D., 1991, Luminescence petrography and spectroscopic studies of diagenetic minerals, in Barker, C. E., and Kopp, O., eds., Luminescence Microscopy: Quantitative and Qualitative Aspects: Society of Economic Paleontology and Mineralogy Short Course Notes, v. 11, p. 83-96.

WALLACE, R. H., KRAEMER, T. F., TAYLOR, R. E., AND WESSELMAN, J. B., 1978, Assessment of geopressured-geothermal resources in the northern Gulf of Mexico basin: United States Geological Survey Circular 790, p. 132-155.

WELSCH, H., 1973, Die Systeme Xenon-Wasser und Methan-Wasser bei hohen Drucken und Temperaturen: Ph. D. Thesis, Institut fur Physikalische Chemie, Universitat Karlsruhe, Karlsruhe.

WOJCIK, K. M., 1991, Diagenesis of Pennsylvanian Sandstones and Limestones, Cherokee Basin, Southeastern

Kansas: Importance of Regional Fluid Flow: Unpublished Ph. D. Thesis, University of Kansas, Lawrence, 349 p.

WOJCIK, K. M., GOLDSTEIN, R. H., AND WALTON, A. W., 1994, History of diagenetic fluids in a distant foreland area, Middle and Upper Pennsylvanian, Cherokee basin, Kansas, USA: Fluid inclusion evidence: Geochimica et Cosmochimica Acta, v. 58, p. 1175–1191.

WOJCIK, K. M., McKIBBEN, M. A., GOLDSTEIN, R. H., AND WALTON, A. W., 1992, Diagenesis, thermal history, and fluid migration, Middle and Upper Pennsylvanian rocks, southeastern Kansas, in Johnson and Cardott, eds., Source Rocks in the Southern Midcontinent, Oklahoma Geological Survey Circular 93, p. 144–159.

WOPENKA, B., AND PASTERIS, J. D., 1987, Raman intensities and detection limits of geochemically relevant gas mixtures for a laser Raman microprobe: Analytical Chemistry, v. 59, p. 2165–2170.

WOPENKA, B., PASTERIS, J. D., AND FREEMAN, J. J., 1990, Analysis of individual fluid inclusions by Fourier transform infrared and Raman microspectroscopy: Geochimica et Cosmochimica Acta, v. 54, p. 519–533.

YANATIEVA, O. K., 1946, Polythermal solubilities in the systems $CaCl_2-MgCl_2-H_2O$ and $CaCl_2-NaCl-H_2O$: Zhurnal Prikladnox Khimii, v. 19, p. 709–722.

YPMA, P. J. M., 1963, Rejuvenation of ore deposits as exemplified by the Belledonne Metalliferous Province: Ph. D. Dissertation, University of Leiden, Leiden, The Netherlands, 213 p.

ZHANG, Y., AND FRANTZ, J. D., 1987, Determination of the homogenization temperatures and densities of supercritical fluids in the system $NaCl-KCl-CaCl_2-H_2O$ using synthetic fluid inclusions: Chemical Geology, v. 64, p. 335–350.

ZOLENSKY, M. E., AND BODNAR, R. J., 1982, Identification of fluid inclusion daughter crystals using Gandolfi X-ray technique: American Mineralogist, v. 67, p. 137–141.